Trish King

HUNDEKUNDE

KINDERLEICHT

Was Kinder- und Hundeerziehung gemeinsam haben

Kynos Verlag

Titel der englischen Originalausgabe: *Parenting your Dog*

© 2004 by T.F.H. Publications, Inc., USA

Aus dem Englischen übertragen von Alice von Canstein

© für die deutsche Ausgabe 2009
KYNOS VERLAG Dr. Dieter Fleig GmbH
Konrad-Zuse-Straße 3 • D-54552 Nerdlen/Daun
Telefon: +49 (0) 6592 957389-0
Telefax: +49 (0) 6592 957389-20
www.kynos-verlag.de

Titelbild: © Sonya Etchison/fotolia.de

Gedruckt in Lettland

ISBN 978-3-938071-68-7

Mit dem Kauf dieses Buches unterstützen Sie die
Kynos Stiftung Hunde helfen Menschen
www.kynos-stiftung.de

Inhaltsverzeichnis

Widmung

Dieses Buch ist den Eltern beider Spezies und ihren Kindern gewidmet – egal, ob sie Menschen oder Hunde sind. Außerdem ist es meinem stets geduldigen Ehemann Michael und meiner Tochter Robin gewidmet, die mir (ein wenig) Ruhe gaben, um arbeiten zu können. Es ist auch den wunderbaren Mitarbeitern der Marin Humane Society gewidmet sowie den Hunden, die mir so viel beigebracht haben.

Prolog

Als ich schwanger war, kam ich mir manchmal wie öffentliches Eigentum vor. Frauen, die ich vorher noch nie gesehen hatte, kamen auf mich zu, legten wissend ihre Hand auf meinen Bauch und sagten das Geschlecht meines Kindes voraus. Sie sagten mir auch, ob ich eine einfache (oder schwere) Geburt haben würde. Zu meinem Leidwesen erfuhr ich weitaus mehr über den Vorgang der Geburt als ich eigentlich wissen wollte – Notfallhysterektomie, 6-tägige Wehen, monatelange Erholungsphase. Nach der Geburt gaben andere Menschen ihr Urteil darüber ab, ob meine Erziehungsfähigkeiten gut oder schlecht seien (die meisten sagten voraus, sie seien schlecht).

Frischgebackene Eltern gewöhnen sich daran, im Supermarkt die anderen Kunden zu ignorieren, die zuerst ihr schreiendes Kind (das unbedingt Süßigkeiten haben möchte) und dann sie selbst anstarren, weil sie ihr Kind nicht im Griff haben. Noch peinlicher ist es, alleine mit einem gereizten Kind im Flugzeug zu reisen. Es gibt niemanden, mit dem man diese Erfahrung »teilen« oder an den man das Kind abgeben könnte, um sich auf die Toilette zu flüchten.

Und dann gibt es noch diese ganze Gefühlsduselei. Manche Menschen geben sich nicht damit zufrieden, die Hand des Babys zu halten oder ihm über die Wange zu streicheln. Manche klammern sich an Babys, versuchen, es Ihnen aus dem Arm zu reißen oder ihm die Schuhe auszuziehen, um seine ach-so-süßen, kleinen Zehen zu bewundern. Das kann einem wirklich Angst einjagen!

Seltsamerweise verhält es sich ähnlich, wenn Sie einen Hund haben (abgesehen von dem Schwangerschaftsteil natürlich). Manchmal scheint jeder Ihren Welpen oder kleinen Hund halten zu wollen. Er wird aus Ihrem Arm gezerrt, selbst wenn Sie das nicht wollen! Wenn Ihr Hund zu groß ist, um geknuddelt zu werden, strecken Fremde ihre Hand aus, um ihn zu streicheln, und jagen ihm damit einen Riesenschrecken ein.

Auf einmal ist jeder ein Experte. Menschen, die niemals einen Hund hatten, geben Ihnen allzu gerne einen guten Rat. Sie sagen Ihnen, wie Sie Ihren Hund stubenrein bekommen und wie Sie ihn davon abhalten, Dinge zu zernagen, Löcher zu buddeln oder auf Ihrem Arm herumzukauen, wenn er zahnt. Sie sagen Ihnen sogar, wie Sie verhindern, dass Ihr Hund beißt, oder was Sie tun sollen, wenn er das nicht lässt.

Kinder- und Hundeerziehung ähneln sich in mancher Hinsicht sehr stark, und wenn Sie bereits ein Kind haben, verfügen Sie über sehr wertvolles Wissen, dessen Sie sich womöglich gar nicht bewusst sind. Mit ein paar kleinen Anpassungen können Sie Ihre hart erkämpften Fertigkeiten auch für die Erziehung Ihres Hundes nutzen. Die Idee, dieses Buch zu schreiben, kam mir, weil viele meiner Kunden mir erzählten, dass sie ihre neu erlernten Hundeerziehungsfertigkeiten auch auf ihre Kinder anwandten – und zwar erfolgreich. Ein paar Kunden boten mir aus Scherz sogar Geld an, wenn ich ihre Kinder erziehen würde. Nach einer Beratungsstunde bemerkten andere Kunden, ihren Hund auszubilden sei genauso wie ihr Kind großzuziehen – hätten sie das nur mal vorher gewusst! Wären Hunde keine Tiere, würden wir nicht davon sprechen, dass wir sie »ausbilden«. Wir würden sagen, dass wir sie großziehen und ihnen gute Manieren beibringen. Wenn das Anthropomorphismus, also Vermenschlichung, ist, dann muss ich zugeben, dass ich ein Anthropomorphist bin. Doch damit bin ich in guter Gesellschaft.

Einleitung

Die Mensch-Hund-Beziehung

Am Anfang wurden Hunde meistens als Tiere angesehen, die durch Dörfer schlichen und darauf warteten, dass man ihnen Speisereste überließ. Die Hunde von damals haben große Ähnlichkeit mit unseren Hunden von heute, die um den Esstisch oder den Kinderhochstuhl herumlungern. Gewissermaßen haben die Hunde uns domestiziert, denn sie haben entdeckt, dass wir eine nützliche Quelle für Fressen und Behaglichkeit sind.

Im Laufe der Jahre entwickelte sich zwischen Mensch und Hund eine symbiotische Beziehung. Wir förderten das Talent der Hunde zum Viehtreiber, Hirten, Jäger und Beschützer und gaben ihnen dafür Fressen und Behaglichkeit. Dadurch wurde ihr Wert gesteigert – oder zumindest der Wert einiger Hunde. Andere Hunde wurden umgebracht, geschlachtet oder ignoriert. Noch heute gibt es Pariahunde oder Dorfhunde, die niemandem gehören, vor allem in Ländern der Dritten Welt. Und natürlich werden auch in unserer »zivilisierteren« Welt Hunde beseitigt, meistens aufgrund von Überbevölkerung.

Vom Paria bis zum Arbeiter wurden Hunde immer mehr als »Werkzeug«, als Helfer des täglichen Lebens, angesehen. Meistens wurden diese Hunde draußen gehalten, und sie warteten darauf, ihre Aufgabe erledigen zu dürfen, um anschließend eine Belohnung zu erhalten – Fressen, Wärme und ein bisschen Aufmerksamkeit. Wahrscheinlich wurden Welpen aufgrund ihrer Niedlichkeit geknuddelt und geliebt (wie wir wissen, sind ja alle Babys hinreißend), doch die erwachsenen Hunde mussten sich ihren Unterhalt verdienen. Das soll nicht bedeuten, dass sie nicht geschätzt wurden. Es gibt sogar hunderte Geschichten über den loyalen, anhänglichen und unentwegten »besten Freund des Menschen«, die seit Jahren bis zum heutigen Tage kursieren.

Die Jahrtausende vergingen (insgesamt schätzungsweise 17.000 Jahre) und die Menschen konzentrierten sich darauf, mehr von der Art Hund zu züchten, die erwünscht war, und weniger von denen, die unerwünscht waren. Im Grunde nahmen wir die Verhaltensweisen und Eigenschaften der Elternspezies (dem Wolf) und passten diese sozusagen für unsere Zwecke an, indem wir Hunde, welche die erwünschten Eigenschaften aufwiesen, selektiv züchteten und jene nicht züchteten, die diese Eigenschaften nicht aufwiesen. Die folgenden Beispiele sollen diese Anpassung verdeutlichen:

- Wölfe pirschen sich an ihre Beute heran, sie schleichen sich beispielsweise an einen Hirsch heran, damit das Rudel die beste Möglichkeit hat, diesen zu erlegen. Wenn Hunde spielen, »pirschen« sie sich auch an andere Hunde oder Menschen an. Dieses Verhalten haben wir Menschen bei den Apportier- oder Jagdhunden so umgewandelt, dass sie der Beute »vorstehen«. Auch Hütehunde »pirschen« sich an Schafe oder Kühe an.
- Ein jagendes Wolfsrudel umringt eine Herde Rehe und isoliert dann ein bestimmtes Tier, um sich dieses zum Abendessen einzuverleiben. Schäfer machen sich dieses Verhalten zunutze, um ihre Schafe zusammenzutreiben (ohne den Gedanken an das Abendessen). Viele unserer Hunde lieben es, etwas zu umkreisen, seien es Autos, Fahrräder, Schafe oder Kinder.
- Wölfe tragen Teile ihres »Mittagessens« zu ihren Welpen in ihrem Versteck. Dieses Verhalten nutzen wir, um unsere Hunde zu ermuntern, einen Ball oder eine Frisbee® zu fangen und (mit ein wenig Glück) wieder zu uns zurückzubringen.

Dieses Selektionsverfahren könnte man Züchten auf *Funktion* nennen und hat zu der großen Vielzahl an Hunderassen geführt, die wir heute kennen.

Heute machen die meisten Hunde natürlich rein gar nichts Sinnvolles. Der Großteil der Züchter züchtet nicht auf Funktion (Hüten, Treiben, Jagen etc.), sondern auf *Form* (Schönheit). Diese Vorgehensweise hat dazu geführt, dass viele Hunde zwar toll aussehen, ihre ursprüngliche Aufgabe jedoch nicht effektiv erfüllen können. Diese Hunde haben oftmals Gesundheits- sowie auch Verhaltensprobleme. Die meisten von uns lieben ihre Hunde so wie sie sind und nicht dafür, was sie tun. Sie sind unsere Begleiter, unsere Kinder und die Objekte großer

Zuneigung, Großzügigkeit, aber auch Verwirrtheit und Frustration. Sie müssen allerdings wissen, dass rassespezifisches Verhalten bei der Auswahl eines Welpen oder erwachsenen Hundes eine große Rolle spielt. Wenn Sie beispielsweise keinen Hund mit Hütetrieb haben wollen, sollten Sie sich nicht für einen Border Collie, Australian Shepherd oder eine andere Hütehundrasse entscheiden. Wenn Sie einen Hund wünschen, der gerne Dinge apportiert, ist ein Labrador Retriever oder ein Golden Retriever die richtige Wahl.

Hunde sind Familientiere

Für uns Menschen liegt der wichtigste Punkt bei der Erforschung des Verhaltens von Hunden darin, dass er Mitglied eines Rudels sein muss. Er ist ein Familientier. Wussten Sie, dass ein Wolfsrudel so etwas wie eine erweiterte Familie ist? Und wussten Sie, dass Wölfe bei der Aufzucht ihrer Jungen zusammenarbeiten? Die Aufzucht der Jungen ist die Aufgabe aller. Denken Sie an eine Menschenfamilie. Wenn alles gut läuft, verhält es sich bei uns genauso: Beide Elternteile und auch die älteren Geschwister kümmern sich darum, die Kinder aufzuziehen. Und in vielen Kulturen sind auch die Großeltern, Onkel und Tanten daran beteiligt.

Wenn ein Kind von einer Familie aufgezogen wird, herrscht zwischen den Familienmitgliedern großes Vertrauen (so soll es zumindest sein). Kleine Kinder sollten die Welt erforschen können und wissen, dass die Erwachsenen ihnen zur Seite stehen, um sie zu beschützen. Durch diese Beziehung können Kinder in einer liebevollen Umgebung ihre Intelligenz einsetzen und mit all ihren Sinnen experimentieren, wodurch möglicherweise ein schneller Lernprozess in Gang gesetzt wird.

Dasselbe gilt für eine Hundefamilie, sofern wir dies zulassen. Auch wenn männliche Hunde sich anders verhalten als männliche Wölfe und bei der Aufzucht der Jungen keine Rolle spielen, gehen weibliche Hunde ihren elterlichen Pflichten sehr gut nach. Sie lassen die Jungen experimentieren und die Welt erforschen und unterbrechen sie nur, wenn sie zu rauflustig oder grob werden oder zu sehr herumstreunen.

Wenn unsere Kinder älter werden, erwarten wir mehr von ihnen. Sie fangen an, sich an den Pflichten der Familie zu beteiligen (zumindest hoffen wir, dass sie das tun) und wollen weiterhin lernen. In der Jugend lösen sie sich von ihrer Familie, und es kann sein, dass sie auf unterschiedliche Art und Weise Autoritäten in Frage stellen: Spontan fallen mir Piercings und Tattoos ein. In dem Alter kann es sein, dass die Kinder sich Gangs anschließen oder Cliquen mit Gleichaltrigen gründen. Am Ende der Jugend sind unsere Kinder für die Verantwortungen des Erwachsenenalters bereit, wenn sie überlebt haben. Und die meisten überleben. Die meisten werden sogar erwachsen, heiraten und haben selbst Kinder.

Wer ist hier der Boss?

In vielen Büchern über Hundeerziehung wird betont, dass der Mensch anstatt des anführenden Wolfes die Rolle des »Alphatieres« übernimmt. In der volkstümlichen Mythologie ist dieses »Alphatier« ein mächtiges, sogar gottähnliches Tier. Es regiert mit seinen Zähnen und lässt alle anderen Hunde im Rudel durch Drohgebärden wissen, was sie tun dürfen und was sie besser lassen sollten. Manche Bücher oder Hundetrainer raten den Besitzern, den Hunden zu zeigen, wer der Boss ist, indem sie den Hund auf den Rücken legen und ihn festhalten. Das soll dem Hund ihre außergewöhnliche Macht und körperliche Kraft demonstrieren. Doch meiner Meinung nach ist das absolut unnötig. Wenn Sie einen großen Hund haben und nicht stark genug sind, ist das sogar unmöglich.

Es stimmt zwar, dass jede soziale Gruppe einen Anführer braucht, aber dieser muss nicht bestrafen oder aggressiv sein. Es ist sogar so, dass ein guter Anführer pflegend, sorgend, sogar manipulativ ist – und damit ebenso erfolgreich ist. Ein toleranter Erwachsener, der vernünftige Grenzen setzt, sorgt dafür, dass diese befolgt werden.

Genauso verhält es sich in einem intakten Hunderudel. Jugendliche Hunde sind herausfordernd, um es mal milde auszudrücken. In einem Wolfsrudel ist das möglicherweise der Zeitpunkt, zu dem der junge Wolf sich vom Rest des Rudels trennt. Oder er bleibt und passt sein Verhalten so an, dass er sich in das Rudel einfügt. Egal, in welcher Welt man lebt, die Jugendzeit scheint sowohl für den Jugendlichen als auch für die Familie schwierig zu sein, aber beide werden diese Zeit überstehen.

Damit die Familie richtig funktionieren kann, ist Zusammenarbeit absolut unerlässlich. Diese Zusammenarbeit ergibt sich aus der Notwendigkeit – es ist wesentlich leichter, ein guter Jäger zu sein, wenn man ein effektives Unterstützungssystem im Rücken hat. Und die meisten Gemeinschaften (Rudel oder Familien) haben Regeln, welche die soziale Struktur gewährleisten. Außerdem sind gewisse Konsequenzen notwendig, entweder für Handlungen, durch welche die Regeln gebrochen werden, oder für Handlungen, die erwünscht sind. Eine Konsequenz für ein Kind, das sich nicht angemessen verhält, könnte eine Auszeit sein. Dieselbe Konsequenz könnte für einen Hund gelten, der unartig war. Natürlich sollte gutes Benehmen belohnt werden. Einer der wichtigsten Aspekte einer Konsequenz sollte sein, dass diese nicht überraschend kommt. Sowohl Kinder als auch Hunde sollten sich über die Regeln und Konsequenzen im Klaren sein, und in diesem Buch werde ich unterschiedliche Konsequenzen behandeln.

Hundeerziehung

Traditionelle Hundetrainer, besonders diejenigen, die Hunde entweder für die Jagd oder für militärische Zwecke ausbilden, sehen Hunde oftmals als Werkzeuge an. Sie entscheiden, welche Aufgaben der Hund zu erfüllen hat, züchten Hunde speziell für diese Aufgabe und trainieren sie dann so, dass sie diese auch erfüllen. Zum Beispiel wird Hunden, die zur Unterordnung erzogen werden, beigebracht, auf der linken Seite des Hundeführers zu laufen. Warum das so ist? Weil Jäger und Soldaten ihre Gewehre auf der rechten Seite tragen! Wenn also ein traditioneller Hundetrainer einen Apportierhund wünscht, aber einen Hund hat, der nicht apportieren *möchte*, wird er für diesen Zweck Methoden anwenden, die für das Tier recht unangenehm sein können. Und in den meisten Fällen funktionieren diese Methoden. Funktionieren sie allerdings nicht, wird der Hund möglicherweise »ausrangiert«, weil er in den Augen des Trainers »fehlerhaft« ist. Wenn Sie bei der Hundeerziehung ein bestimmtes Ziel verfolgen und der Hund Ihr Werkzeug ist, machen Sie sich eventuell keine Gedanken darüber, wie der Hund sich bei dem Training »fühlt«. Ich weiß noch, dass man mir früher sagte, ein korrigierender Zug an einem Würgehalsband wäre für die Erziehung nötig und täte dem Hund nicht weh, auch wenn er aufjaulen würde. Unwissend wie ich war, erzählte ich anderen Menschen sogar dasselbe. Auch in der Menschenwelt gibt es ähnliche Gerüchte, die teilweise noch bis heute bestehen. Beispielsweise glauben manche Ärzte, Neugeborene hätten kein Schmerzempfinden. Ich persönlich sehe das anders und bin mir sicher, dass auch andere Eltern das so sehen.

In den vergangenen Jahren gab es große Fortschritte bei der Hundeerziehung und viele wunderbare Trainer unterrichten mit ihrem Verstand und nicht mit schmerzhaften Methoden. Doch das Training ist nur ein kleiner Bestandteil der Kunst, einen Hund aufzuziehen. Ihre Beziehung zu Ihrem Hund ist viel wichtiger. Ihr Hund sollte bei Ihnen sein wollen, Ihnen gefallen wollen und wissen, was angebracht ist und was nicht. Er braucht keinen Hundetrainer als Anführer – er braucht einen verständnisvollen, sorgenden Elternteil, der weiß, wie man eine liebevolle Beziehung aufbaut und ihm gleichzeitig die Strukturen bietet, die er braucht. Wenn Sie bereits einen Haushalt voll Kinder bewerkstelligt und diese in die Welt hinausgeschickt haben, wissen Sie wahrscheinlich genug, um einem Hund beizubringen, wie er in Ihrer Familie und in der Gesellschaft zurechtkommt.

Doch gleichzeitig haben mir meine Erfahrungen gezeigt, dass viele Menschen unrealistische Erwartungen an ihre Hunde stellen. Möglicherweise verwechseln sie den Hund mit einem Kind – vielleicht, wenn Mami den ganzen Tag zuhause ist, um sich um ihn zu kümmern. Oder sie malen sich Hunde wie »Lassie« oder »Rin Tin Tin« aus, die hervorragend ausgebildet und bereit sind, ihr Leben für ihre Menschen zu opfern. Unzählige Menschen beschweren sich bei den Hundetrainern, dass ihr Hund nicht zu ihnen kommt, als ob es für das Tier ein natürliches Bedürfnis wäre, zu einem Menschen zu kommen (was nicht der Fall ist). Häufig erwarten wir Perfektion und verlangen von unseren Hunden Unmögliches: Gemeines oder grausames Verhalten von anderen Hunden oder von Menschen hinzunehmen, niemals die Beherrschung zu verlieren, niemals einen Fehler zu machen. Sie dürfen niemals vergessen, dass Ihre Erwartungen bei der Aufzucht Ihres Hundes realistisch sein und Sie auch Kenntnisse über typisches Hundeverhalten haben müssen. Hunde sind keine Kinder. Doch diese beiden »Spezies« haben viel gemein und gute Erziehungsfähigkeiten sind immer gefragt.

Ich habe dieses Buch in vier grobe Abschnitte unterteilt: »Welpenalter«, »Jugend«, »Erwachsenenalter und Altern« sowie »Problemverhalten«. Teilweise kommen Informationen wiederholt vor. Dennoch habe ich das Buch so geschrieben, dass es als Ganzes gelesen werden soll. Und ich bin mir sicher, dass Hundeeltern es nützlich, interessant und hoffentlich auch unterhaltsam finden.

Teil Eins

Welpenalter:
Acht Wochen bis
fünf Monate

1

Die Auswahl eines Welpen

Manche Menschen möchten einen Welpen haben; andere wollen einen erwachsenen Hund retten oder sich einfach nicht die Mühe machen müssen, ihn zur Stubenreinheit zu erziehen (obwohl dies, genauso wie das Töpfchentraining, wahrscheinlich nicht Ihre größte Herausforderung sein wird). Die Entscheidung zwischen einem Welpen und einem erwachsenen Hund ist einfach nur eine Frage der persönlichen Präferenz. Für mich hat diese Frage zum größten Teil mit den jeweiligen Menschen zu tun. Wenn Sie Kinder unter sechs Jahren haben, ist jeder neue Hund eine Herausforderung – um es mal vorsichtig auszudrücken. Verfügen Sie über gute Führungsfähigkeiten, werden Sie Welpen, jugendliche oder auch erwachsene Hunde im Griff haben.

Falls Sie über die Anschaffung eines Welpen nachdenken, rate ich Ihnen, zuerst eine Bestandsaufnahme Ihres Lebens zu machen, um zu schauen, ob Sie ein guter Kandidat für eine dieser haarigen Raketen sind. Familien und Haushalte, die für die Aufzucht eines Welpen am besten geeignet sind, erfüllen die folgenden Kriterien:

- Der Elternteil oder die Person, die sich um den Hund kümmern soll, verbringt sehr viel Zeit zuhause. (Workaholics sind nicht erlaubt – Welpen können nicht 8, 10 oder 12 Stunden lang allein zuhause gelassen werden. Zumindest nicht, ohne dass sie sich einsam fühlen und Dinge zerstören.)
- Im Haus bzw. der Wohnung können bestimmte Bereiche von anderen abgesperrt oder abgezäunt werden.

- Sie legen nicht größten Wert darauf, dass Ihr Heim sauber ist.
- Es ist für Sie nicht wichtig, dass Ihre Siebensachen ihren derzeitigen Zustand behalten.
- Sie sind sehr geduldig und werden nicht schnell wütend.
- Sie wissen, dass Hunde Deutsch, Englisch, Spanisch oder Suaheli weder sprechen noch verstehen können.
- Sie sind sich darüber im Klaren, dass das Welpenalter länger andauert als Sie wollen (ungefähr fünf Monate lang) und dass die Jugend sogar noch viel länger dauert (bis zu drei Jahren).

Der richtige Welpe für Sie

Bevor Sie einen Hund auswählen, müssen Sie ein paar Dinge über Welpen wissen. Zuerst sind sie süß, knuddelig und hinreißend. Höchstwahrscheinlich verlieben Sie sich in den ersten Welpen, den Sie sehen. Doch das bedeutet nicht unbedingt, dass Sie genau diesen nehmen sollten.

Genauso wie Kinder mit einem bestimmten Temperament geboren sind, werden es auch Hunde. Das eine Menschenbaby kann seelenruhig sein, eine gelassene Persönlichkeit haben, ziemlich tolerant gegenüber lauten Geräuschen sein und schnell einschlafen können. Ein anderes kann wie Quecksilber, nervös und überempfindlich sein und scheinbar niemals eine Pause brauchen.

Genauso sind manche Welpen gegenüber Berührungen und Geräuschen unempfindlich, während andere sensibel, hilfsbedürftig und überreaktiv sind. Wiederum andere können unabhängig und intolerant sein. Sie können etwas mehr über die Charaktereigenschaften eines Welpen herausfinden, indem Sie Zeit mit ihm verbringen. Aber halten Sie Ihre Emotionen in Schach – richten Sie sich nicht danach, welcher am süßesten ist!

Temperament

Im Großen und Ganzen werden aus duldsamen Welpen auch duldsame Hunde und aus sensiblen Welpen sensible Hunde. Wenn Sie eine wachsende Menschenfamilie haben, möchten Sie wahrscheinlich eher Ersteres als Letzteres, egal, wie der Welpe eigentlich aussieht. (Schließlich sieht er sowieso nicht lange so aus.) Wenn Sie sich die Welpen anschauen, versuchen Sie, mehr als nur einen Welpen aus dem Wurf zu sehen. Versuchen Sie auch, zumindest ein Elternteil zu Gesicht zu bekommen, am besten jedoch beide. Eigentlich sollten Sie sogar versuchen, sich *zuerst* die Eltern anzuschauen, damit Sie wissen, worauf Sie sich einlassen. Das ist sehr wichtig, denn ein Welpe erbt von seinen Eltern nicht nur das Aussehen, sondern auch das Temperament. Wenn der menschliche Elternteil des Mutterhundes sagt, dass dieser nicht gut mit Menschen auskommt, sollten Sie sich besser einen anderen Wurf anschauen, um auf Nummer Sicher zu gehen. Da Sie vorhaben, im Durchschnitt die nächsten 12 bis 14 Jahre mit Ihrem Hund zu verbringen, sollten Sie von vorneherein den größtmöglichen Erfolg erzielen können. Das Temperament Ihrer Kinder können Sie nicht bestimmen, aber Sie haben den Luxus, den besten Welpen für Ihre Familie aussuchen zu können.

Es ist eine gute Sache, wenn der Welpe mit dem Züchter / Elternteil in einem Haus lebt. Es ist sogar noch besser, wenn der Züchter / Elternteil Kinder hat, die mit den Welpen schon kurz nach deren Geburt gespielt haben. Natürlich sollte man sich viel mit den Welpen beschäftigt haben, damit sie eine Beziehung zu Menschen aufgebaut haben. Doch unabhängig davon sollten Sie die Welpen so objektiv wie möglich beurteilen. (Das ist keine leichte Aufgabe, denn wahrscheinlich haben Sie sich schon in der Sekunde in sie verliebt, in der Sie sie zum ersten Mal gesehen haben.)

Es gibt eine Reihe von Tests, um das Verhalten von Hunden voraussagen zu können. Bislang hat sich allerdings keiner als wirklich effektive Methode zur Voraussage des Verhaltens herausgestellt. Doch bis dahin *gibt* es einen erprobten Test, den Sie vielleicht in ein paar kurzen Schritten durchführen sollten:

• Fragen Sie nach dem anfänglichen Kennenlernen, ob Sie sich mit dem Welpen alleine oder ohne Einmischung beschäftigen dürfen. Das sollte in einem Raum geschehen, den der Welpe noch nicht kennt. Der Welpe soll Sie erkunden und sich an Ihre Anwesenheit und Ihren Geruch gewöhnen. Locken Sie ihn dann zu sich und streicheln Sie ihn einige Zeit lang – achten Sie darauf, ob er das genießt. Hören Sie abrupt mit dem Streicheln auf und beobachten Sie nur seine Reaktion. Wenn er weiter gestreichelt werden möchte, ist das ein gutes Zeichen. Möchte er Sie loswerden und läuft er davon, ist das kein gutes Zeichen. Machen Sie dies ein paar Mal, um zu sehen, ob er es am Ende doch mag. Ein Welpe, der davonläuft, ist nicht unbedingt ein schlechter Welpe. Möglicherweise ist er einfach nur unabhängig oder zurückhaltend. Diese Charaktereigenschaft findet man häufig bei bestimmten Rassen oder Rassetypen, wie beispielsweise Schlittenhunden (Huskies und Malamutes), Wachhunden (Pyrenäenberghunde oder Kuvasz) oder Windhunden (Greyhounds, Salukis und Afghanen). Aber trotzdem müssen Hunde nicht einer bestimmten Rasse oder einem bestimmten Rassetyp angehören, um unabhängig zu sein.

- Halten Sie ihn sanft am Halsband fest. Das soll nicht wehtun. Halten Sie ihn nur gegen seinen Willen fest. Wenn er kein Halsband trägt, halten Sie ihn mit beiden Händen an der Taille. Falls er noch klein genug ist, legen Sie ihn in Ihren Armen auf den Rücken (als ob er ein Baby wäre). Wenn er sich kurz oder überhaupt nicht wehrt und Sie dann fragend anschaut oder sich entspannt, ist das ein sehr gutes Zeichen. Wenn er wie verrückt zu entkommen versucht oder nach Ihnen schnappt oder Sie beim Versuch, Ihre Hand und Ihren Arm von seinem Körper zu schieben, beißt, ist das kein so gutes Zeichen. Knuddeln Sie ihn ein paar Mal, um zu sehen, ob er sich daran gewöhnt oder anfängt, es zu mögen.

- Lassen Sie ihn sich dann entspannen. Und wenn er dann etwas anderes als Sie erkundet, klatschen Sie in die Hände und sagen Sie ihm, er sei ein böser Junge – tun Sie so, als ob Sie wütend seien. (Ich weiß, dass das schwer ist!) Wenn er sich Ihnen zuwendet und eine unterwürfige Pose einnimmt (sich beispielsweise auf den Boden fallen lässt und die Rute tief hält, während er mit ihr wedelt, oder Sie leckt), ist das großartig. Läuft er weg, ohne auf Sie zu »hören«, ist das nicht so gut. Wenn er Sie anknurrt, sollten Sie diesen Welpen besser einem anderen Elternteil überlassen.

- Schauen Sie, ob er ein natürliches Interesse daran zeigt, einen Ball zu apportieren. Ball-Fixiertheit ist ein absoluter Pluspunkt, denn dadurch kann man eine Abhängigkeit schaffen, was bei Hunden wünschenswert ist. Außerdem ist es eine hervorragende Möglichkeit, den Hund zu trainieren, wenn man nicht viel Zeit hat. Rollen Sie einen Ball von sich weg. Achten Sie dabei darauf, dass der Hund ihn sieht. Wenn er ihm hinterherjagt und ihn zurückbringt, haben Sie das große Los gezogen. Wenn er dem Ball hinterherjagt, ihn fängt und sich dann mit ihm unter einem Stuhl verkriecht, ist das kein Grund zur Sorge. Daran kann man arbeiten. Hat er an dem Ball kein Interesse, wird er es vielleicht niemals haben. Oder Sie müssen sehr viel mit ihm arbeiten, damit er total aus dem Häuschen ist, wenn er etwas apportieren darf. Auch hierbei ist es so, dass bestimmte Rassetypen für diese Art von Spiel besser geeignet sind. Retriever und Hütehunde (Border Collies, Schäferhunde) sind darauf am ehesten fixiert. Nordischen Hunderassen ist das völlig schnuppe.

Ein guter Familienhund wird bei Ihnen sein wollen, entschuldigendes Verhalten zeigen, wenn Sie sauer werden (selbst wenn er keinen Schimmer hat, was Ihren irrationalen Zornausbruch verursacht hat) und sich entspannen, wenn Sie ihn knuddeln. Es gibt auch noch andere Tests, die Sie durchführen können, aber diese hier sind am leichtesten und Sie können dadurch das Temperament des Welpen erkennen.

Anführer und Geführte

Falls Sie das Glück haben, sich einen ganzen Welpenwurf anschauen zu können, können Sie meistens herausfinden, welche Rolle jeder Welpe im Umgang mit den anderen spielt. In jeder Gruppe gibt es einen Anführer, Hunde in der Mitte der Hierarchie und einen Omega-Hund (der am unteren Ende des Rudels).

Viele Menschen mögen entweder den Anführer – aufgrund seines selbstsicheren Auftretens – oder den Welpen, der in der Ecke hockt und sie einfach nur anschaut. Ich rate Ihnen zu keinem dieser beiden, sondern zu einem der Hunde in der Mitte. Der anführende Welpe hat seine Stellung wahrscheinlich dadurch erlangt, dass er die anderen Welpen vom Fressnapf abdrängt, indem er sich Spielzeug oder andere »wertvolle« Gegenstände schnappt, und häufig auch dadurch, dass er die anderen Welpen beim Spielen drangsaliert. Er kann ein hervorragender Hund sein, aber höchstwahrscheinlich ist er als Haustier eine echte Herausforderung.

Der schüchterne Welpe in der Ecke wird wahrscheinlich zusammenzucken, wenn Sie ihn zu streicheln versuchen oder ihn hochnehmen möchten. Wenn Sie ihn dann auf dem Arm haben, verbirgt er sich vermutlich in Ihren Armen (und Ihrem Herzen) und wirkt anhänglich. So liebenswert er auch ist, häufig ist es so, dass Hunde mit diesem Temperament später knurren oder schnappen, um andere Hunde oder Menschen fernzuhalten. Ich habe sogar die Erfahrung gemacht, dass die Wahrscheinlichkeit hoch ist, dass schüchterne Hunde defensiv-aggressiv werden. Auch Hunde vom Typ »Tyrann« können aggressiv sein.

Für Sie als potenzieller Hunde-Elternteil ist das Wichtigste, mit dem Urteil zu warten, bis Sie den Welpen lang genug beobachtet haben.

Zu leicht verfällt man dem Glauben, der Hund sei genau richtig für einen, nur weil er *jetzt* zu haben ist.

Kleine Hunde oder mehrere Hunde

Häufig treffe ich Menschen, die sich einen kleinen Hund wünschen, weil ihre Wohnung entweder nicht groß ist oder ihre Kinder einen kleinen Hund haben möchten. Oft sind kleine Hunde nicht für eine Familie geeignet, gerade *weil* sie klein sind. Sie fühlen sich verletzlich und es kann sein, dass sie durch Knurren oder Bellen Menschen davon abhalten wollen, auf sie zu treten. Machen Sie das Experiment, eine halbe Stunde lang mit dem Kopf auf dem Fußboden zu liegen und nach oben zu schauen. Dann erkennen Sie wahrscheinlich, warum diese Hunde das tun. Falls Sie wirklich einen kleinen Hund haben möchten, seien Sie während des Auswahlprozesses *sehr* vorsichtig. Beispielsweise können Terrier hinreißend sein (ich selbst habe einen), aber oftmals sind sie unbeherrscht und schwierig zu erziehen, es sei denn, Sie erklären sehr vorsichtig, was sie ansonsten zu erwarten haben. Chihuahuas sind klein und sehen knuddelig aus, aber häufig *wollen* sie nicht geknuddelt werden.

Manchmal fällt es einem sehr schwer, sich nur für einen Welpen zu entscheiden. Es kann sein, dass Sie sich in zwei Welpen verlieben. Doch widerstehen Sie diesem Drang! Für Sie kann es zwar unter Umständen leichter sein, die beiden mit einem Wisch zur Stubenreinheit zu erziehen, aber wenn man zwei Geschwisterhunde hat, muss man auf der Minusseite einiges mehr verbuchen als auf der Plusseite. Der erste Punkt ist, dass die Welpen meist zuerst zueinander eine Bindung aufbauen, so wie Zwillinge in der Menschenwelt. Die Hunde werden nicht glauben, dass sie Sie brauchen, und es wird für sie furchtbar sein, voneinander getrennt zu sein (was manchmal aber sein muss!). Aus diesen beiden Gründen sind sie doppelt so schwer zu erziehen. Und wenn Sie meinen, dass ein Welpe sich zerstörerisch verhalten kann, dann warten Sie mal ab, was die beiden zusammen alles anrichten können.

Persönlichkeiten von Welpen

Alles, was Kinder tun, ist eine Übung für das Erwachsenenalter. Darum ist es wichtig, ihnen Werte und manche Angewohnheiten beizubringen, sobald sie dafür reif genug sind. Bei manchen Kindern kann der Pflegeinstinkt, der sich beim Spiel mit Puppen zeigt, auf eine zukünftige Elternrolle hindeuten. Andere Kinder, die von Werkzeugen oder Bauutensilien fasziniert sind, können später im Leben ein Interesse an Architektur entwickeln. Wiederum andere, die sich schon als kleine Kinder dominant zeigen, haben als Erwachsene möglicherweise einflussreiche Positionen. Dasselbe trifft auf Welpen zu. Sie bereiten sich auf ihre zukünftige Rolle im Leben vor, ganz gleich, ob es sich dabei um das ewige Kind, den Arbeiter oder den Chef handelt.

Im Folgenden beschreibe ich ein paar Kind/Welpen-Beziehungen, auf die Sie vielleicht treffen, eventuell sogar bei Ihrem eigenen Welpen.

Mama- (oder Papa-)Kind

- Kind: Er / sie scheint Ihnen gefallen zu wollen und läuft oftmals ständig hinter Ihnen her. Er / sie möchte nicht, dass Sie wütend sind und wird praktisch alles tun, um das zu verhindern. Sogar als Kind möchte er / sie das Essen kochen und umsorgt häufig seine / ihre Spielsachen. Er / sie wirkt unkompliziert und entgegenkommend, aber es gibt dabei auch eine manipulative Komponente: Er / sie bekommt die Aufmerksamkeit, die er / sie möchte und mag. Er / sie wird Ihre Anwesenheit auch dafür nutzen, um andere Kinder herumzukommandieren.
- Welpe: Er folgt Ihnen überallhin und sitzt zu Ihren Füßen. Wenn Sie wütend werden, schmeißt er sich auf den Boden, wackelt, überschlägt sich manchmal und uriniert. Er benimmt sich so, als ob er alles tun möchte, was Sie sagen. Er wirkt unterwürfig, aber er kriegt Sie dazu, das zu tun, was er will, indem er Sie manipuliert. Und er möchte Aufmerksamkeit! Möglicherweise nutzt er Ihre Anwesenheit dazu, seinen Mut zu steigern und andere Hunde, die Ihnen zu nahe kommen, anzuknurren oder nach ihnen zu schnappen.

Der Tyrann

- Kind: Spielt gerne wild! Er / sie hat häufig jede Menge Energie und möchte nicht gerne alleine spielen. Wenn er / sie nicht beobachtet wird, könnte er / sie andere Kinder verletzen. Er / sie ist nicht unbedingt gemein, aber ziemlich rücksichtslos und es mangelt ihm / ihr an Einfühlungsvermögen.
- Welpe: Spielt gerne wild! Er ist häufig objektorientiert und nimmt alles ins Maul. Er springt auf Stühle und Tische und zerkaut und zerstört alles, was er ins Maul bekommt. Beim Spiel neigt er dazu, in andere Welpen hineinzurennen. Er ist nicht gemein, aber er muss beobachtet werden, um zukünftige Probleme zu vermeiden.

Der Sensible

- Kind: Seine / ihre Gefühle können leicht verletzt werden und er / sie reagiert übertrieben auf andere Kinder oder Erwachsene. Laute Geräusche können ihn / sie aufregen. Er / sie möchte leise und häufig alleine spielen.
- Welpe: Er spielt normal, aber es braucht nicht viel, um ihn davon abzuhalten, etwas zu tun, was Sie nicht möchten. Meist reicht schon ein enttäuschter Tonfall. Möglicherweise spielt er gerne mit anderen Welpen, aber ein einziger Zusammenstoß mit einem anderen Welpen führt dazu, dass er jault, als ob er verletzt worden wäre.

Der Vermittler

- Kind: Normalerweise das, was wir für ein »vernünftiges« Kind halten, er / sie versteht, dass er / sie nicht sämtliche Aufmerksamkeit für sich haben kann (obwohl er / sie das versucht, indem er / sie »gut« ist). Er / sie mag keine Meinungsverschiedenheiten und wird einzugreifen versuchen, wenn Menschen die Beherrschung zu verlieren scheinen.
- Welpe: Häufig ein umgänglicher Welpe. Er möchte gefallen und wird oft zu Ihnen kommen. Falls er mit anderen Welpen spielt und diese zu grob werden, ist es gut möglich, dass er sich zwischen diese beiden stellt und versucht, den Zank zu schlichten. Das kann niedlich sein, aber es kann ihm auch Probleme bereiten, falls die anderen Hunde anfangen, auf ihm rumzuhacken.

Sterilisation und Kastration

Sollte man seinen Hund kastrieren lassen? Und falls ja, wann? Meistens lautet die Antwort »ja«, sofern man nicht ernsthaft züchten möchte (und nicht nur den vagen Wunsch hegt, Welpen zu haben). Häufig sind die Menschen ziemlich glücklich darüber, wenn ihre Hündinnen sterilisiert werden, denn die Läufigkeit zweimal im Jahr ist wirklich mühsam. Normalerweise verändert der chirurgische Eingriff nicht das Wesen der Hündin, weil ihre Hormone so selten aufwallen. (Ich habe nur bei sehr dominanten, selbstsicheren Hündinnen Veränderungen festgestellt, die Östrogen benötigen, um hormonell im Gleichgewicht zu bleiben.) Diese Hündinnen können zu sogenannten »rüdenhaften Hündinnen« werden. Das bedeutet, dass sie sich nach der Sterilisation wie Rüden benehmen – sie heben beim Urinieren das Bein und tun das oft, außerdem zeigen sie häufiger Imponiergehabe.

Die Kastration eines Rüden scheint nicht nur eine emotionale Frage zu sein. Schließlich würden wir niemals darüber nachdenken, so etwas mit unserem Kind zu machen! Trotzdem ist es für gewöhnlich eine sehr gute Idee. Die Sterilisation bzw. Kastration hat gesundheitlichen Nutzen, vor allem hinsichtlich Infektionen und verschiedenen Krebsarten. Und die Kastration von Rüden hat definitiv Vorteile. Aggression ist nur ein Punkt.[1] Durch die Kastration wird auch die Bindung zwischen Mensch und Hund gestärkt, da der Hund nicht mehr den Drang verspürt, auf der Suche nach einer aufregenden Partnerin in der Stadt herumzustreunen. Sicherlich können Sie auch zu einem nicht kastrierten Hund eine tolle Beziehung aufbauen – aber mit einem kastrierten Hund ist es schlicht und einfach leichter. Schlussendlich werden jedes Jahr zehntausende Hunde getötet, weil sie nicht gewollt sind. Wir alle sollten dazu beitragen, dass diese furchtbaren Zahlen verringert werden.

Am besten fragen Sie Ihren Tierarzt, wann ein geeigneter Zeitpunkt ist, Ihren Hund zu kastrieren bzw. sterilisieren. Manche Tierheime kastrieren und sterilisieren bereits im Alter von acht Wochen, während viele Tierärzte empfehlen, damit zu warten, bis der Hund mindestens sechs Monate alt ist.

Das Welpenalter dauert nicht sehr lange. In nur zwölf Wochen wird aus Ihrem zwei Monate alten Welpen ein fünf Monate alter Jugendlicher und Sie stehen vor ganz neuen Herausforderungen.

---

[1] *An acht von zehn berichteten Vorfällen von Aggressionen in den USA waren Rüden beteiligt. Bei sechs von zehn Vorfällen waren nicht kastrierte Rüden involviert. (Quelle: Humane Society of the United States & American Dog Trainers Network)*

2

———— Erste Unterrichtsstunden ————

Babys sind verdammt selbstsüchtig. Wenn sie Hunger haben, wollen sie essen, wenn sie müde sind, wollen sie schlafen, und wenn sie nass sind, wollen sie trocken sein (oder zumindest nicht mehr nass). Und wenn sie nicht kriegen, was sie wollen, weinen sie. Und weinen. Und *weinen*. Säuglinge vieler Spezies haben die Fähigkeit, lange Zeit weinen zu können – dies ist ein Überlebensmechanismus. Wenn sie verlassen wurden, müssen sie jemanden wissen lassen, wo sie sind.

Welpen wollen fressen, wenn sie Hunger haben, und schlafen, wenn sie müde sind. Auch sie können lange Zeit weinen – und bellen, jaulen und heulen, wenn w‚einen nicht hilft. Die Natur hat es so eingerichtet, dass es ein Signal gibt, welches der Mutter sagt, wo ihr Baby ist und was nicht stimmt.

Unsere Aufgabe als Eltern ist, sicherzustellen, dass es unseren Kleinen gut geht. Wir füttern sie, wenn sie hungrig sind, wir achten darauf, dass sie den Schlaf bekommen, den sie brauchen, wir nähren und trösten sie, und wir beschützen sie. Unsere Babys lernen, dass es Essen gibt, wenn es gebraucht wird, und dass man uns vertrauen kann; wir werden sie vor Unheil beschützen. Bei Kindern braucht dieser Bindungsprozess eine lange Zeit, doch bei Hunden dauert er weitaus kürzer (manchmal sogar nur Minuten).

Weder Babys noch Hunde benehmen sich daneben, weil sie böse sind oder weil sie schlecht sein möchten. Sie kennen keine Moral und wissen nicht, was richtig und was falsch ist. Sie benehmen sich unpassend (wenn man das so nennen kann), weil sie neugierig sind oder unsere Aufmerksamkeit wünschen. Auf jeden Fall ist es besser, wenn wir lernen, sie zu kontrollieren, damit sie sich gut benehmen, anstatt sie zu bestrafen, nachdem sie sich schlecht benommen haben.

Schaffen Sie die Voraussetzungen für den Erfolg

Sie haben sich für einen Welpen entschieden und ihn nach Hause mitgenommen. Wenn Sie so wie die meisten Menscheneltern sind, haben Sie sich dann über das Thema Schwangerschaft informiert, als es soweit war, und über Babys als Sie eins bekamen – und nicht eher. Das Gleiche scheint auf menschliche Hundeeltern zuzutreffen. Obwohl es zwar besser wäre, sich im Vorfeld zu informieren, können Sie es trotzdem schaffen.

Reisen Sie in Ihre Phantasie. Sie haben einen Sohn, der das Alter erreicht hat, in dem man mit dem Töpfchentraining beginnt. Jedes Mal, wenn er einen Unfall in seinen Windeln hat, sagen Sie ihm, dass er ein »böser« Junge sei. Sie bringen ihn ins Badezimmer (nicht auf die Toilette, wohlgemerkt) und schließen die Tür. Dort lassen Sie ihn rund 15 Minuten lang, damit er sein Geschäft erledigen kann. Wenn er herauskommt, pinkelt er wieder in seine Windel und Sie schreien ihn wieder an. Er sollte doch mittlerweile wissen, dass er das nicht tun soll!

Sie entscheiden, dass es Schlafenszeit ist. Sie bringen ihn in sein Schlafzimmer und schließen die Tür. Er weint eine Weile und dann herrscht Stille. Am Morgen stehen Sie auf, nur um herauszufinden, dass er die ganzen Wände bemalt, alle Schubladen ausgeleert und jeden zerbrechlichen Gegenstand im Raum zerbrochen hat. Wutentbrannt schreien Sie ihn an. Er weint und Sie fühlen sich besser – er wusste wohl, was er falsch gemacht hat. Schließlich fing er ja zu weinen an.

Jetzt müssen Sie zur Arbeit gehen. Sie geben Ihrem Sohn sein Frühstück, bringen ihn dann in sein Schlafzimmer, sagen ihm, dass er ein guter Junge sein soll, und gehen zur Arbeit. Als Sie nach Hause kommen, sieht das Zimmer aus, als ob ein Hurrikan gewütet hätte. Er hat Hunger und weint und hat zahlreiche Verschmutzungen hinterlassen, während Sie weg waren. Diesmal sind Sie richtig wütend.

Hört sich das vollkommen irrsinnig an? Natürlich. Doch Welpeneltern auf der ganzen Welt stellen an ihre Welpen diese hohen Erwartungen, und die Welpen haben genauso wenig eine Chance, es richtig zu machen, wie dieser kleine Junge. Seien Sie vernünftig und schaffen Sie die Voraussetzungen für den Erfolg!

Das Kaubedürfnis

Babys jeglichen Alters stecken so ungefähr alles, was geht, in den Mund, kosten und entdecken es, unabhängig davon, ob sie zahnen oder nicht. Menschen werden ohne Zähne geboren und ihre motorischen Fähigkeiten sind, wenn überhaupt, rudimentär. Darum richtet diese Erkundungsphase am Anfang keinen besonders großen Schaden an. Aber Welpen sind eine Sache für sich. Frischgebackene »Welpeneltern« sehen ihren Hund nicht einmal in der vollkommen hilflosen Phase – wenn wir sie kennenlernen, sind sie bereits völlig im Austest-Modus. Acht oder neun Wochen alte Welpen können in zehn Minuten mehr Verwüstung anrichten als ein menschliches Baby in seinen ersten acht Monaten – bis es zu krabbeln beginnt. Und Welpen *sollen* kauen; sie müssen herausfinden, woraus die Welt besteht und was essbar ist.

Das Problem liegt nicht beim Hund. Es sind die Eltern, die sich auf den Ansturm vorbereiten oder zumindest schnelle Veränderungen durchführen müssen, wenn der Welpe bereits den Teppich im Wohnzimmer zernagt hat. Um sich vorzubereiten, nehmen Sie ein paar der Ratschläge an, die in Babybüchern reichlich erteilt werden: Machen Sie Ihr Haus welpensicher. Das bedeutet, den Bewegungsraum Ihres Welpen einzuschränken (was Sie bereits tun, um seine Häufchen nur auf einen Bereich zu begrenzen). Es bedeutet auch, ihm viele unterschiedliche Gegenstände zu bieten, die er nach Herzenslust untersuchen kann. Sie können auch eine kleine zusammengerollte Zeitung bereithalten, mit der Sie sich selbst hauen, wenn Sie feststellen, dass Sie vergessen haben, das Lampenkabel zu verstauen und der kleine Kerl es in kleine Stücke zernagt hat.

Wenn Babys zu zahnen beginnen, möchten sie auf etwas Elastischem kauen – anscheinend fühlt sich das gut an. Sie lieben Mamis Finger, die scheinbar genau die richtige Konsistenz haben, aber wenn die gerade nicht verfügbar sind, tut es auch jeder andere Gegenstand. Es gibt sogar einen ganzen Industriezweig für angenehme Gegenstände, an denen zahnende Babys saugen und auf denen sie herumkauen können. Welpen haben das gleiche Bedürfnis, und die Welpenindustrie ist fleißig damit beschäftigt, diesem Bedürfnis nachzukommen. Experimentieren Sie, um herauszufinden, worauf Ihr Welpe kauen möchte. Es müssen keine im Geschäft gekauften Gegenstände sein. Manchmal sagt Ihr Welpe Ihnen klipp und klar, worauf er herumkauen möchte. Als unser alter Rottweiler Jobear ein Welpe war, hielt er Holz für den perfekten Gegenstand, um seine Zähne daran zu testen. Nachdem er etwas von unserer Wandverkleidung aus Rotholz (angeblich ist es für Hunde giftig, aber das schien ihm nichts auszumachen) verputzt hatte, kam ihm eine neue Lösung – Feuerholz – und er blieb bei seiner Entscheidung. Wenn wir ihn länger als ein paar Minuten alleine lassen mussten, schnappte er sich ein Stück Feuerholz aus dem Stapel und schleppte es in sein Welpengehege.

Welpenzähne

Von Anfang an sollten Sie dafür sorgen, dass die Welpenzähne nicht mit der menschlichen Haut in Kontakt kommen. Ist Ihr Welpe noch recht jung, können Sie verschiedene Dinge ausprobieren. Wenn er Sie beißt, sollten Sie zuerst quietschen (imitieren Sie so gut wie möglich einen anderen Welpen) und hören Sie auf, mit ihm zu spielen. Sobald er sich zurückzieht, können Sie das Spiel wieder aufnehmen. Versuchen Sie, ihm für Ihre empfindlichen Körperteile angemessene Ersatzobjekte zu geben.

Wenn Ihr Welpe rund drei Monate alt ist, funktioniert diese Methode möglicherweise nicht mehr. Je nach Charakter Ihres Welpen könnten Sie sein Verhalten sogar noch verstärken. Jetzt ist es Zeit für Methode Nummer zwei. Bewegen Sie sich zuerst nicht mehr. Schauen Sie ihn dann streng an (mit dem typischen »Mama«-Blick), sagen Sie ihm »Nein« und lenken Sie dann das Beißen um. Binden Sie ihn, falls nötig, ein paar Minuten lang an einer kurzen Leine an oder bringen Sie ihn in die Box, das Welpengehege oder in einen anderen Raum, aber lassen Sie ihn nicht zu lange dort. Wahrscheinlich erinnert er sich nicht, warum er in die Box gesteckt wurde, und ihm wird die Aufmerksamkeit fehlen. Viele Eltern wenden bei Ihren Kindern eine Auszeit an. Bei manchen funktioniert dies, bei anderen nicht, je nachdem, ob das Kind diese Strafe wirklich als Strafe empfindet. Vergessen Sie aber nicht, dass solche Auszeiten selten wirken, wenn sie zu lange sind.

Hunde verspüren ihr Leben lang den Wunsch, ihre Umgebung zu erkunden. Doch in den ersten Monaten ist dieser Drang am stärksten. Wenn Sie diese überstehen, schlagen Sie sich wacker!

Ich sorgte mich angesichts aller möglichen Gesundheitsgefahren, aber insgesamt erschien mir das immer noch besser als die Wandverkleidung. Jobear mochte auch Gipskarton – er verputzte ein ganzes Stück in unserer Wäschekammer, aufgrund einer groben Fehleinschätzung (unsererseits natürlich).

Welpen scheinen es besonders zu mögen, auf weichen und vertrauten Gegenständen zu kauen, die sich bewegen – auf Ihnen oder den anderen Familienmitgliedern! Obwohl es keine große Sache ist, solange der Welpe noch klein ist, ist es eine umso größere, wenn er älter wird und seine Zähne größer werden.

Zusätzlich zu Kontrollinstrumenten, wie beispielsweise einem Welpengehege, einem Raum oder einer Box, könnte in dieser Versuchszeit auch ein Anbinder sinnvoll sein. Ein Anbinder ist eine kurze (ca. ein Meter lange) gummiummantelte Drahtleine, die an einer unbeweglichen Verankerung befestigt ist. Ein Ring-bolzen in der Wand eignet sich dafür am besten, aber Sie können ihn auch an einem sehr schweren Möbelstück befestigen. Wenn Sie das Kauverhalten Ihres Hundes kontrollieren wollen, sollten Sie ihm ein massives Kauspielzeug schen-ken. Falls Sie sich für einen Anbinder entscheiden, sollten Sie ihn langsam daran gewöhnen, dass er in seiner Bewegungsfreiheit eingeschränkt ist – jeweils fünf bis fünfzehn Minuten in Kombination mit einem Knochen oder Kauspielzeug.

Lernen, alleine zu sein

Mamis und ihre Babys gehören zusammen. Den meisten von uns fällt es schwer, das Baby in sein eigenes Bettchen oder eigenes Zimmer auszuquartieren. Es gibt viele gute Bücher darüber, wie man Kindern beim Einschlafen hilft, die allerdings in Wahrheit das Problem behandeln, wie Sie Ihr Kind von Ihnen trennen, zumin-dest eine Zeit lang. Ich kann mich noch an das schmerzliche Gefühl erinnern, das ich empfand, als ich mein Baby weinen hörte. Ich dachte: »Da muss sie durch«, obwohl ich nichts lieber tun wollte, als sie auf den Arm zu nehmen. Welpen haben genauso das Bedürfnis nach der Anwesenheit ihrer Mutter und Geschwister. Doch sie müssen lernen, auch alleine sein zu können. Und das kann sowohl für den Welpen als auch den Besitzer hart sein.

Eine Beobachtungsstudie über die Lebensgewohnheiten von Wildhunden hat gezeigt, dass die Elterntiere einige interessante Dinge tun, um ihre Welpen auf die Trennung vorzubereiten. Für diese spezielle Analyse wurde eine wilde Hündin beobachtet, die wöchentlich ihr Lager wechselte. Sie ließ ihre Welpen im ersten Lager und suchte ein anderes. Dann brachte sie die Welpen einen nach dem ande-ren in das neue Heim. Jedes Mal, wenn sie mit ihren Welpen umzog, nahm sie sowohl einen anderen Welpen zuerst (und ließ ihn alleine, während sie den zwei-ten Welpen holte) als auch einen anderen Welpen zuletzt (sodass dieser Welpe alleine blieb). Dadurch lernten die Welpen, dass sie alleine, aber trotzdem in Sicherheit sein konnten.

Viele hervorragende Züchter trennen ihre Welpen jeden Tag eine Zeit lang von den anderen, und zwar sobald sie die Augen geöffnet haben und auf Geräusche reagieren können. (Das ist der Beginn der Sozialisierungsphase.) Sie lernen, dass sie nicht lange alleine gelassen werden und dass ihre Menschen- oder Hunde-eltern zurückkommen. Allerdings wissen manche Züchter nicht, dass dies für die

Entwicklung der Welpen nötig ist. Weil viele Menschen glauben, es sei grausam, die Welpen voneinander und von der Mutter zu trennen, werden Sie vielleicht feststellen, dass Ihr Welpe mit dem Alleinsein keine Erfahrung hat. Es liegt an Ihnen, ihm dies beizubringen, und Sie sollten damit sofort beginnen – jedoch mit Vorsicht.

Um Ihren neuen Welpen besser darauf vorzubereiten, von Ihnen – seinem Ersatzelternteil – getrennt zu sein, versuchen Sie, nicht jede Minute, in der er wach ist, mit ihm zu verbringen. Es ist zwar verlockend, mit dem Hund zu spielen, bis er müde wird, und die Hausarbeit zu erledigen, wenn er sein Nickerchen macht. Aber versuchen Sie stattdessen, ihn ungefähr jede Stunde für kurze Zeit in einen Laufstall (Welpengehege) zu bringen. Helfen Sie ihm zu lernen, dass Sie immer zurückkommen. Schließlich wurde er nicht ausgesetzt! Wenn Sie so anfangen, vermeiden Sie, dass es später zu größeren Trennungsproblemen kommt – und glauben Sie mir, diese Probleme können furchtbar sein. Dazu kann extreme Zerstörungswut, Jaulen, Bellen, Weinen und Flüchten gehören. Und diese Probleme sind nicht leicht in den Griff zu bekommen.

Falls Sie nicht beabsichtigen, dass Ihr *erwachsener* Hund nachts bei Ihnen im Bett schläft, sollten Sie am besten vermeiden, dass Ihr *Welpe* das tut. Das bedeutet nicht, dass Sie ihn in die Garage verbannen sollen (ein Platz, den ich nur äußerst selten empfehle). Stellen Sie stattdessen seine Wiege – äh, seine Box – direkt neben Ihr Bett. Legen Sie eine weiche Decke und ein paar Plüschtiere hinein und helfen Sie ihm dabei, sich zu entspannen. Falls er viel weint, geben Sie ihm ein Kauspielzeug oder einen Futterspender mit ein wenig Welpenfutter. Möglicherweise wimmert er während der Nacht. Mitten in der Nacht wird er aufs Töpfchen müssen, und Sie sollten ihn nach draußen bringen und nicht nur einfach vor die Tür setzen. Falls er weint, wenn Sie ihn wieder in die Box setzen, wird es ihn beruhigen, wenn Sie Ihre Finger zwischen die Gitterstäbe stecken, und er wird sich dadurch weniger alleine fühlen. Meistens ist die erste Nacht die schlimmste, also bleiben Sie am Ball.

Berührungen

Ihr Hund muss Ihre Hände als liebevoll empfinden. Wenn Sie einem Baby die Windeln wechseln oder es baden, sind Sie immer sehr bedacht, ihm nicht weh zu tun. Wenn ein Baby weint, nehmen Sie es meist auf den Arm und liebkosen es, damit es sich besser fühlt. Stellen Sie sich vor, was passieren würde, wenn Sie all diese Dinge grob oder unvorsichtig verrichten würden. Höchstwahrscheinlich würde Ihr Baby Ihre Hände, die sich ihm nähern, nicht als angenehm empfinden – vielleicht würde es sogar zu verhindern versuchen, berührt oder hochgehoben zu werden.

Dasselbe gilt natürlich auch für Welpen. Auch wenn sie manchmal grob zu uns sind, bedeutet das nicht, dass wir ihnen gegenüber auch grob sein sollen. Schließlich sind wir um einiges größer als sie – das wäre mehr als unfair. Aber trotzdem können wir standhaft sein. Ihr Welpe sollte es lieben, von Ihnen angefasst zu werden; er sollte die Berührung suchen und sich nicht wehren, wenn Sie ihn im Arm halten, egal, ob Sie ihn knuddeln, bürsten oder ihm die Krallen schneiden möchten. Gehen Sie ruhig und sachlich vor, wenn Sie ihn berühren oder hochnehmen. Heben Sie ihn nicht an den Vorderläufen hoch; Sie würden ein Baby ja auch nicht an den Armen hochziehen, oder? Legen Sie einen Arm um seine Brust und wiegen Sie seinen kleinen Popo in der anderen Hand. Er soll sich wohl fühlen! Aber fassen Sie ihn an und geben Sie sich dabei sehr souverän.

Grenzen setzen

Wenn Kinder älter werden, testen sie häufig ihre Grenzen aus – die Grenzen ihres Körpers, ihres Verstandes *und* Ihrer Geduld. Oft müssen wir uns selbst daran erinnern, dass sie das tun sollen; etwas stimmt nicht, wenn ein Kind keine Neugier zeigt oder den Wunsch, seine Grenzen zu überschreiten. Gute Eltern stellen ihre Kinder vor zahlreiche Herausforderungen und achten gleichzeitig darauf, dass ihnen nichts passiert. Welpen machen natürlich das Gleiche, aber auf eine Art und Weise, auf die wir möglicherweise nicht vorbereitet sind. Sie lieben Spiele, die sie kontrollieren können. Die häufigsten sind »Nicht abgeben« und »Tauziehen«.

Nicht abgeben

Bei »Nicht abgeben« schnappt sich der Hund im Allgemeinen einen Gegenstand, den er nicht haben darf, und stichelt Sie dann damit. Welpe schnappt sich eine (dreckige) Socke vom Fußboden, Elternteil versucht, diese zu bekommen, Welpe rennt damit weg, Elternteil jagt hinter Welpe her und brüllt Obszönitäten, Welpe versteckt sich wild grinsend hinter Couch. Das ist SPASS. Aber wie gehen Sie mit diesem Verhalten um? Als Erstes gibt es natürlich die Kontrolle. Verstauen Sie Ihre Socken in Schubladen oder im Wäschekorb, und halten Sie andere verleitende Gegenstände außerhalb der Gefahrenzone. Allerdings können Sie nicht *alles* außer Reichweite des Welpen aufbewahren. Wenn also das Unvermeidbare eintritt, habe ich hier einen Vorschlag. Handhaben Sie es so, als sei es der Beginn des Apportierens (was es sogar ist).

Die Lieblingsgegenstände eines Welpen sind oft Ihre geschätzten Besitztümer. Wenn der Welpe eines seiner Spielzeuge aufnimmt, kümmern wir uns nicht sonderlich darum. Aber wenn er eins von *unseren* Spielzeugen nimmt – eine Socke, einen Schuh, ein Kinderspielzeug oder eine teure Uhr – bekommt er jede Menge Aufmerksamkeit. Wir rennen ihm außerdem durch das ganze Haus oder den Garten hinterher, während er seinen Spaß hat. Wahrscheinlich denkt er, wir würden uns dabei auch amüsieren. Leider lernt der Hund durch »Nicht abgeben« alles Mögliche, was er unserer Meinung nach gar nicht lernen sollte – dass er stärker, schneller, gewiefter und wendiger ist als wir!

Bevor Sie in die »Nicht abgeben«-Falle tappen, probieren Sie den folgenden kleinen Trick. Er scheint zwar gegen die eigene Intuition zu gehen, aber probieren Sie ihn dennoch aus. Er tut nicht weh und wird wahrscheinlich funktionieren. Wenn Ihr Welpe sich eines Ihrer Besitztümer schnappt, schreien Sie nicht auf und versuchen Sie nicht, es zurück zu ergattern, sondern loben Sie ihn! Sagen Sie ihm, dass er ganz wunderbar ist, großartig und der beste Welpe, den Sie jemals im Leben gesehen haben. Lassen Sie ihn mit dem Gegenstand vor Ihnen entlang stolzieren und *greifen Sie nicht danach*. Loben Sie ihn, bis er den Gegenstand zu Ihnen bringt. Wenn Sie möchten, können Sie ihm dann ein Leckerli geben, dafür, dass er so schlau war; aber widerstehen Sie dem Drang, ihm den Gegenstand aus dem Maul zu nehmen, bis er ihn freiwillig hergibt. Und kämpfen Sie keinesfalls mit ihm darum. In Wirklichkeit fördern Sie eine wunderbare, kleine Angewohnheit, die Sie in Zukunft gerne wieder nutzen werden – das *Apportieren*. Wenn er den Gegenstand ablegt oder sein Maul öffnet, sodass Sie ihn nehmen können, werfen Sie ihn entweder für ihn oder geben Sie ihn ihm. Nachdem sich dieses Szenario mehrfach abgespielt hat, sollte er jede Art von Dingen holen und zu Ihnen zurückbringen. Falls er Ihnen etwas bringt, womit er spielen soll, ist das super! Spielen Sie mit ihm! Falls er Ihnen etwas bringt, was er nicht haben soll, machen Sie einen Tauschhandel mit einem seiner Spielzeuge und lassen Sie ihn damit spielen. Im Moment ist es wichtig, mit dem Gegenstand zu spielen, ohne dass es zu Zerrspielen kommt. Falls der Hund den Gegenstand nicht abgeben will, lassen Sie ihn. Und warten Sie, bis er ihn Ihnen wieder anbietet. Wenn Sie in diesem Moment nicht spielen möchten, sollten Sie ihn dennoch loben, aber stehen Sie auf und geben Sie ihm ein Leckerli als Belohnung dafür, dass er Ihre Wohnung aufräumt. Hierbei gewinnen beide. Anstatt dass Ihr Welpe vor Ihnen Angst hat oder lernt, wie schnell er ist, lernt er in Wahrheit, Gegenstände zu Ihnen zurückzubringen. Außerdem lässt er Ihnen den Vortritt und spielt mit den Gegenständen, die er haben darf. Später werden Sie darüber sehr froh sein, falls Sie mal nicht genug Zeit haben, mit ihm einen langen Spaziergang zu machen, aber dennoch ausreichend Zeit, um ihm im Garten einen Ball zu werfen. Leider unterbinden viele Hundeeltern dieses Verhalten mit Erfolg und setzen somit den natürlichen Apportier-Instinkt des Hundes außer Kraft. Und anschließend regen sie sich darüber auf, wenn er einen Ball oder eine Frisbee® nicht apportiert. Was er deshalb nicht tut, weil er Angst hat, etwas zu tun, was Sie nicht möchten.

Tauziehen

Unter den Hundeerziehern hat Tauziehen keinen guten Ruf. Viele Menschen sind der Meinung, dies könnte zu Aggression gegen den Besitzer führen. Zwar kenne ich keine beweiskräftigen Studien zu diesem Thema, aber ich stehe mit meiner Meinung genau in der Mitte. Für manche Hunde empfehle ich Tauziehen sogar, besonders für schüchterne. Es ist eine hervorragende Möglichkeit, Ihrem Welpen beizubringen, dass Gegenstände keinerlei Spaß bringen, wenn Sie nicht daran beteiligt sind. Also spielen Sie mit ihm Tauziehen, und falls er Ihnen den Gegenstand nicht gibt, zucken Sie mit den Schultern und gehen Sie. Oder nehmen Sie sich ein anderes tolles Zerrspielzeug und spielen Sie damit. Er wird schnell entdecken, dass Sie am interessantesten sind und nicht das Spielzeug.

Später werden Sie sehr froh sein, dass Sie Ihrem Welpen beigebracht haben, spielzeug- (objekt-)orientiert zu sein. Dadurch wird er sich auf Sie konzentrieren und nicht auf andere Tiere oder Menschen.

Tauziehen ist auch eine gute Möglichkeit, um ihm »Aus« beizubringen. Während Sie und der Welpe an dem Spielzeug zerren, nehmen Sie Ihre freie Hand und halten Sie ein Leckerli neben sein Maul. Wenn er das Spielzeug fallen lässt, geben Sie ihm das Leckerli. Beginnen Sie dann wieder mit dem Tauziehen. Nachdem Sie das ein paar Mal gemacht haben, sagen Sie ihm »Aus!«, sobald er das Leckerli nehmen will. Nach vielen Wiederholungen wird er das Leckerli nicht mehr benötigen und Ihnen jeden gewünschten Gegenstand auf Aufforderung geben.

3

Die große, weite Welt: Sozialisierung

Alle Eltern möchten, dass ihre Kinder mit anderen Menschen gut zurecht kommen – dass sie höflich sind, interessiert und interessant. Zu diesem Zweck fahren wir sie bereits als ganz junge Kinder in ihrem Kinderwagen in der Gegend herum. Und während ihrer gesamten Kindheit fahren wir damit fort: Sobald sie laufen können, gehen viele Eltern mit ihren Kindern auf Spielplätze, wo sie lernen, auf Spielgeräte zu klettern und im Sand zu buddeln. Ein Elternteil beobachtet stets die Interaktion zwischen Kind und Umwelt, sodass er, falls nötig, eingreifen kann.

Wann man mit der Sozialisierung beginnen sollte

Eine der wichtigeren Entscheidungen, die Sie hinsichtlich Ihres Welpen zu treffen haben, ist das Alter, in dem Sie ihn mit der Außenwelt sozialisieren. Zurzeit gibt es zwei »Lager«, die beide berechtigte Auffassungen vertreten. Die erste Auffassung, die viele Angehörige von Gesundheitsberufen vertreten, lautet, dass Ihr Welpe bis zu dem Zeitpunkt, zu dem er vollständig geimpft wurde, nicht in Kontakt mit Menschen oder anderen Hunden kommen sollte. Das ist ungefähr im Alter von vier Monaten. Vorher ist sein Immunsystem noch nicht vollständig ausgebildet und er ist anfällig für ernsthafte Krankheiten. Die zweite Auffassung, die ich vertrete, lautet, der Welpe solle, sobald er bei Ihnen ist, *vernünftig* sozialisiert werden, also bereits im Alter von acht Wochen. Da sich Welpen sehr schnell entwickeln, ist das Zeitfenster für die Sozialisierung sehr kurz – es reicht von ein paar Wochen bis nur drei Monaten. Während dieses Zeitraums muss Ihr Welpe mit fast allem in Kontakt kommen, auf das er im Leben stoßen wird: vor allem mit Menschen und anderen Hunden. Wenn Sie warten, bis er vier Monate alt und vollständig immunisiert ist, ist das so, als wenn Sie Ihr Kind im Haus und von der Welt fernhalten würden, bis es ungefähr zwölf Jahre alt ist! In Anbetracht der Tatsache, dass mehr Hunde von ihren Besitzern aufgrund von Verhaltensproblemen aufgegeben werden als Hunde jemals an Krankheiten sterben, bin ich für *vorsichtige* Sozialisierung.

Die Wichtigkeit der Sozialisierung

Parker war ein erstklassiges Beispiel für einen schlecht sozialisierten Hund. Im Alter von vier Monaten wurde er von Sherri aus dem Tierheim geholt. Sie und ihr Mann waren gerade auf dem Weg zur Videothek, als sie die Anzeige des Tierheims sahen. Ich traf die beiden ungefähr zwei Wochen später, und sie waren immer noch dabei, herauszufinden, ob Parkers Verhalten normal war. Er bellte ununterbrochen, hatte Angst vor anderen Hunden und vor neuen Umgebungen und war weder an Sherri noch an ihren Mann anhänglich.

Es stellte sich heraus, dass Parkers Aufzucht ein absolutes Chaos gewesen war. Er war aus einem Tierheim auf dem Land gerettet worden und dann in eine Pflegefamilie gekommen. Und dann in eine andere und wieder eine andere. Als Parker viereinhalb Monate alt war, hatte er bereits in vier Pflegefamilien gelebt. Zumindest bei einer der Pflegefamilien gab es ein Rudel Hunde, das auf dem Grundstück frei herumlaufen konnte. Er hatte keine Möglichkeit, zu irgendeinem der Familienmitglieder eine Beziehung aufzubauen, und gelernt, praktisch jedem und allem zu misstrauen.

Sherris Besuch bei mir war der Beginn ihrer Karriere als Hundetrainerin, etwas, was sie niemals hatte sein wollen! Acht Jahre später versuchen wir beide noch immer, Parker zu helfen, dem es jetzt die meiste Zeit gut geht. Trotzdem greift er immer noch Hunde an und bekommt Medikamente gegen seine Angstprobleme verschrieben. Daraus kann man lernen, dass durch vorsichtige, frühzeitige Sozialisierung viele von Parkers Problemen hätten vermieden werden können.

Wie man einen perfekten Spielkameraden findet

Viele Hundeeltern haben am Anfang den richtigen Gedanken – sie erkennen, wie wichtig die Sozialisierung ist – aber sie erkennen nicht, welche Rolle sie bei diesem Prozess spielen. Viele gehen mit ihren jungen Welpen in einen Hundepark oder lassen sie mit älteren Hunden spielen, doch dann lassen sie die Hunde alle Probleme, die entstehen, alleine lösen. Meiner Meinung nach ist das so, als ob Sie mit Ihrem Kind auf einen Spielplatz gehen, auf dem Kinder im Alter von zwei bis sechs spielen, und einen Sechsjährigen Ihr zweijähriges Kind schikanieren lassen würden. Der Sechsjährige weiß es wirklich nicht besser, und innerhalb von Minuten haben Sie möglicherweise ein schreiendes Kleinkind. Das Gleiche kann leicht passieren, wenn Sie einen vier Monate alten Welpen mit fünfzehn Monate alten Hunden spielen lassen. Jemand wird verletzt und das daraus resultierende Trauma kann ein Hundeleben lang andauern.

Logischerweise holen wir die Welpen nur aus einem einzigen Grund im zarten Alter von acht Wochen von den Müttern weg: Damit sie zu den Menschen eine Bindung aufbauen und gleichzeitig lernen, in unserer Gesellschaft zu leben. Warum sollten wir dann also denselben Welpen zurück in einen Haufen Hunde werfen, die er nicht kennt und die möglicherweise ein paar soziale Qualitäten besitzen, die nicht wünschenswert sind? Das ist nicht unbedingt eine gute Idee. Andererseits sollten Hunde lernen, wie sie mit anderen Hunden umzugehen haben. Wie soll man ihnen dies also beibringen?

Zuallererst müssen Sie Ihren Welpen an *Menschen* gewöhnen. Nehmen Sie ihn in Einkaufszentren mit, wo er sehen kann, was die Gesellschaft zu bieten hat. Lassen Sie ihn auf unterschiedlichen Untergründen laufen, solange diese sauber zu sein scheinen.[2] Er sollte Teppiche, Fliesen, Steine, Treppen etc. erfühlen. Er sollte Farben sehen und Menschen und Dinge, die für ihn ungewöhnlich aussehen, zum Beispiel Männer mit Bart, Rollstuhlfahrer, Menschen auf Fahrrädern, in Kinderwagen und Menschen mit Hüten. Außerdem muss er unzählige Geräusche hören, von Baugeräuschen bis hin zu spielenden Kindern. Indem Sie ihn Ihrer Umgebung aussetzen, lernt er, neue Situationen und Erfahrungen zu tolerieren.

Viele Welpen neigen dazu, sehr schnell neue Beziehungen einzugehen. Im Welpenwurf krabbelten sie alle übereinander, ohne den persönlichen Raum des anderen zu respektieren. Als ihre Mutter sie abstillte, brachte sie ihnen bei, dass sie manchmal einfach nicht in der »Stimmung« für einen Welpen war. Sie knurrte warnend und falls nötig schnappte sie kurz in die Luft. Manche Welpen mit

---

[2] *Unter Umständen ist es besser, mit Ihrem Welpen nicht an Orte zu gehen, an denen unbekannte Hunde spielen. Es gibt unzählige Hundekrankheiten, die er bekommen könnte. Daher sollten Sie besser warten, bis sein Impfschutz vollständig ist.*

einem starken Willen erhielten einen schnellen, aber leichten Biss in den Fang. Wird ein Welpe zu lange mit seiner Mutter allein gelassen, lernt er, dass er sich einem Erwachsenen vorsichtig nähern und eine unterwürfige, beschwichtigende Körperhaltung einnehmen muss, um sicherzugehen, dass der Erwachsene erkennt, dass er in Frieden kommt.

Wir Menschen beeinträchtigen diesen Prozess. Häufig greifen wir in das Verhalten des Mutterhundes gegenüber den Welpen ein, weil wir dieses falsch interpretieren. Oder wir trennen die Welpen zu früh von der Mutter, sodass sie nicht genug lernen können. Die Welt ist voll von Eltern jeglicher Spezies, die ihre eigene Meinung darüber haben, wie die Welpen sich benehmen müssen. Ihr Welpe muss mit Ihnen kommunizieren können, damit aus ihm später ein guter Hund werden kann. Falls Sie erwachsene Hunde kennen, die vertrauensvoll, aber dennoch nicht übermäßig tolerant sind, versuchen Sie, Verabredungen zum Spielen zu arrangieren, damit Ihr Welpe mit diesen in Kontakt kommt. Diese Hunde können Ihrem Welpen wahrscheinlich einige Dinge besser beibringen, als Sie es können.

Umgang mit Menschen

Wenn Sie mit Ihrem Kleinkind einen Spaziergang machen, sind Sie vorbereitet und gehen nicht davon aus, dass Ihr Kind jeden erwachsenen Menschen begrüßt. Es ist sogar so, dass wir Erwachsenen dazu neigen, bestimmten Personen zu misstrauen – und oftmals mit gutem Grund. Falls Ihr Kind auf einen Erwachsenen zugehen möchte, begleiten Sie es immer und halten seine Hand. Ich rate Ihnen, dasselbe mit Ihrem Welpen zu machen. Falls ein Fremder Ihren Welpen begrüßen möchte, lassen Sie Ihren Welpen nicht zu ihm oder ihr hinrennen, sondern bringen Sie ihn stattdessen zu der fremden Person und achten Sie darauf, dass diese sich angemessen verhält.

Was bedeutet angemessenes Verhalten? Wir Menschen streicheln Welpen oder erwachsenen Hunden gerne über den Kopf; aber wenn Sie Ihr Kind fragen würden, ob es gerne über den Kopf gestreichelt wird, würde die Antwort höchstwahrscheinlich »Nein« lauten. Wenn eine Hand von oben auf uns herabkommt, zucken wir schnell zusammen. Wir möchten sehen, was uns berühren wird. Für einen Welpen ist das sogar noch schlimmer, denn unter Hunden gibt es kein natürliches Verhalten, das auch nur im Entferntesten einem Klaps auf den Kopf ähnelt.

Diese Handbewegung kann auf viele Hunde verwirrend wirken und manchen Angst einjagen. Daher sollten Sie, wenn Sie beschlossen haben, dass eine fremde Person Ihren Hund anfassen darf, diese bitten, Ihren Welpen sanft unter dem Kinn zu kraulen. Er oder sie sollte, wenn möglich, auch vermeiden, Ihrem Welpen in die Augen zu starren oder sich über ihn zu beugen. Versetzen Sie sich in die Lage eines Kindes: Ein Erwachsener beugt sich über Sie, starrt Ihnen in die Augen und tätschelt Ihnen über den Kopf. (Meine Kinder sehen das nicht als Spaß an, auch wenn sie es nicht ganz so schlimm finden, wie wenn eine wohlmeinende, aber unsensible Person ihnen in die Wange kneift.)

Welpenpartys und Welpengruppen

Sie stellen fest, dass Ihr Welpe Kontakte knüpfen und sowohl mit anderen Hunden als auch mit Menschen spielen muss. Das ist zwar zu machen, aber Sie müssen dabei Vorsicht walten lassen. Schließen Sie Freundschaften mit Menschen, die Hunde besitzen – nicht nur Welpen, sondern auch freundliche, erwachsene Hunde, die Ihren Welpen zu Höflichkeit erziehen. Veranstalten Sie Welpenpartys in verschiedenen Wohnungen, falls das möglich ist. Meistens ist es das nicht, dann sind Welpengruppen die beste Alternative. Aber seien Sie vorsichtig, wenn Sie sich für eine Gruppe anmelden. Genauso wie Sie auch mit Vorsicht eine Kindertagesstätte aussuchen würden, gibt es verschiedene Kriterien, auf die man bei einer Welpengruppe achten muss. Vor allem müssen Sie sich mit dem Lehrer und seinen Methoden wohl fühlen. Ein guter Lehrer bzw. eine gute Schule sollte Sie immer bei den Unterrichtsstunden zuschauen lassen. Falls das nicht erlaubt ist, melden Sie Ihren Welpen nicht dort an. Es gibt keine großen Geheimnisse bei Welpengruppen, zumindest sollte es keine geben.

Da Welpen sich so schnell so stark verändern, sollten Sie herauszufinden versuchen, wie alt die Welpen in der Gruppe sind. Zwölf Wochen ist ein gutes Alter, um mit dem Unterricht zu beginnen, aber Ihr zwölf Wochen alter Welpe wird wahrscheinlich nicht so gut abschneiden, wenn alle anderen Welpen sechzehn Wochen alt sind. Alle Welpen dort sollten einfache Halsbänder oder Geschirre tragen – keine Würge- oder Stachelhalsbänder. Manche Menschen sind der Ansicht, diese speziellen Halsbänder seien für erwachsene Hunde geeignet. Aber für Welpen sind sie definitiv nicht angebracht. Außerdem sollte der Lehrer Welpen mögen. (Sie wären überrascht, wenn Sie wüssten, wie viele Hundetrainer das nicht tun.) Sie sollten mit dem Lehrer sprechen können, vor allem, wenn Sie merken, dass sich ein Problem entwickelt. Und in der Klasse sollte es nicht ausschließlich ums Spielen gehen. Welpen müssen lernen, dass gute Manieren notwendig sind, selbst wenn spannende Dinge passieren. Sie sollten anfangen zu lernen, still zu sitzen, wenn Sie sie dazu auffordern, und kommen, wenn sie gerufen werden – sogar aus dem Spiel heraus.

Die Bindung zwischen Ihnen und Ihrem Hund sollte stärker sein als sein Verhältnis zu anderen Hunden, auch wenn es großen Spaß machen kann, ihm beim Spiel mit anderen zuzuschauen. Ihr Welpe sollte lernen, dass Sie die Quelle aller guten Dinge sind, einschließlich der Gelegenheit, mit anderen Welpen zu spielen.

4

Benehmen zuhause

Gute Eltern bringen ihren Kindern bei, höflich zu sein, wenn sie noch ziemlich jung sind – allerdings nicht zu jung! Es wäre beispielsweise unsinnig, einem 18 Monate alten Kind beizubringen, wie es eine Gabel richtig benutzt. Auch Hunden sollten gute Manieren beigebracht werden, sobald sie dazu bereit sind – und sie sind viel früher dazu bereit als Kinder. Ihr Welpe muss recht schnell wissen, ob er Sie anspringen darf, um Sie zu begrüßen, ob er höflich sein muss, bevor er etwas zu fressen bekommt, ob er auf Ihren Körperteilen kauen oder daran lecken darf und ob er auf Sie warten muss, bevor durch eine Tür läuft.

Jede diese Angewohnheiten können Sie Ihrem Welpen ziemlich leicht beibringen, solange er noch jung ist, doch wenn er bereits das Jugendalter erreicht hat, wird es um einiges schwieriger. Im Wesentlichen ist es bei den meisten Welpen so, dass Sie ihm einfach nur keine Beachtung schenken müssen, bis er kapiert, was von ihm erwartet wird.

Teilen

Fragen Sie beliebige Eltern nach dem Lieblingswort ihres Kleinkindes und ihre Antwort lautet wahrscheinlich »meins«, dicht gefolgt von dem Wort »nein«. Nachdem sie dies ein paar Monate lang mitgemacht haben, haben Eltern ein paar graue Haare mehr, während sie mutig lächelnd versuchen, ihrem Zweijährigen das Konzept des Teilens beizubringen. Nicht jedem liegt das Teilen im Blut – am wenigsten einem Kleinkind oder Welpen. Auch in der Erwachsenenwelt ist es nicht so üblich. Bitten Sie einfach mal einen Erwachsenen, Ihnen sein Auto zu leihen! Wenn Mary versucht, Johnny ein Spielzeug wegzunehmen, wird Johnny wahrscheinlich ziemlich heftig reagieren – er klammert sich an das Spielzeug, brüllt, kreischt und manchmal schlägt und beißt er. Ich sage noch einmal, dass Kinder keinen wirklich großen Schaden anrichten können, und da die Kindheit lange andauert, können Babys im Laufe mehrerer Monate oder Jahre lernen, zu teilen. Welpen können das nicht.

Hundetrainer nennen das Verlangen, an wertvollen Ressourcen festzuhalten, »Ressourcenverteidigung« oder »Besitzwahrung«. Das ist zwar ein natürliches Verhalten, aber wir versuchen dennoch, Hunden beizubringen, dies zu unterlassen, besonders im Umgang mit Menschen, aber auch mit anderen Hunden. Hunde sollten lernen, solange das Zeitfenster zum Lernen noch geöffnet ist (falls möglich, bevor der Welpe drei Monate alt ist), denn später wird diese Aufgabe um einiges schwieriger.

Wie bei Kindern ist eine der besten Methoden das Tauschgeschäft. Sie bieten dem Kind ein besseres Spielzeug, einen Cracker oder einen Keks an, im Tausch gegen das, was es in der Hand hält. Einem Welpen können Sie ein Leckerli oder ein anderes Kauspielzeug anbieten. Loben Sie ihn für den Tausch oder beginnen Sie mit einem Spiel, das ihn davon weglockt.

Sie können ihn auch in einen anderen Bereich locken, um zu spielen. Falls Sie ihm das Spielzeug aus dem Maul nehmen müssen, tun Sie dies schnell und entschieden. Legen Sie Ihre Hand über sein Maul und pressen Sie auf das Zahnfleisch oberhalb der Oberzähne. Dadurch löst er seinen Griff. Nehmen Sie nun den Gegenstand und loben Sie ihn dafür, dass er ihn ausgegeben hat.

Ich weiß, dass er ihn nicht wirklich herausgegeben hat, aber hey, Sie haben ihn! Diese Technik ist besonders nützlich, wenn es sich um einen gefährlichen oder äußerst wertvollen Gegenstand handelt. Was Sie nicht tun sollten, ist Tauziehen zu spielen, um von Ihrem Welpen den Gegenstand zu bekommen. Er würde dies als Spiel ansehen, und zwar als eins, das er gewinnen kann. Dadurch würde er lernen, dass er stärker und schlauer ist als Sie – nicht gerade das, was Sie im Sinn hatten. Es ist auch gut möglich, dass er, wenn er älter wird, besitzergreifend-aggressiv wird.

Auf Aufforderung Aufmerksamkeit erhalten

Der Name Ihres Welpen ist sehr wichtig, sowohl für ihn als auch für Sie. Er sollte seinen Kopf drehen und Sie anschauen, wenn Sie seinen Namen sagen. Das ist äußerst wichtig, denn es ist schwierig, mit einem Welpen oder Kind zu kommunizieren, wenn er oder es Sie nicht anschaut! Die folgende kleine Übung ist eine großartige Methode, ihm dieses Verhalten entweder anzutrainieren oder es zu verstärken. Alle Welpen müssen fressen, und Fressen mit Aufmerksamkeit zu kombinieren, ist eine einfache Methode, ihm dies beizubringen. Denken Sie an das Baby im Hochstuhl, das nicht in der Lage ist, alleine zu essen. Liebevoll würden Sie es füttern und manchmal ein Spiel daraus machen. Zwischen zwei Bissen würden Sie und Ihr Baby einander anschauen. Zu den Mahlzeiten Ihres Welpen können Sie ungefähr dasselbe machen. Er wird lernen, dass Sie der Versorger und Ernährer sind und dass Sie sehr großzügig und außerdem allmächtig sind. Mit jedem Happen wird Ihre Beziehung verstärkt und er wird Sie definitiv anschauen! Alles, was Sie tun müssen, um seinen Namen mit Aufmerksamkeit zu verbinden, ist, diesen zu nennen und ihm dann einen Löffel voll Fressen zu geben. Damit Ihr Welpe lernt, Ihnen Aufmerksamkeit zu schenken, müssen Sie warten, bis er Ihnen in die Augen schaut, bevor Sie ihn füttern. Sie bringen dem kleinen Kerl bei, Sie anzuschauen und um »Fresserlaubnis« zu bitten. Und dieses Verhalten können Sie auf fast alles anwenden. Falls Ihr Welpe zum Beispiel spielen oder seinem Lieblingsspielzeug hinterherjagen möchte, rufen Sie seinen Namen und warten Sie, bis er Ihnen in die Augen schaut, bevor Sie es werfen. Das erfordert Geduld, aber so verhält es sich bei der gesamten Erziehung.

Erziehung zur Stubenreinheit

Meine Mutter wuchs in England auf und bekam ihr erstes Kind während des Zweiten Weltkriegs. Sie erzählte von »Nannys«, die darauf spezialisiert waren, Kinder zur Sauberkeit zu erziehen, bevor sie ein Jahr alt waren, damit sie weniger Windeln waschen mussten. Ich fragte sie, wie sie das gemacht hätten, und sie antwortete, sie hätten die Kinder scheinbar nicht aus den Augen gelassen und sie ungefähr jede Stunde auf die Toilette gesetzt. Im Grunde verbrachten die Kinderfrauen jede wache Minute damit, vorauszuahnen, wann das Kind auf die Toilette musste, und es gerade rechtzeitig drauf zu setzen!

Ein Kind zur Sauberkeit und einen Hund zur Stubenreinheit zu erziehen ist dasselbe. Sie möchten, dass Ihr Kind oder Hund an einem geeigneten Ort Pipi macht – der Mensch im Badezimmer, der Hund draußen. Eigentlich zeigen beide Spezies dieses Verhalten mit der Zeit von ganz alleine. Raubtiere und andere Tiere mit Behausungen oder Bauten (ja, wir sind Raubtiere) halten ihren Wohnbereich für gewöhnlich ziemlich sauber, während viele Beutetiere, die ihren Ressourcen von Ort zu Ort folgen, sich keine Gedanken darüber machen, wo sie ihre Exkremente hinterlassen. Auf jeden Fall wissen Menscheneltern, dass man ein Baby nicht zur Sauberkeit erziehen kann, bevor es dazu bereit ist; es ist sonst nur eine frustrierende Angelegenheit. Aber wenn das Kind dazu bereit ist, dauert es überhaupt nicht lange. Meine Tochter war fast genau drei Jahre alt, als sie sich selbst beibrachte, auf die Toilette zu gehen. Ich dachte, sie hätte dazu bereit sein sollen, als sie zwei Jahre alt war! Aber im Alter von zwei Jahren und elf Monaten entdeckte sie auf einmal ihr Interesse am Töpfchen, setzte sich von selbst darauf und machte stolz ihr Geschäft nach ihrem eigenen Zeitplan.

Ebenso ist es eine Energieverschwendung, einen Welpen zur Stubenreinheit erziehen zu wollen, wenn er dafür noch nicht bereit ist. Welpen können ihren Darm und ihre Blase bis zum Alter von rund vier Monaten noch nicht kontrollieren. Das ist ungefähr das Alter, in dem sie auch die bleibenden Zähne bekommen. Ihn zu bestrafen, mit der Nase in die Pfütze zu stoßen oder andere Methoden werden nicht fruchten – wenn er dazu bereit ist, ist er bereit. Wenn Sie es lang genug probieren, wird er bereit sein. Und Sie werden denken, es sei Ihre harte Arbeit gewesen, die zum Erfolg geführt hat!

Was soll man also in den Wochen tun, in denen der Welpe noch nicht bereit ist? Windeln sind meistens nicht praktisch, also bringen Sie Ihren Welpen häufig nach draußen. Bringen Sie ihn nach draußen an seinen »Töpfchenplatz« nachdem er gefressen hat sowie ungefähr alle anderthalb bis zwei Stunden. Loben Sie ihn wie verrückt, wenn er sein Geschäft erledigt, und schränken Sie ihn in seiner Bewegungsfreiheit ein, wenn Sie ihn nicht beobachten können. Kontrollieren Sie seine Umgebung, um Ihre Erfolgschancen zu steigern. Sie können ihn in einem Raum (ich benutze dafür meine Küche), ein Welpengitter (das ist Gold wert) oder eine Box sperren. Unfälle sollten Sie als Ihr Problem ansehen, nicht als das Ihres Welpen. Mit sehr wenigen Ausnahmen können alle Hunde zur Stubenreinheit erzogen werden; das ist normalerweise nicht sehr schwierig – wirklich! Wenn Sie Ihren Hund dabei erwischen, wie er gerade ins Haus macht, machen Sie ein Geräusch als ob Sie die Luft anhalten würden, heben Sie ihn hoch und bringen Sie ihn nach draußen – schicken Sie ihn nicht nur einfach nach draußen –, warten Sie, bis er sein Geschäft erledigt, loben Sie ihn und bringen Sie ihn dann wieder nach drinnen. Wenn Sie den Hund nur nach draußen schicken, versteht er nicht, was Sie von ihm wollen; er wäre nur verwirrt und würde sich einsam fühlen.

Falls Sie den ganzen Tag lang außer Haus sind, weil Sie arbeiten müssen, wird es um einiges länger dauern, bis Ihr Hund stubenrein ist, als wenn Sie ihn beobachten können. Er kann einfach nicht länger als ein paar Stunden durchhalten, ohne sich zu erleichtern. Ich schlage vor, dass Sie, wenn Sie außer Haus sind, ihn in einem begrenzten Raum oder einem Welpengitter halten, und diesen Bereich mit Zeitungspapier und Vlies-Pads auslegen. Sammeln Sie die Pads ein, sobald Sie zuhause sind, und gehen Sie wieder zu der zuvor beschriebenen Routine über. Wenn Sie eine Box benutzen, versuchen Sie, ihn nicht länger als vier Stunden am Stück darin zu lassen.

Manche Menschen, die in Wohnungen leben und sehr kleine Hunde haben, finden es praktisch, ihren Hunden beizubringen, eine Art Katzenklo für Hunde zu benutzen. Das ist in Ordnung, aber Sie sollten wissen, dass wenn Sie ihm erst einmal beigebracht haben, sich dort zu erleichtern, es sehr schwierig ist, ihm dieses Verhalten wieder abzugewöhnen, falls Sie plötzlich in ein Haus mit Garten ziehen sollten.

Boxentraining

Irgendwann muss Ihr Baby lernen, in seinem Gitterbettchen zu bleiben. Dort werden Babys hingelegt, um ein Nickerchen zu machen oder zu schlafen. Die meisten Babys mögen ihr Gitterbettchen am Anfang nicht, gewöhnen sich dann aber nach einiger Zeit daran. Eine Box ist im Grunde so etwas wie ein Gitterbett für Hunde, und Sie können Ihrem Hund beibringen, dass er dort bleiben muss, wenn Sie kein Auge auf ihn haben können oder wenn Sie möchten, dass er schläft. Es gibt Boxen aus Plastik, Draht und Netz. Am beliebtesten sind Plastikboxen, aber alle sind geeignet.

Meine Hunde schlafen in Boxen bis sie zuverlässig sind, und auf Reisen nehme ich eine tragbare Box mit – das ist hilfreich, wenn Sie in ein Hotel einchecken möchten! Das Boxentraining ist für die Erziehung zur Stubenreinheit üblich und sehr nützlich, aber wird sie falsch benutzt, kann sie zu einem Gefängnis werden. Außer während der Nacht soll-te ein Welpe nicht länger als vier Stunden darin bleiben. Viele Menschen sperren ihre erwachsenen Hunde während des Tages in eine Box, aber ich bin gegen diese Praxis. Für mich ist das so, als ob ich mein Kind zehn Stunden lang in seinem Gitterbett lassen würde, dann aber erwarte, dass es sich zivilisiert benimmt, wenn es wieder hinaus darf. Sollte Ihr Hund sich jeden Tag so lange in der Box aufhalten müssen, sollten Sie wahr-scheinlich mal Ihren Lebensstil überprüfen.

Auf jeden Fall wird Ihnen die folgende Methode des Boxentrainings dabei helfen, dass Ihr Hund sich an die Box gewöhnt und nicht jault oder bellt, während er darin eingesperrt ist. Es mag Ihnen so vorkommen, als ob Sie ein Problemverhalten verstärken würden, aber das stimmt nicht. Vertrauen Sie mir.

Sie brauchen dafür jede Menge herrliche Leckerlis (zum Beispiel Hühnchen- oder Rindfleischstücke). Nachdem Sie Ihren Hund in die Box bugsiert haben, setzen Sie sich direkt daneben. Lassen Sie circa alle 30 Sekunden ein Stück Futter in die Box fallen, unabhängig davon, ob er jault, weint oder bellt oder leise ist. Nach ein paar Minuten (oder weniger) wird der Hund zu jaulen aufhören und erwartungsvoll auf das nächste Leckerli schauen. Füttern Sie ihn weiterhin, aber verlängern Sie die Zeit zwischen den ein-zelnen Leckerlis zuerst auf eine Minute, dann auf zwei Minuten. Hören Sie nach circa fünf Minuten auf, ihn mit Leckerlis zu füttern, und lassen Sie ihn aus der Box. Die nächste Trainingseinheit sollte später am selben Tag erfolgen. Verlängern Sie den Abstand schnell von 30 Sekunden auf 60 Sekunden und anschließend auf zwei oder drei Minuten. Stehen Sie auf und laufen Sie umher, aber gehen Sie regelmäßig zur Box zurück und geben Sie dem Hund ein Leckerli.

Beginnen Sie bei der nächsten Trainingseinheit damit, dass Sie ihm ein Leckerli geben, wenn er in die Box geht, und ihm circa alle fünf Minuten ein weiteres Leckerli geben. Verlängern Sie die Zeit, die er in der Box ist, sowie den Abstand zwischen den Leckerlis. Sie sollten mit dem Füttern immer sofort aufhören, sobald der Hund aus der Box kommt. Die Wahrscheinlichkeit ist hoch, dass Ihr Hund schon an die Box gewöhnt ist!

Ich habe es mir zur Gewohnheit gemacht, meinen Hunden ein »Boxengeschenk« zu machen. Das ist ein Kauspielzeug, das sie genießen können, während sie in ihrer Box rumhängen. Ich sammle die Überreste des Spielzeugs auf, wenn ich sie aus der Box hin-auslasse. Dadurch freuen sie sich auf eine kleine Auszeit. Sie können auch zwei Hunde in eine Box sperren, sofern die beiden sich sehr mögen und kein Problem damit haben, auf engstem Raum zusammen zu sein. Viele Hunde sind so sogar glücklicher.

Sag »bitte«!

Kleine Kinder leben in der Gegenwart. Wenn sie etwas wollen, wollen sie es jetzt, und sie versuchen so effektiv wie möglich, das zu bekommen, was sie wollen – indem sie grabschen, aufdringlich sind und knatschen oder sogar einen Schreikrampf bekommen. Welpen grabschen mit ihrem Maul; sie versuchen, Ihnen Futterstücke oder andere Leckerlis aus der Hand zu entreißen. Kommen sie an diese nicht heran, beißen sie manchmal sogar fester zu oder suchen sich zum Ärgern ein anderes Familienmitglied. Sie können Ihrem Welpen beibringen, Fressen höflich entgegen zu nehmen, indem Sie es ihm erst dann geben, wenn er sich gut benimmt.

Versuchen Sie es mit folgender Methode: Nehmen Sie zuerst ein leckeres Futterhäppchen in die Hand und zeigen Sie es Ihrem Welpen. Schließen Sie nun die Hand um das Häppchen (machen Sie eine Faust) und halten Sie sie ihm hin. Wahrscheinlich wird er auf jede erdenkliche Weise versuchen, es Ihnen aus der Hand zu winden. Manche Hunde versuchen das mit der Pfote oder dem Maul oder beißen sogar. Aber Ihre Hand ist aus Stahl – Sie sollten sie geschlossen halten und dürfen Sie nicht wegziehen. Schlussendlich – normalerweise innerhalb einer Minute – ist der Welpe verwirrt und frustriert und zieht sich zurück oder setzt sich sogar hin! Öffnen Sie dann Ihre Hand und lassen Sie ihn das Futter aus Ihrer Handfläche nehmen. Wiederholen Sie diese Bewegung, bis er sich automatisch zurückzieht und darauf wartet, dass Sie Ihre Hand öffnen. Wenn Sie möchten, können Sie dieses Verhalten ein wenig ausbauen, indem Sie warten, bis er Sie anschaut, und dann erst die Hand öffnen. Aber das ist nicht unbedingt nötig. Sobald er sich automatisch zurückzieht, wenn Sie Ihre Faust ausstrecken, sagen Sie ihm »Sag bitte!« kurz bevor er sich zurückzieht und Sie Ihre Hand öffnen. Sobald Ihr Hund gelernt hat, sich höflich zu benehmen, wenn Sie eine Faust machen, versuchen Sie, Ihre Hand geöffnet zu lassen und sie nur zur Faust zu ballen, wenn er versucht, sich das Leckerli zu schnappen. Er wird diesen Trick wahrscheinlich sehr schnell verstehen.

Und nun bringen wir ihm bei, höflich auf sein Dinner zu warten. Genauso wie Sie von Ihren Familienmitgliedern erwarten würden, dass sie warten, bis jeder sich gesetzt hat, möchten Sie, dass Ihr Welpe abwartet, bis Sie fertig sind, bevor er sich auf sein Fressen stürzt. Bereiten Sie zuerst Fressen vor, von dem Sie wissen, dass er es mag, und halten Sie es direkt über seinen Kopf, bereit, es gleich hinzustellen. Er wird wahrscheinlich an Ihnen hochspringen, weil er unbedingt fressen möchte. Warten Sie ruhig ohne ein Wort zu sagen ab, bis er sich hinsetzt. Er wird sich hinsetzen, wenn auch vielleicht nicht so schnell wie Sie möchten. Setzt Ihr Welpe sich, geben Sie ihm mit der Hand ein bisschen Futter. Falls er aufsteht, ziehen Sie Ihre Hand zurück. Wenn er sich wieder hinsetzt, geben Sie ihm noch mehr Futter. Er wird ziemlich schnell verstehen, worum es geht. Sobald er sich schnell hinsetzt, wenn die Futterschüssel über seinem Kopf ist, senken Sie die Schüssel langsam herab. Natürlich wird er aufstehen, daher sollten Sie die Schüssel wieder hochheben und warten, bis er wieder sitzt. Tut er das, senken Sie die Schüssel wieder herab. Wahrscheinlich wird er sein Verhalten wiederholen, also müssen Sie Ihres auch wiederholen. Eventuell müssen Sie ihm ein bisschen mehr Fressen mit der Hand geben, damit er währenddessen nicht das Interesse verliert. Ihr Ziel ist, dass er die ganze Zeit sitzt, während Sie die Schüssel herabstellen, und auch sitzen bleibt, bis Sie ihm sagen, dass er fressen darf. Wenn er das erste Mal sitzen bleibt, lassen Sie ihn fressen, sobald die Schüssel auf dem Boden steht. Aber mit der Zeit können Sie die Schüssel solange zurückhalten, bis er ein paar Sekunden lang sitzt. Sie sollten den armen, kleinen Kerl nicht quälen, indem Sie ihn minutenlang sitzen lassen – nur so lange, bis er versteht, was von ihm erwartet wird. Das dauert nicht annähernd so lange, wie Sie glauben. Meistens reichen eine oder zwei Trainingseinheiten.

Zu überschwängliche Begrüßungen

Dasselbe Prinzip können Sie anwenden, wenn Ihr Welpe Sie anspringt, um Sie zu begrüßen. Dieses Verhalten setze ich damit gleich, wenn kleine Kinder sich an Sie klammern, bis Sie sie hochheben. Meistens wird dies von lautstarkem Drängeln begleitet: »Mami, Mami, Mami« kommt Ihnen vielleicht bekannt vor. Wenn sie damit Erfolg haben, hören sie auch dann nicht auf, wenn sie schon längst zu schwer sind, um von Ihnen mit Leichtigkeit hochgehoben zu werden. Irgendwann müssen Kinder lernen, dass Sie sie nicht immer hochheben können – Sie können es im wahrsten Sinne des Wortes nicht! Im Falle eines Welpen sollten Sie ihm keinerlei Beachtung schenken, bis er diese nicht mehr fordert. (Das ist die erste Stufe der Zen-Lehre – um die Belohnung zu bekommen, muss Ihr Welpe die Belohnung aufgeben.) Wenn er also an Ihnen hochspringt, um Ihr Gesicht zu erreichen, warten Sie einfach ab. Hört er auf zu springen, hocken Sie sich hin, sodass Sie mit ihm auf einer Höhe sind, und schenken Sie ihm dann die Aufmerksamkeit, die er so dringend bekommen möchte. Später, im Erwachsenenalter, werden Sie sich nicht mehr hinhocken, doch bei einem Welpen ist es wichtig, dass er sehr schnell Bestärkung bekommt. Sein kleines Gehirn kann nicht sehr lange an einem Gedanken festhalten. Außerdem wollen Sie ihm wahrscheinlich Aufmerksamkeit schenken.

Hier ist ein kleiner Trick, der bei jeglicher Art von Verhaltensproblemen funktioniert, vor allem, wenn es um Hochspringen und Bellen geht. Ich nenne dies die »Dumme-Mami-Masche«. Ich habe diesen Trick jahrelang bei meinen Hunden angewandt, aber Leslie Nelson, eine wunderbare Hundetrainerin, hat ein paar Schritte hinzugefügt, die mir sehr gefallen. Legen Sie Ihrem Welpen zuerst eine Leine an und lassen Sie diese auf den Boden fallen. Wenn Ihr Welpe an Ihnen hochspringt, sollten Sie nicht verärgert oder gar nicht auf ihn reagieren, sondern ihn fröhlich fragen: »Möchtest du nach draußen gehen?« Nehmen Sie die Leine auf und gehen Sie mit ihm zur Tür. Bringen Sie ihn nach draußen, behalten Sie die Leine aber drinnen, wenn Sie die Tür schließen. Zählen Sie bis fünf, lassen Sie ihn dann hinein und verhalten Sie sich normal. Er wird wieder hochspringen und an diesem Punkt sollten Sie Ihre Frage sowie Ihre Antwort wiederholen – immer in fröhlichem Tonfall! Üblicherweise sind nur ein paar Wiederholungen nötig, bis der Welpe kapiert hat, dass Sie seine Kommunikation missverstanden haben, und damit aufhören wird. Da er ein Welpe ist, müssen Sie dies mit unterschiedlichen Personen ziemlich häufig wiederholen, bis er nicht mehr hochspringt.

Der menschliche Faktor kann ein großes Hindernis für den Lernprozess des Welpen sein, besonders, wenn es um das Hochspringen geht. Viele Menschen mögen die Aufmerksamkeit, die ihnen der Welpe schenkt, und werden Ihnen sagen, dass es sie nicht stört, wenn er an ihnen hochspringt. Falls Ihr Welpe heranwächst und trotzdem klein bleibt, stört es vielleicht noch nicht einmal Sie! Aber falls er ein Kraftprotz wird, bleiben Sie standhaft und sagen Sie Ihren Freunden und Ihrer Familie, dass Sie ihm Manieren beibringen und daher konsequent bleiben müssen. Jedes Mal, wenn er hochspringt und geknuddelt und geliebt wird, lernt er, dass dieses Verhalten Wirkung zeigt, wodurch es viel schwieriger wird, ihn davon abzuhalten.

Der Mensch zuerst

Manchmal habe ich das Gefühl, dass Hunde im Leben nur zwei Dinge wollen: das essen, was wir essen, und als Erstes durch die Tür gehen. Wenn wir das Futter mal beiseite lassen, wollen auch Kinder häufig als Erstes durch die Tür preschen. Stellen Sie sich eine Gruppe kleiner Kinder vor, von denen jedes als Erstes durch die Tür laufen oder als Erstes in ein Auto einsteigen möchte (damit es den wertvollen Fensterplatz ergattern kann). Sie müssen lernen, höflich zu sein und manchmal andere vorgehen zu lassen. Dasselbe trifft auf Welpen zu. Sie haben bestimmt schon erraten, dass man Hunden am besten beibringt, nicht durch die Tür zu preschen, indem man abwartet, bis sie das richtige Verhalten zeigen. Allerdings könnte hierbei ein wenig Überredungskunst nötig sein.

Legen Sie dem Welpen eine Leine an, aber lassen Sie diese auf den Boden fallen und halten Sie sie nicht fest. Gehen Sie mit Ihren Welpen zur Tür und öffnen Sie diese langsam. Sobald er seine kleine Nase hindurchsteckt, sagen Sie ihm »oh oh« und schließen die Tür. Wiederholen Sie dies. Nach kurzer Zeit wird er verstehen, dass die Tür unberechenbar ist, und er wird abwarten, bevor er hindurchzugehen versucht. Wenn Sie möchten, dass er wirklich höflich ist, warten Sie, bis er sitzt, bevor Sie die Tür öffnen.

Manche Welpen versuchen sogar, Sie auf ihrem Weg zur Tür zu überrollen, vor allem, wenn sie schon ein bisschen älter sind. Dann können Sie ein bisschen Drama spielen, um das Verhalten unter Dach und Fach zu bringen. Wenn Sie die Tür schließen, atmen Sie hörbar ein und treten Sie ein paar Schritte zurück. Er sollte Ihnen folgen. Nähern Sie sich dann wieder der Tür und wiederholen Sie den Vorgang. Normalerweise lässt der Welpe Sie beim dritten oder vierten Mal mit Freuden vorangehen. Er denkt, dass dort draußen etwas Gefährliches sein muss, um das Sie – als der Erwachsene – sich kümmern müssen.

Öffnen Sie nun die Tür und drehen Sie sich um, sodass Sie den Welpen anschauen. Bleiben Sie an der Türschwelle stehen, hocken Sie sich hin und rufen Sie den Welpen. Klatschen Sie dabei in die Hände und verhalten Sie sich fröhlich. Falls er nicht kommt, drehen Sie sich einladend zur Seite. Gehen Sie neben ihm, wenn Sie hinausgehen. Hunde fühlen sich am sichersten in einer Gruppe, und Welpen folgen meist einem Elternteil. Sie sind der Anführer, indem Sie ihm einfach nur mit dem Körper signalisieren, wo er sein soll.

5

Die freie Natur erkunden

Bereits ab dem Zeitpunkt, zu dem Sie ihn mit nach Hause nehmen, fängt Ihr Welpe zu lernen an. Daher sind die Regeln, die Sie jetzt aufstellen, auch noch zum späteren Zeitpunkt, wenn er zum Jugendlichen und schließlich zum Erwachsenen heranwächst, sehr wichtig. Denken Sie daran, dass wenn Sie ihm nichts beibringen, dies nicht bedeutet, dass er nicht lernt. Zusätzlich zu den Regeln und Richtlinien, die Sie für Ihre Hausgemeinschaft aufgestellt haben, können Sie ihm auch aktiv einige Verhaltensweisen beibringen, die Ihnen allen das Leben einfacher machen werden.

In diesem Abschnitt ist das vordergründige Ziel, mit Ihrem Welpen einen Spaziergang zu machen. Aber natürlich sind alle unten beschriebenen Übungen bei so ziemlich allem nützlich. Ausführliche Beschreibungen der Trainingsübungen werden Sie später finden.

Leinentraining

Wir haben wahrscheinlich alle schon einmal ein Kind gesehen, das durch eine Leine mit seinen Eltern verbunden ist, aber das ist gewiss nicht die Norm. Ich bin sogar der Meinung, dass die meisten Menschen dies ziemlich merkwürdig finden. Wir verwenden andere Vorrichtungen, um unsere Kinder im Zaum zu halten, zum Beispiel Kinderwagen, Buggys oder Tragetaschen. Oder wir rennen neben oder hinter ihnen her und heben die Dinge auf, die unsere Kinder fallen lassen. Muttis möchten, dass ihre Kinder Dinge entdecken, nach bunten Gegenständen greifen (meistens voller Zucker und genau auf der richtigen Höhe für schmutzige, kleine Hände), diese in den Mund stecken, und wenn sie älter werden, dass sie lautstark über all die Dinge reden, von denen es uns lieber wäre, wenn sie sie in der Öffentlichkeit nicht aussprechen würden.

Auch Welpen müssen die Welt entdecken und die meisten Menschen benutzen eine Leine, auch wenn Leinen für Welpen genauso »natürlich« sind wie für Kinder. Nämlich überhaupt nicht natürlich. Wenn Sie einem Welpen eine Leine anlegen und diese halten, bockt und kämpft der Welpe oftmals und kläfft und heult. Manche Welpen schalten auf stur und bewegen sich keinen Zentimeter. Aus Sicht Ihres Welpen hindert diese Leine ihn daran, seine Welt so zu erkunden wie er möchte. Leider sind Leinen eine Notwendigkeit und wir müssen Welpen an sie gewöhnen.

Ich rate Ihnen, mit dem Leinentraining zuhause zu beginnen. Befestigen Sie die Leine am Halsband Ihres Welpen und bleiben Sie einfach an Ort und Stelle stehen. Halten Sie entweder das Ende der Leine fest oder befestigen Sie es an Ihrer Hüfte, damit Sie nicht den Drang verspüren, daran zu ziehen. Er wird schon bald anfangen an der Leine zu zerren. Bleiben Sie einfach stehen und warten Sie ab. Irgendwann wird er erkennen, dass die Leine ihn einschränkt und aufhören, sich zu wehren, und Sie anschauen. Sagen Sie ihm in dem Moment, dass er ein guter Welpe ist, und geben Sie ihm ein Leckerli. (Denken Sie daran, dass gutes Futter für eine gute Beziehung sorgt!) Wenn er wieder an der Leine zieht, wiederholen Sie diesen Vorgang. Sobald er es aufgegeben hat, an der Leine zu ziehen, machen Sie einen oder zwei Schritte und halten Sie dann an. Wahrscheinlich wird er wieder an der Leine ziehen, woraufhin Sie wieder anhalten sollten. Für ihn ist das eine sehr praxisnahe Übung, bei der er darüber nachdenken muss, was geschieht. Wenn er zieht, geht er nirgendwohin. Wenn er nicht zieht, geht er irgendwohin. Am besten lernt Ihr Welpe gute Leinenmanieren, solange er jung ist und noch verhältnismäßig schnell lernen kann.

Alternativ können Sie Ihrem Hund auch dadurch beibringen, nicht an der Leine zu zerren, indem Sie diese an ein Möbelstück binden, zum Beispiel an ein Tischbein. Machen Sie dies ein paar Mal am Tag und er wird lernen, dass es ihm gar nichts bringt, wenn er am Tischbein zerrt. Wenn er, sobald Sie ihn anbinden, aufhört, dies zu versuchen, binden Sie die Leine an verschiedene unbewegliche Gegenstände. Damit zeigen Sie Ihrem Welpen zweierlei: Zum einen, dass Ziehen zu nichts führt und zum anderen, dass er sich genauso gut entspannen kann, wenn er irgendwo angeleint ist. Sobald Sie zuhause problemlos mit ihm an der Leine gehen können, können Sie nach draußen gehen. Aber planen Sie noch nicht, schnell mit ihm irgendwohin zu gehen, außer, wenn Sie ihn tragen wollen.

Ich kann nicht stark genug betonen, wie wichtig es ist, Ihrem Hund beizubringen, nicht an der Leine zu ziehen, solange er noch ein Welpe ist. Es ist viel schwieriger, einem jugendlichen oder erwachsenen Hund gute Leinenmanieren beizubringen.

Welpenzubehör

Wenn Sie mit Ihrem Kleinkind einen Spaziergang gemacht haben, haben Sie jemals Kekse, Apfelsaft, Ersatzwindeln und den Schnuller zuhause vergessen? Falls Ihnen das passiert ist, sind Sie dann in Panik geraten und zurückgegangen, um die Wickeltasche zu holen? Wahrscheinlich haben Sie das getan oder Sie bedauerten, es nicht getan zu haben. Ebenso sollten Sie vorbereitet sein, wenn Sie mit Ihrem Welpen Gassi gehen. Das Welpenzubehör ist eigentlich viel leichter zu transportieren als eine Wickeltasche. Für einen Welpen benötigen Sie nur jede Menge seiner Lieblingsleckerlis (weiche Leckerlis, damit man sie teilen kann), vielleicht ein oder zwei tolle Spielzeuge und ein paar Plastikbeutel, um seine Häufchen aufzusammeln.

Gassi gehen

Nun, da Sie Ihren Welpen an die Leine herangeführt haben, ist es Zeit, Gassi zu gehen. Sie können ihn entweder dazu auffordern, an der Tür zu warten, oder ihn auf den Arm nehmen, damit er nicht hindurchpreschen kann. Sobald Sie durch die Tür gegangen sind, setzen Sie ihn auf den Boden und lassen Sie ihm Zeit zum Erkunden.

Und er wird erkunden! Welpen benutzen all ihre Sinne, um die Welt zu entdecken, vor allem ihren Geruchssinn. Hunde stecken häufig ihre Nase direkt auf oder in interessante Dinge, auch wenn wir das ekelhaft finden. Kleine Kinder tun dasselbe mit ihren Mündern, oftmals zu unserer Bestürzung. Matsch, zum Beispiel, ist für kleine Menschen richtig interessant. Alte, stinkende Dinge haben auf

Welpen denselben Reiz. Beiden Spezies muss man beibringen, bestimmte Substanzen zu vermeiden, die wir für ungesund oder gefährlich halten. Statt ein Kleinkind anzuschreien wird der Elternteil versuchen, das Kind von der »Attraktion« (oder die »Attraktion« vom Kind) fernzuhalten und diese gegen etwas anderes einzutauschen, entweder einen Gegenstand oder eine Beschäftigung. Denken Sie daran, dass Ihr Welpe wahrscheinlich an der Leine ziehen wird, um an den Gegenstand seines Interesses zu kommen. Am besten machen Sie einen Schritt zurück und bieten ihm eine andere Attraktion an, zum Beispiel ein Leckerli, um ihn abzulenken. Wir werden später mit einem Kommando arbeiten, um ihm beizubringen, den Gegenstand nicht zu berühren. Realistisch gesehen werden Sie Ihren Welpen niemals davon abhalten können, an Rosen oder Hundehäufchen und allen anderen erreichbaren Dingen zu schnüffeln. Wenn Sie über eine Straße laufen, stellen Sie sich einen Regenbogen voller Farben vor, der aus der Straße hervorspringt; jede dieser Farben hat einen anderen Geruch, und die Nase des Hundes ist ein Labor, das jede Farbe auswertet.

Bei Ihrem ersten Erkundungsgang sollte Ihr Welpe das Tempo bestimmen, nicht Sie. Wenn Sie und Ihr Kleinkind einen Spaziergang machen, müssen Sie meistens alle paar Schritte anhalten, damit es seine neue Welt erkunden kann. Möchten Sie wirklich irgendwo hingehen, sollten Sie es wohl besser in den Kinderwagen verfrachten. Nicht viele Welpen werden in Kinderwagen gesetzt, auch wenn es keine schlechte Idee wäre, falls man in Zeitnot ist. Andernfalls sollten Sie sich damit zufrieden geben, umherzuschlendern.

Manchmal haben Welpen keine Lust Gassi zu gehen. Sie sind nervös und bleiben zurück, zerren an der Leine oder stellen auf stur. Es funktioniert zwar, ihn zum Gassigehen zu zwingen, aber es ist für den Welpen weitaus angenehmer, wenn er genug Zeit hat, seine Umgebung zu erkunden, die ziemlich furchterregend sein kann. Eine Methode, ihn daran zu gewöhnen, ist, ihn vom Haus aus ein paar Meter zu tragen und ihn dann mit Ihnen gemeinsam zurücklaufen zu lassen. Dadurch kann er sich viel wohler fühlen, als wenn er alleine in das Unbekannte losziehen muss.

Falls Ihr Hund sich vor etwas erschreckt, was bei manchen Hunden leicht passiert, zwingen Sie ihn besser nicht dazu, dies zu erforschen. Lassen Sie ihn auch hierbei im eigenen Tempo vorgehen, auch wenn er scheinbar über den Boden rutscht oder einen großen Bogen um das angreifende »Ding« macht. Es gibt Hunde, die sich vor fast allem, was sie nicht kennen, erschrecken. Vielleicht erinnern Sie sich, dass Ihr Kind irrationale Ängste hatte. Meine Tochter hatte Angst, sie könne im Abfluss hinuntergespült werden, wenn sie in der Badewanne lag, daher war es eine frustrierende Aufgabe, sie zu einem Bad zu überreden. Und natürlich gibt es immer das berühmt-berüchtigte Monster im Kleiderschrank! In jedem Fall sollten Sie aus irrationalen Ängsten keine große Sache machen, meistens verschwinden sie wieder und Ihrem Welpen wird es gut gehen.

Gassi gehen ohne Leine

Der beste Zeitpunkt, Ihrem Welpen beizubringen, ohne Leine mit Ihnen zu gehen, ist im Alter zwischen zehn Wochen und vier Monaten, wenn er Ihnen überallhin folgen möchte – also vor der Jugend und der damit verbundenen Unabhängigkeit. Dazu fangen Sie im Haus an, indem Sie Verstecken spielen. Dieses Spiel kann auf verschiedene Arten gespielt werden. Sie können warten, bis Ihr Welpe etwas auskundschaftet und sich dann hinter einer Tür verstecken und ihn rufen. Machen Sie großes Getue, wenn er Sie findet – quietschen und springen Sie herum und sprechen Sie im Babysprachen-Tonfall. Oder falls er Bälle oder Quietschtiere mag, können Sie ein Spielzeug in die eine Richtung werfen und sich dann ganz schnell in der anderen Richtung verstecken, während er es fängt. Durch dieses Spiel wird Ihr Welpe nicht nur dazu animiert, Sie im Auge zu behalten, sondern es werden auch seine Apportierfähigkeiten gefördert. Genauso wie Kinder lieben Welpen dieses Spiel und sie werden es auch noch als Jugendliche oder Erwachsene spielen.

Sobald er sich beim Versteckspielen ziemlich gut macht, können Sie draußen spielen, aber seien Sie darauf vorbereitet, ihm alles wieder von Neuem beizubringen, da diese Umgebung überaus interessant ist – viel interessanter als Sie. Am besten wählen Sie einen unbekannten Schauplatz, der natürlich sicher sein muss. Sie können Ihren Welpen an eine Leine legen, aber lassen Sie diese auf den Boden fallen. Machen Sie einen Mini-Spaziergang, und sobald Ihr Welpe anfängt, etwas anderes unter die Lupe zu nehmen, eilen Sie schnell von ihm weg und verstecken sich an einem auffälligen Platz. Das ist so wie Ostereiersuche für Kleinkinder: Die Eier sind deutlich sichtbar »versteckt«, damit das Kind sie finden kann. Wenn Ihr Welpe sich umdreht und Sie entdeckt, tun Sie aufgeregt und sagen Sie ihm, wie klug er ist – er hat gerade ein »Ei« gefunden! Spielen Sie dieses Spiel häufig, denn Sie werden die langfristigen Ergebnisse mögen. Anstatt dass Sie Ihrem weglaufenden Hund hinterherrennen, wird er Ihnen folgen. Ich habe diese Methode nicht nur bei all meinen Welpen angewandt, sondern auch bei meiner Tochter, die es auch für ein gutes Spiel hielt. Als andere Mütter ihren Kindern durch Supermarktreihen hinterherliefen, lief meine Tochter hinter mir her.

Begegnung mit Fremden

Um in dieser neuen Welt sicher zu sein, sollte Ihr kleiner Kerl lernen, andere Hunde und Menschen zu ignorieren, bis Sie ihm das Okay dazu geben. Wir möchten zwar, dass unsere Welpen zu jedem freundlich sind, aber nicht jeder ist freundlich zu Welpen bzw. genauer gesagt zu Hunden, zu denen Welpen ja sehr schnell werden. Geselligkeit ist zwar in Ordnung, aber man sollte diese aus dem richtigen Blickwinkel sehen. Würden Sie wollen, dass Ihr Zweijähriger einfach auf fremde Kinder oder Erwachsene zuläuft? Natürlich nicht! Man muss ihnen beibringen, höflich zu sein. Es gibt für alles den richtigen Zeitpunkt und Ort. Im Augenblick lenken wir die Aufmerksamkeit Ihres Welpen auf Sie! Außerdem sind, wie ich bereits sagte, viele Hunde fremden Dingen gegenüber vorsichtig, genau wie manche Kinder. Das ist kein Charakterfehler, sondern einfach eine Tatsache.

Eine der besten Methoden, diesen Hunden die Welt zu zeigen, ist, sie durch ihre Augen zu sehen und mit ihnen gemeinsam zu entdecken, damit Sie sie beschützen können. Wenn Sie Gassi gehen, versuchen Sie zu vermeiden, dass Ihr Welpe auf Fremde zuläuft. Halten Sie ihn einfach am Halsband oder an der Leine zurück und geben Sie ihm währenddessen ein Leckerli, damit er nicht so frustriert ist (besonders, wenn er wirklich zu der Person hinlaufen möchte!). Fragt die fremde Person, ob sie Ihren Welpen streicheln darf, können Sie es erlauben. Bitten Sie ihn oder sie, Ihren Welpen sanft zu streicheln. Falls Ihr Welpe ängstlich wirkt und zusammenzuckt, wenn man sich ihm nähert, können Sie den Fremden bitten, ihn entweder unter dem Kinn zu kraulen oder überhaupt nicht zu streicheln.

Ich halte es für ratsam, Fremden nicht zu erlauben, Ihrem Welpen Leckerlis zu geben – alles Fressen sollte er von Ihnen bekommen. Dafür gibt es mehrere Gründe. Der erste ist, dass es im Widerspruch zu dem steht, was wir soeben besprochen haben: dass Ihr Welpe auf Ihre Erlaubnis wartet, bis er eine fremde Person begrüßen darf. Der zweite Grund ist, dass Sie wollen, dass Ihr Welpe Sie für den Herrscher des Universums hält. Das bedeutet, dass er alle guten Dinge von Ihnen bekommt. Der dritte Grund hat mit schüchternen oder vorsichtigen Welpen zu tun. Manchmal möchten sie das Leckerli wirklich haben und recken ihren Hals und Kopf, um es erreichen zu können, versuchen aber gleichzeitig, mit ihrem

Hinterteil und ihren Hinterbeinen möglichst weit vom Fremden entfernt zu sein. Sie nehmen dann das Leckerli und weichen schnell wieder zurück, um es zu fressen. Diese Hunde stehen mit sich selbst im Konflikt, und wenn sie älter werden, wird sich dieser Konflikt höchstwahrscheinlich in Aggression wandeln.

Angst vor Fremden

Crystal war ein fünf Monate alter Mischling aus Dalmatiner und Border Collie. Fran hatte sie von einer Familie übernommen, die sie überhaupt nicht sozialisiert hatte – sie war den ganzen Tag lang alleine im Garten gehalten worden. Seit Fran sie bekommen hatte, war Crystal Fremden gegenüber sehr vorsichtig. Als ich die beiden kennenlernte, hatte sie sogar schon ein paar Kinder, die sie hatten streicheln wollen, leicht gebissen. Um Crystals Angst vor Fremden zu bekämpfen, hatte man Fran geraten, dass alle Gäste, die zu ihnen nach Hause kamen, dem Welpen ein paar Leckerlis geben sollten. Dadurch würde sie lernen, Fremden zu vertrauen. Doch was Crystal gelernt hatte, war leider, dass Menschen die Quelle fantastischer Leckerlis sind, doch das half nicht gegen ihre Angst. Versuchte die Person, die ihr das Leckerli gab, anschließend sie zu streicheln, reagierte sie aggressiv. Genauso verhielt sie sich mir gegenüber in meinem Büro, unabhängig davon, ob ich hockte, saß oder stand. Crystal hatte Panik vor Menschen. Ich gab Fran den Rat, sie solle Crystal, um ihr zu helfen, ein Leckerli geben, wenn sie eine Person sah. Dadurch könnte Crystal die Person mit einer positiven Sache in Verbindung bringen (dem Leckerli) und ihre Angst im Zaum halten, weil sie mit dem Fremden nicht in Kontakt kommen musste. Innerhalb weniger Wochen schaute Crystal jedes Mal, wenn sie eine neue oder angsteinflößende Person sah, zu Fran. Dadurch wurde nicht nur ihre Angst gemildert, sondern auch Frans Status auf den einer Beschützerin erhöht.

Eine solide Grundlage schaffen

Wenn Sie die Zeit und die Mühe opfern, die nötig sind, um Ihrem Welpen eine solide Grundlage zu bieten, wird Ihre Arbeit in der Zukunft – wenn Ihr Welpe fünf Monate und älter ist – minimiert. Sie werden auf dem besten Wege sein, einen wohlgesitteten Hund zu haben, der weiß, dass die Welt ein vielseitiger Ort ist, an dem er in Sicherheit ist, weil Sie auf ihn aufpassen. Wenn Sie abwarten, weil Sie meinen, für das »Training« sei später noch Zeit, wird es um einiges schwerer sein. Denken Sie daran, dass Ihr Hund genau wie ein Kind unentwegt lernt, egal, ob Sie ihn unterrichten oder nicht!

Auch ein Welpe mit einer soliden Grundlage kann Mittel und Wege finden, Sie auf die Palme zu bringen, wenn er die Pubertät erreicht. Ein jugendlicher Mensch ist ein Widerspruch in sich – manchmal selbstsicher, manchmal extrem unsicher. Seine Meinungen sind noch nicht gefestigt, aber Sie werden ihn keinesfalls davon überzeugen können. Dasselbe trifft auch auf Ihren Hund zu. Wenn Sie die Jugend überstanden haben, haben Sie es (fast) geschafft!

Teil Zwei

Jugend:
Fünf Monate bis
zwei Jahre

6

Die Auswahl eines jugendlichen Hundes

Persönlichkeiten jugendlicher Hunde

Irgendwann im Alter von fünf bis sechs Monaten wird sich das Verhalten Ihres Welpen verändern – und nicht unbedingt zum Guten. Sie sind nicht mehr ständig damit beschäftigt, ihn mit Adleraugen zu beobachten und alle paar Stunden zu packen, um ihn nach draußen zu bringen, damit er sein Geschäft erledigen kann. Stattdessen stellen Sie fest, dass Sie seine Zähne aus Ihrer Kleidung und Ihrem Körper ziehen müssen. Sie entdecken ihn im Kleiderschrank, während er auf Ihren besten Schuhen herumkaut (wahrscheinlich Schuhen unterschiedlicher Paare), wie er den Garten umbuddelt oder an jedem hochspringt und Kinder umwirft.

Außerdem hat er gelernt, dass er schneller und beweglicher ist als Sie, und er denkt, er sei schlauer als Sie! Natürlich ist er nicht schlauer, aber es ist sehr wichtig, dass Sie nicht vergessen, dass die Intelligenz eines jugendlichen Hundes der eines zwei- bis zweieinhalbjährigen Kindes entspricht.

In der Jugend knüpfen menschliche Kinder Kontakte mit ihren Freunden, distanzieren sich von ihren Familien und treiben ihre Eltern zum Wahnsinn – in einer Minute sind sie bedürftig, in der nächsten unabhängig. Bei einem Kind beginnt die Jugend im Alter von 12 oder 13 Jahren, bei einem Hund mit 5 Monaten. In beiden Fällen scheint diese Phase ewig anzuhalten – bis zum Alter von 18 oder 19 Jahren bei Kindern und bis zu 3 Jahren bei Hunden.

Manchen Hundeeltern fällt es ziemlich leicht, die Jugend zu überstehen. Aber für die meisten ist die Zeit eine echte Herausforderung. Statt einer liebevollen, sorgenden Beziehung hat man auf einmal ein feindseliges Verhältnis, und viele Menschen vergessen leicht, dass der Hund sich seinem Besitzer nicht vorsätzlich widersetzt. Leider ist die Jugend der typische Zeitpunkt, zu dem Hunde in Tierheime abgegeben werden, da ihre Besitzer zu frustriert und erschöpft sind, um sie zu behalten. Viele Menschen glauben, das Schlimmste sei bereits überstanden, sobald die Erziehung zur Stubenreinheit beendet ist. Wenn das nur so wäre!

Zu allem Übel befinden sich junge jugendliche Hunde in einer sensiblen Lernphase, in der jedes kleinste Ereignis von großer Wichtigkeit ist. Während dieser Zeit sind sie besonders anfällig für plötzliche Veränderungen in der Umgebung oder unglückselige Vorfälle mit anderen Hunden oder Menschen. Ein Beispiel: Ihr fünfeinhalb Monate alter Welpe erschreckt sich plötzlich, wenn ein Blatt von einem Baum fällt oder auf einem Weg ein großer Stein vor ihm liegt. Aufgrund der Reaktion Ihres Hundes könnte man meinen, es handele sich um den Schwarzen Mann! Falls Ihr vorher selbstbewusster Hund ab und zu verrückt zu spielen scheint, versuchen Sie, es einfach durchzustehen. Die Wahrscheinlichkeit ist hoch, dass er es aus dieser Phase genauso schnell wieder hinaus schafft, wie er in sie hineingeraten ist. Und tun Sie auf jeden Fall so, als sei sein Verhalten keine große Sache. Lachen Sie über das Blatt oder den Stein, aber zwingen Sie ihn nicht dazu, sich dem Gegenstand zu nähern. Lenken Sie seine Aufmerksamkeit einfach auf etwas anderes. Sollte Ihr Hund allerdings schon seit dem Welpenalter überreagieren, verschwindet das Problem nicht dadurch, dass Sie es ignorieren. Ein systematisches Desensibilisierungs- und Gegenkonditionierungsprogramm könnte angebracht sein.

Ein Trauma ist eine ganz andere Sache. Ein junger Hund, der von einem anderen Hund überrascht oder attackiert oder von einem Menschen bedroht oder angegriffen wurde, kann für immer ein veränderter Hund bleiben – oder Monate oder sogar Jahre brauchen, bis er wieder normal ist. Dasselbe gilt für kleine Kinder. Eine meiner Kundinnen hatte einen 12-jährigen Sohn, der, als er klein war, von einem überfreundlichen Golden Retriever verfolgt worden war. Der Hund war hochgesprungen und hatte dem Kind über das Gesicht geleckt und ihn dabei umgerissen. Der Junge hat noch immer Angst vor Hunden. Darum ist es so wichtig, dass wir unsere Kinder beschützen, sowohl die Menschen als auch die Hunde.

Wenn sie älter und weiser werden, wird ein Trauma leichter abgeschüttelt. Etwas später werde ich darüber sprechen, wie Sie einem Hund, der ein Trauma erlitten hat, helfen können.

Der richtige jugendliche Hund für Sie

Falls Sie einen jugendlichen Hund aufnehmen möchten, gibt es ein paar Richtlinien, die Sie befolgen sollten. Genauso wie Sie testen können, ob ein Welpe in Ihre Hausgemeinschaft passt, können Sie einen jugendlichen Hund testen. Der Test ist sogar ganz ähnlich. Denken Sie daran, dass kein Test sich als hundertprozentig korrekt herausgestellt hat, um die Persönlichkeit eines Hundes vorherzusagen – schließlich reden wir hier über ein empfindsames Wesen und die komplizierte Kunst des Verhaltens. Ihr Hauptkriterium sollte immer sein, ob es zwischen Ihnen und dem Hund »Klick« macht und ob Sie ihn sich in Ihrer Hausgemeinschaft vorstellen können.

Versuchen Sie als Erstes, mit dem Hund irgendwohin zu gehen, wo Sie und Ihre Familie mit ihm alleine sein können. Lassen Sie ihn ein bisschen herumschnüffeln und rufen Sie ihn dann. Falls er noch keinen Namen hat oder gerade erst einen vom Tierheim oder der Rettungsgruppe bekommen hat, können Sie versuchen, ihn einfach nur »Hundchen« zu rufen. Es ist erstaunlich, wie viele Hunde darauf reagieren. Ihr perfekter Hund ist einer, der Sie anschaut, schwanzwedelnd zu Ihnen herübertrabt und Spaß erwartet, und nicht einer, der an Ihnen hochspringt und Sie zu Boden reißt.

Ein Hund, der bei Ihnen bleiben möchte, ist sogar noch besser, besonders, wenn er vor Ihnen sitzt und nicht über sie hinweg springt.

Nachdem Sie ihn gerufen haben, streicheln Sie ihn und achten Sie darauf, wie er reagiert. Manche Hunde wollen unbedingt gestreichelt werden, andere sind etwas reservierter. Falls Sie Kinder in der Familie haben, wollen Sie wahrscheinlich den Hund haben, der gerne angefasst und gestreichelt wird und dem es nichts ausmacht, wenn man an ihm zieht und zerrt. Sie möchten den äußerst toleranten Hund. Falls er Sie anstarrt, als ob Sie einen Fauxpas begehen würden, weggeht oder, sogar noch schlimmer, Sie anknurrt, sollten Sie ihn vielleicht besser einer anderen Familie überlassen. Durch Knurren vermittelt Ihnen der Hund, dass er das, was Sie tun, nicht mag. Sie sollten außerdem das Tierheim / die Rettungsgruppe oder den Besitzer wissen lassen, dass der Hund geknurrt hat.

Wenn Sie überlegen, sich einen jugendlichen Hund anzuschaffen, möchten Sie vielleicht zuerst das Pro und Kontra abwägen, bevor Sie ihn zu sich nach Hause holen.

Die gute Nachricht

- Die Wahrscheinlichkeit ist hoch, dass der Hund bereits stubenrein ist. Auch Hunde, die es noch nicht sind, können ziemlich leicht zur Stubenreinheit erzogen werden, es sei denn, die Vorbesitzer haben durch ihr Handeln das Lernen vereitelt. Kleine Hunde sind meistens schwieriger zur Stubenreinheit zu erziehen, egal, ob Sie sie im Alter von acht Wochen oder fünf Monaten bekommen.
- Oftmals haben die Vorbesitzer den jugendlichen Hund bereits erzogen – oder versucht, ihn zu erziehen. Sehr wahrscheinlich kennt er bereits beispielsweise den Befehl »Sitz!« und vielleicht »Platz!«. Wenn Sie ganz großes Glück haben, wurde ihm bereits beigebracht, nicht zu betteln oder beim Spaziergang nicht an der Leine zu ziehen.
- Er hat zumindest eine seiner Kauphasen hinter sich gebracht, wenn auch die, die einfacher zu handhaben ist.

Die schlechte Nachricht

- Die erste, ganz wichtige Sozialisierungsphase ist vorüber und normalerweise haben Sie keine Ahnung, wie der Vorbesitzer diese gehandhabt hat.
- Er hatte ausgiebig Zeit, um eine Menge schlechter Angewohnheiten zu entwickeln, zum Beispiel zu betteln oder wegzurennen, wenn er gerufen wird.
- Sie werden in die schwierigste Zeit seines Hundelebens katapultiert, ohne dass Sie ihn vorher wirklich kennenlernen können.

Spielen Sie nun mit dem Hund. Werden Sie dabei ein bisschen grob, holen Sie vielleicht ein Zerrspielzeug heraus und warten Sie ab, was passiert. Achten Sie darauf, wie aufgeregt er wird, und ob er übertrieben begeistert reagiert, wenn er aufgeregt ist. Manche Hunde scheinen sich richtiggehend gegen Sie zu werfen, so wie ein Footballspieler. Damit kann man unter Umständen nur schwer leben, besonders, wenn man menschliche Kinder hat – und es kann wehtun! Wenn der Hund so auch mit anderen Hunden spielt, verspricht das auch nichts Gutes, denn manche Hunde fühlen sich angegriffen, wenn man auf sie zu oder in sie hineinrennt. Jedenfalls sollten Sie, während er aufgeregt ist, plötzlich zu spielen aufhören und einfach nur dastehen. Sie möchten herausfinden, wie schnell er sich wieder beruhigt. Je schneller er sich beruhigt, desto wahrscheinlicher ist es, dass er sich bei Ihnen zuhause entspannen kann.

Während Sie ihn testen, möchten Sie vielleicht auch herausfinden, wie gerne er apportiert, was immer ein Pluspunkt ist. Werfen Sie ein Spielzeug oder einen Ball und schauen Sie, ob er es bzw. ihn holt. Es ist ein Kinderspiel, falls er den Gegenstand zurückbringt, aber geben Sie nicht sofort auf, wenn er losläuft, ihn aufnimmt und dann woanders hinbringt. In diesem Verhalten zeigt sich der Ansatz eines Apportierhundes. Ein jugendlicher Hund strotzt vor Energie; es ist wunderbar, wenn Sie einen Teil davon durch Apportierspiele verbrennen können.

Außerdem sollten Sie versuchen, herauszufinden, ob der Hund besitzergreifend ist – ob er sein Spielzeug oder Fressen bewacht. Falls Sie etwas zur Hand haben, was er gern mag, zum Beispiel ein Kauspielzeug, geben Sie es ihm (natürlich nur mit Erlaubnis) und lassen Sie ihn sich ein paar Minuten damit beschäftigen. Nähern Sie sich ihm dann langsam und achten Sie auf sein Verhalten. Hier sind ein paar Anzeichen dafür, dass der Hund zu besitzergreifend ist:

- Er schnappt sich das Kauspielzeug und verkriecht sich damit in die von Ihnen am weitesten entfernte Ecke oder unter einen Stuhl.
- Er versteift sich oder knurrt Sie an, wenn Sie sich ihm nähern.

Hunde, die gerne teilen, sitzen, wenn sie auf dem Spielzeug kauen, meistens direkt auf Ihren Füßen oder halten es Ihnen hin und wedeln mit dem Schwanz oder dem ganzen Körper! Wenn Sie Kinder haben, sollten Sie sich nicht auf einen besitzergreifenden Hund einlassen! Egal, wie sehr Sie aufpassen, den Kindern fällt Spielzeug oder Essen aus der Hand, und Sie möchten bestimmt nicht, dass Hund und Kind darum kämpfen.

Den letzten Test sollten Sie unbedingt machen. Mögen Sie den Hund, den Sie sehen? Es gibt keinen Hund, der Ihr Leben nicht bis zu einem gewissen Grad durcheinander bringt – meistens sogar sehr. Wenn Sie keine Bindung zwischen sich und dem Hund fühlen, könnten Sie ihn am Ende hassen, im Garten lassen oder sonst wie verbannen. Seien Sie sich darüber im Klaren, dass viele Hunde, die in der Jugend aufgenommen werden, sich sehr schnell an Sie binden können, manchmal sogar innerhalb von Minuten. Häufig hängen sie wie eine Klette an der ersten Person, die sie aus einem Gehege nimmt oder ihnen Aufmerksamkeit schenkt. Dadurch können Sie sich sehr schuldig fühlen, falls Sie finden, dass der Hund nicht der Richtige für Sie ist. Aber Schuld ist keine gute Voraussetzung für ein gutes Verhältnis. Sie müssen die Entscheidung treffen, nachdem Sie so viele Informationen wie möglich gesammelt haben. Außerdem, wenn der Hund so schnell zu Ihnen eine Bindung aufbauen kann, dann kann er das auch zu jemand anderem.

Nur zum Spaß

Nur zum Spaß habe ich den Hund aufgelistet, den scheinbar die meisten Menschen haben möchten:

- Er spielt gerne, beruhigt sich aber auch schnell wieder.
- Er behütet sein Heim, Menschen, Fressen oder Spielzeuge nicht zu sehr.
- Er kennt den Unterschied zwischen guten und bösen Menschen, ohne dass man es ihm beibringen musste.
- Er möchte bei seinem Besitzer sein, ist aber nicht allzu unglücklich, wenn er allein gelassen wird.
- Er liebt lange Spaziergänge, vermisst sie aber auch nicht, wenn sie nicht stattfinden.
- Er hat keine Angst vor Menschen mit Hüten, Rucksäcken oder Bärten.
- Er liebt Kinder, egal ob sie rennen, springen, kreischen oder sich an ihm festhalten.
- Er möchte keinen Katzen, Rehen, Fahrrädern oder Autos hinterherjagen.

Beurteilung des Aussehens

Letztlich dürfen Sie nicht vergessen, dass das Aussehen des Hundes eine große Rolle dabei spielen kann, wie er sich benimmt, wenn auch nur, weil es zumindest teilweise seinen Stammbaum widerspiegelt. Die verschiedenen Rassen wurden für unterschiedliche Aufgaben gezüchtet, und sein Aussehen kann Ihnen Hinweise darauf geben, womit die Vorfahren des Hundes ihr Brot verdienten. Nur weil er flauschig und süß ist, bedeutet das noch nicht, dass er der richtige Hund für Sie ist. Aber auf jeden Fall sollten Sie den Hund unter die Lupe nehmen, der Ihnen am meisten gefällt, und dann mit dem Urteil noch etwas abwarten. Sie sollten auch unterschiedliches Rasseverhalten erkunden.

Was Sie von einem Adoptivhund erwarten können

Wenn Sie Ihren jugendlichen Hund seit dem Welpenalter aufgezogen haben, kennen Sie sein Wesen ziemlich gut. Aber wenn Sie ihn später zu sich geholt haben, ist er ein unbeschriebenes Blatt für Sie. Und darauf sollten Sie vorbereitet sein. Manche heimatlosen Hunde haben zwei Arten von Problemen: die, die von ihrer früheren Hausgemeinschaft herrühren, und manche, die sie in Tierheimen oder Pflegefamilien entwickelt haben. Die meisten Probleme haben ihre Ursache in einem nicht einheitlichen Familienleben und keinen wirklichen Regeln, und die meisten können mit der Zeit und durch Training behoben werden. Zerstörungswut und allgemeine Widerspenstigkeit haben größtenteils mit dem früheren Zuhause des Hundes zu tun. Oftmals rühren Trennungsangst und Aggressionen gegen Absperrungen von einem Leben in einem Tierheim her. Unabhängig von der Ursache dieser Probleme wird es an Ihnen liegen, ihm bei deren Beseitigung zu helfen.

Bevor Sie Ihren Hund aufgenommen haben, haben seine Augen Ihnen vielleicht versprochen, Sie für immer zu lieben und Ihnen zu gehorchen. Doch sobald Sie ihn in sein neues Zuhause mitgenommen haben, ändern sich die Dinge ein wenig. Manche Hunde behalten ihre Persönlichkeit. Aber im Laufe von drei bis vier Wochen entwickeln sich die Hunde in ihrem neuen Zuhause, ihre Persönlichkeiten wachsen sozusagen. Dies wird durch die Tatsache erschwert, dass viele Eltern ihre neuen Hunde zuerst verhätscheln und ihm Verhaltensweisen durchgehen lassen, die später zu größeren Untaten ausarten. Ein Hund aus einer Rettungsstation oder einem Tierheim hat meistens nicht den Vorteil konsequenter Regeln gehabt und testet möglicherweise seine Grenzen aus oder setzt seine eigenen Regeln. Probleme, von Bellen bis hin zu Aggressionen, können entstehen. Genauso wie Teenager müssen frisch adoptierte Hunde wissen, was ihre Eltern von ihnen erwarten. Aus Sicht der Eltern ist es am besten, ziemlich feste Grenzen zu setzen – später, wenn Sie und Ihr Hund einander besser kennen, kann man sie immer noch lockern. Beispielsweise möchten Sie vielleicht, dass Ihr neuer Hund in einer Box neben Ihrem Bett schläft, an einem bestimmten Ort bleibt, wenn Sie weggehen, oder sich hinsetzt, bevor er frisst. Das sind alles keine beschwerlichen Aufgaben und man kann sie auch wieder abschaffen, wenn Ihre Beziehung fester wird und die Gefahr extremer Zerstörung Ihres Eigentums dahinschwindet.

7

Betreuung Ihres jugendlichen Hundes

Eingliederung in Ihre Familie

Menschen haben sehr unterschiedliche Ansichten über Hunde. Manche meinen, Hunde seien auf der Welt, um Menschen zu gefallen, während andere finden, sie seien in ihrem Innersten wirklich wilde Tiere, die nur darauf warten, ohne Vorwarnung aggressiv zu werden. Befürworter des ersten Szenarios verweisen auf unzählige Gedichte, Aufsätze und Geschichten darüber, wie Hunde uns eine Freude machen, uns lieben und alles für uns tun, sogar bereit sind, ihr eigenes Leben zu opfern, ohne an eine Belohnung zu denken. Das ist ein schöner Gedanke, aber es kommt selten vor, dass Hunde ein solches Verhalten zeigen. Das zweite Szenario ist genauso falsch. Hunde attackieren nicht ohne Anlass, allerdings kann es sein, dass ein Opfer nicht weiß, was das aggressive Verhalten hervorgerufen hat.

Eine symbiotische Beziehung

In Wahrheit ist die Beziehung zwischen Mensch und Hund eine Symbiose – das bedeutet, dass beide Spezies etwas davon haben. Ob jede Spezies der Ansicht ist, dass die andere von der Beziehung profitiert, steht auf einem anderen Blatt. Soweit wir wissen, haben Hunde ihre eigenen Gedichte und Geschichten über

Menschen, in denen sie die selbstlose Liebe der Menschen für den *Canis famili-aris* loben. Schließlich geben wir Hunden alles, was sie brauchen, und verlangen dafür so wenig als Gegenleistung. Wir geben ihnen Futter, ein Dach über dem Kopf und Liebe. Sie können den ganzen Tag im Haus oder Garten herumhängen, während sie darauf warten, dass wir von unserer »Jagd« nach ihrem Futter zurückkommen. Und dann gehen wir mit ihnen Gassi, damit sie ihre Welt ent-decken können. Wir spielen mit ihnen mit den Spielzeugen, die wir für sie kau-fen, und spielen Spiele, die wir uns für sie ausdenken. Wir kaufen für sie sogar Autos, Häuser und Gefährten! (Ich habe für meine Hunde sogar eine Gefriertruhe für ihr gefrorenes Futter gekauft.)

Schenken wir Menschen tatsächlich selbstlose Liebe? Natürlich nicht. Wir pro-fitieren von dieser Liebe. Und das Gleiche gilt für Hunde. Hunde sind großartige Gefährten – keine Sklaven oder Bewunderer. Die Annahme, Hunde würden nur leben, um uns zu gefallen, ist nicht nur naiv, sondern könnte sich sogar negativ auf die Kontrolle und die Erziehung unserer liebsten Fleischfresser auswirken.

Der Glaube, dass Hunde uns folgsam zu Diensten sein müssen, hat einen gewal-tigen Einfluss darauf, wie wir sie in den letzten 50 Jahren erzogen haben – wie kleine Soldaten, die man mit militärischen Kommandos erziehen muss, mit abge-hackten, einsilbigen Wörtern, wenig menschlichen Regungen oder Emotionen. Wir *erwarten*, dass Hunde uns gehorchen, ohne dies in Frage zu stellen, und nur für Lob und Zuneigung arbeiten (die sie meistens gratis erhalten). Ich kann nicht mehr zählen, wie oft ich gehört habe, wie Besitzer sich darüber beschwerten, dass ihre Hunde nicht kamen, wenn sie gerufen wurden, oder sich nicht hinlegten, obwohl die Hunde doch angeblich ganz genau wussten, was von ihnen erwartet wurde. Mit anderen Worten, der Hund ist aufsässig! Was in Wahrheit nicht der Fall ist. Was wir von ihm verlangen, ist für unseren Hund nicht wirklich wichtig, genauso wie es meistens für unseren Teenager nicht wichtig ist.

Prioritäten setzen

Ich bin zwar der Meinung, meine Tochter solle zumindest ab und zu ihr Zimmer aufräumen, doch sie findet, das Zimmer müsse nicht aufgeräumt werden, und außerdem muss sie mit ihren Freunden telefonieren oder ins Einkaufszentrum gehen, was in ihren Augen beides offenbar *viel* wichtiger ist. Das bedeutet nicht, dass ihr Zimmer nicht aufgeräumt werden muss, sondern nur, dass sie es nicht selbst tut. Die Prioritäten von Hunden liegen scheinbar bei solchen Dingen wie am nächsten Busch zu schnüffeln, andere Hunde zu treffen, sich in Häufchen zu wälzen oder Ball zu spielen. Leider gehören zu ihren Prioritäten *nicht* solche Dinge wie nicht auf Möbelstücke zu klettern, das Essen auf dem Tisch zu ignorieren, nicht der Katze hinterherzujagen, zu kommen, wenn sie gerufen werden, oder neben Ihnen zu laufen ohne an der Leine zu ziehen. Aus Sicht des Hundes sind Möbelstücke gemütlich, der Busch voller Informationen, liegt die Daseinsberechtigung der Katze darin, gejagt zu werden, ist das Essen dazu da, gefressen zu werden, und um Himmels willen, warum soll man neben Ihnen herlaufen, wenn alles andere doch so viel interessanter ist als Sie? Hunde müssen das lernen, was wir als gute Manieren ansehen, auch wenn es für sie keinerlei Sinn ergibt. Die Tatsache, dass sie lernen *können*, zeugt von ihrer Formbarkeit und Gutmütigkeit. Es ist ungefähr so, als ob man in einem fremden Land wäre und all die dortigen rätselhaften Bräuche lernen müsste, ohne auch nur ein Wort der Sprache zu sprechen.

Um Ihnen den Unterschied zwischen dem, was Hunde wollen, und dem, was Sie wollen, aufzuzeigen, habe ich Verhaltensweisen aufgelistet, die ich als »intrinsisch« (von innen her kommend) bezeichne – das bedeutet, für den Hund natürliche Verhaltensweisen. Achten Sie darauf, dass Menschen viele davon als unerwünscht ansehen.

- Kauen – fühlt sich gut an
- Auf Tische springen – da oben ist Fressen
- Buddeln – super, um Leckereien zu finden
- Menschen anspringen – das ist ein Begrüßungsritual
- Hinterherjagen – Bestandteil der Jagd auf Beute
- Zerrspiele – gehört zum Beuteverhalten
- »Nicht abgeben« – Kontrolle des Familienrudels
- Grob spielen – lernen, wer das stärkste Mitglied der Familie ist
- Alles erschnüffeln – untersuchen, was es ist und wer da war
- Tote Tiere aufnehmen – sie riechen gut
- Ekelerregende Dinge fressen – sie schmecken gut
- Sich in ekelerregenden Dingen wälzen – sie riechen und fühlen sich gut an

Zum Vergleich folgt hier nun eine Liste der dem Hund nicht intrinsischen Verhaltensweisen, die von Menschen auf das Höchste erwünscht sind:

- sich hinsetzen
- nicht hochspringen
- sich hinlegen
- dort bleiben
- brav an der Leine laufen
- kommen, wenn man gerufen wird
- vor Türen warten
- Dinge nicht berühren
- tote Tiere ausgeben

Kommen Ihnen diese Verhaltensweisen bekannt vor? Das sollten sie, denn es sind die grundlegenden Übungen, die in praktisch jedem Hundekurs beigebracht werden.

Grenzen und feste Strukturen

Teenager und Hunde *brauchen* nicht nur feste Strukturen, damit sie zu passablen Erwachsenen heranwachsen, sie *wollen* sogar feste Strukturen, da diese ihre Welt kontrollier- und vorhersehbar machen. Die wenigsten Teenager möchten Klassensprecher sein und meistens wollen sie auch nicht die Rolle eines Elternteils übernehmen. Genauso sind die meisten Hunde völlig damit zufrieden, wenn sie ihren kleinen Platz innerhalb der Familie finden, und verspüren nicht den Wunsch, die Rolle des Anführers zu übernehmen.

Wenn allerdings niemand die Aufgabe übernimmt, den Haushalt zu schmeißen, muss es eventuell Ihr Sohn oder Ihre Tochter tun. Ich kenne mindestens eine Familie, in der die Eltern ihrer Tochter die Befugnisse übertragen haben. Die Familie ist zwar noch intakt, aber niemand ist damit glücklich, am wenigsten die Teenagerin, die lieber ihre Jugend genießen würde. Das Gleiche gilt für Ihren Hund, doch wenn ein Hund das Oberhaupt der Familie ist, kann dies sogar gefährlich werden. Ein Hund, der in die Rolle des Anführers gestoßen wurde, wird fast immer die falschen Entscheidungen treffen. Er könnte beschließen, dass alle Postboten Terroristen sind und dass es seine Aufgabe ist, sie (und auch andere uniformierte Personen) aus seinem Territorium zu verjagen. Falls der angreifende Mensch nicht abhaut, könnte er zubeißen! Dieser Hund führt seine Familie an und hat keine Ahnung, wie er das tun soll. Die Position des Anführers der Hausgemeinschaft ist wichtig und sollte von jemandem übernommen werden, der damit umgehen kann. Führung ist übrigens kein Synonym zu Dominanz. Ein Hund (oder ein Mensch) kann sehr dominant sein, ohne sich zum Anführer zu eignen. Möglicherweise versucht er, seinen Willen durchzusetzen, indem er andere physisch oder psychisch drangsaliert, doch das bedeutet nicht, dass er richtig mit Problemen umgehen oder benötigte Ressourcen finden kann.

Was müssen Anführer tun? Sie müssen gewährleisten, dass die Familie ausreichend Essen, Wasser und andere Vorräte hat. Sie müssen sichergehen, dass die Wohnstätte vor unerwünschten Eindringlingen sicher ist, und sie sind dafür zuständig, dass dort Frieden und Zusammenarbeit herrschen, damit alles auf die richtige Art und Weise laufen kann. Die vom Anführer aufgestellten Regeln sollten innerhalb der Familie konsequent sein, und der Hund sollte diese kennen. Wenn Sie einen Jugendlichen einer der beiden Spezies großziehen, ist es ihm gegenüber sehr unfair, wenn Sie am laufenden Band neue Regeln aufstellen oder auch zufällig Ausnahmen der Regeln machen. Er muss wissen, was er zu erwarten hat.

Hin und wieder kann es sehr schwierig sein, Ihr jugendliches Kind davon zu überzeugen, dass Sie der Anführer sind, und genauso ist es bei jugendlichen Hunden. Teenager, die an der Schwelle zum Erwachsensein stehen, möchten oft von beiden Welten das Beste. Sie möchten selbst entscheiden, wo sie hingehen, was sie kaufen und mit wem sie sich treffen. Und gleichzeitig möchten sie, dass Sie sie dorthin fahren, ihnen das Geld geben und ihnen ermöglichen, dass sie mit ihren Freunden herumhängen können. Zum Leidwesen der Teenager kontrollieren die Eltern all diese Ressourcen – das Geld, die Beförderungsmittel und das Zuhause – oder zumindest sollten sie das.

Das Wesentliche einer erfolgreichen Eltern-Kind- oder Eltern-Hund-Beziehung liegt nicht nur darin, all diese Dinge zu kontrollieren und sicherzugehen, dass er oder sie weiß, dass Sie sie kontrollieren, sondern auch darin, dass Sie ihn oder sie davon überzeugen, dass Sie ein fairer und gerechter Elternteil sind. Möchte Ihr Teenager ins Kino gehen? Dann muss er oder sie Sie fragen, und Sie entscheiden, ob er oder sie gehen darf oder nicht.

Möchte Ihr Hund einen entgegenkommenden Hund begrüßen? Dann sollte auch er Sie darum bitten. Sowohl Hunde als auch Teenager müssen lernen, zu bitten, und ein guter Elternteil wird die Anfrage gründlich überprüfen und ihr nachgeben, wenn es ihm sinnvoll erscheint.

Kontrolle der Umgebung

Wenn wir unsere Kinder oder Hunde erziehen, sollten wir dafür sorgen, dass sie dabei so gut wie möglich abschneiden können. Falls Ihr jugendlicher Sohn sich das Auto klaut, um jede Nacht mit seinen Freunden eine Spritztour zu machen, können Sie ihm eine zeitlang Stubenarrest erteilen. Das ist Strafe. Sie könnten auch so klug sein und die Schlüssel verstecken. Das ist Kontrolle. Falls Ihr Hund dazu neigt, Ihre CD-Sammlung zu dezimieren, wenn Sie bei der Arbeit sind, würden Sie gut daran tun, ihn irgendwo zu lassen, wo er nicht an die CDs gelangen kann, oder die CDs an eine Stelle zu tun, die er nicht erreichen kann. Falls Sie wirklich wollen, dass er lernt, Ihre CDs in Ruhe zu lassen, werden Sie ihm das beibringen müssen, und dazu müssen Sie für ihn da sein.

Dass Sie die Umgebung Ihres Hundes kontrollieren müssen, scheint nahe liegend, doch oftmals wirken sich unsere vorgefassten Meinungen darüber, was Hunde brauchen oder wollen, störend aus. Nehmen wir folgenden hypothetischen Fall: Jeden Tag, nachdem Margie zur Arbeit gegangen ist, fängt ihr Hund im Garten zu bellen an. Die Nachbarn beschweren sich, und Margie muss eine Lösung finden, und zwar schnell. Da sie glaubt, ihr Hund müsse draußen sein, um »spielen« zu können, entscheidet sie sich, das Verhalten durch ein Anti-Bell-Halsband zu unterbinden, sodass er nicht mehr bellt, wenn sie weg ist. Doch er hat bereits bewiesen, dass er nicht alleine draußen sein kann, und die Wahrscheinlichkeit ist hoch, dass er bellt, weil er Angst hat und überreagiert. Durch den Schmerz, der durch das Anti-Bell-Halsband hervorgerufen wird, wird er zwar vielleicht weniger oder gar nicht mehr bellen, aber die Angst wird bestehen bleiben und könnte sogar noch gesteigert werden. Zusätzlich werden wahrscheinlich noch andere Probleme auftauchen, zum Beispiel Zerstörungswut oder unaufhörliches Jaulen. Eine menschliche und praktikable Alternative zu dem Halsband wäre, wenn Margie ihm beibringen würde, in einem Raum des Hauses zu bleiben, während Sie bei der Arbeit ist, und ihn in den Garten lassen würde, wenn sie zuhause ist. Seine Ängstlichkeit wird reduziert, da die Umgebung nun nicht so furcherregend ist. Es ist weniger wahrscheinlich, dass er bellt, und falls er es tut, wird er nicht so leicht gehört. (Ich sollte verdeutlichen, dass ich Anti-Bell-Halsbänder weder verwende noch deren Verwendung oder die anderer Geräte, die Verhalten durch Schmerzen ändern, empfehle oder dulde. Leider werden Anti-Bell-Halsbänder immer beliebter und viele Menschen benutzen sie, um Probleme, wie beispielsweise Bellen, zu lösen.)

Die wichtigsten Ressourcen konrollieren

Wenn Sie sich Ihrem Hund nähern können, wann immer Sie wollen, ihn berühren und mit ihm spielen können, und mit keinen Verhaltensproblemen zu kämpfen haben, ist Ihr Verhältnis wahrscheinlich ohnehin schon gut. Falls Ihr Hund auf jede Ihrer Taten mit Knurren, Brummen oder Wegrennen reagiert, liegt einiges an Arbeit vor Ihnen. Im Folgenden finden Sie ein paar liebevolle Wege, um eine angemessene Familienstruktur zu gewährleisten.

Aufmerksamkeit kontrollieren

In der Welt eines Kindes oder Hundes ist Aufmerksamkeit sehr wichtig – derjenige, der auf Verlangen Aufmerksamkeit bekommt, ist ziemlich mächtig. Wie viele von uns haben nicht schon mal Kinder gesehen, die gereizt von ihren Eltern fordern, dass diese ihnen *jetzt* Aufmerksamkeit schenken, und nicht dann, wenn die Eltern dafür Zeit haben? Wir nennen diese Kinder verwöhnt, und ein Hund, der dann Aufmerksamkeit sucht und bekommt, wenn er möchte, ist ebenfalls verwöhnt. Ein verwöhnter Hund stupst seinen Besitzer an oder nimmt dessen Arm in sein Maul, um Aufmerksamkeit zu bekommen. Natürlich sind weder das Kind noch der Hund im wahrsten Sinne des Wortes wirklich »verwöhnt«. Sie sind *mächtig* und wissen, wie sie ihre Macht einsetzen müssen, um zu bekommen, was sie wollen. Um Ihrem Hund diese unangemessene Macht zu nehmen, müssen Sie das Ausmaß der Aufmerksamkeit, die Sie ihm schenken, überprüfen und kontrollieren. Außerdem müssen Sie darauf achten, dass die Kontaktaufnahme zum größten Teil von Ihnen ausgeht. Sie können ihn zwischendurch ignorieren, wenn er gestreichelt werden möchte, und ihm in anderen Momenten Aufmerksamkeit schenken, ohne dass er sie möchte. Manchmal können Sie ihn auch auffordern, »bitte« zu sagen, wenn er Ihre Aufmerksamkeit sucht, beispielsweise indem er vorher Sitz macht.

Aufmerksamkeit geht Hand in Hand mit anderen Ressourcen, von denen Futter zu den wichtigsten gehört. Sie können Ihrem Hund zeigen, wer der »tolle Jäger« ist, indem Sie ihn manchmal mit der Hand füttern, vor allem die besonders guten Sachen. Eine weitere Idee ist, neben seinem Futternapf zu bleiben, während er frisst – nicht, um ihn dabei zu unterbrechen oder Futter aus dem Napf zu nehmen (wie gemein!), sondern um anwesend zu sein und ab und zu noch ein bisschen hineinzutun.

Das Territorium kontrollieren

Teenager lieben ihren Raum – ihr exklusives Territorium. Normalerweise möchten sie ihren Raum in ihrem eigenen Stil einrichten und häufig halten sie sich dort stundenlang auf. Manchmal schlafen sie einfach nur, hören Musik, telefonieren oder surfen im Internet. Manche Teenager hängen Schilder an ihre Tür, die Ihnen, dem Erwachsenen, klarmachen sollen, dass Sie nicht erwünscht sind. Jugendliche Hunde lieben ebenfalls ihren Raum – ihren Korb oder ihre Lieblingsecke. Manche Hunde knurren oder schnappen, wenn Sie versuchen, sie von dieser Stelle zu verscheuchen, und manche Hunde okkupieren *Ihr* Bett als ihr eigenes, falls sie können. Manch ein Ehepartner, der nachts aus dem Badezimmer zurückkam, musste erschrocken feststellen, dass er vom Hund, der einen Anspruch auf den besten Ruheplatz erhoben hatte, aus dem Bett verbannt worden war.

Die Ressourcen sollten kontrolliert werden, *bevor* Probleme entstehen. Bereits zu Beginn Ihrer Beziehung müssen Sie entscheiden, wo der Hund schläft und ob er auf Ihr Bett darf, und nicht erst, wenn er sich Ihnen gegenüberstellt. Später, wenn er sich Ihr Vertrauen erarbeitet hat, können Sie die Regeln immer noch lockern. Fordert Ihr Hund Sie heraus, ist die beste Reaktion, überhaupt nicht zu reagieren: kein Augenkontakt, keine Gegendrohung, gar nichts. In Wirklichkeit sagen Sie ihm damit, dass seine Kampfansage nicht der Beachtung wert ist, genauso, wie wenn ein Kind Ihnen drohen würde. Tun Sie stattdessen etwas ganz anderes. Machen Sie sich die Tatsache, dass er ein Familientier ist, zunutze, und werfen Sie ihn gedanklich ein paar Tage lang aus der Familie. Ignorieren Sie ihn die meiste Zeit und schenken Sie ihm keinerlei Aufmerksamkeit, wenn er sich Ihnen nähert, um diese zu bekommen. Wenn Sie ihn füttern, sollten Sie darauf achten, dass er sehr höflich ist und vor jedem Bissen sitzt. Sie müssen mit ihm Gassi gehen, aber Sie müssen währenddessen nicht mit ihm kommunizieren. Zeigen Sie ihm ein paar Tage lang die kalte Schulter und gehen Sie dann wieder fröhlich zum normalen Leben über. Außerdem sollten Sie seine Umgebung kontrollieren, indem Sie sicherstellen, dass er nicht in einer Situation ist, in der er der Meinung sein könnte, es sei angebracht, zu knurren. Das kann bedeuten, dass Sie seinen Korb verrücken oder er in einer Box schläft. Es könnte auch bedeuten, dass Sie ihm ein paar Wochen lang im Haus eine kurze Leine anlegen, damit er daran erinnert wird, wer was kontrolliert.

Ich habe bereits erwähnt, dass Türschwellen für viele Hunde äußerst wichtig sind. Diese tun alles, was möglich ist, um als Erstes durch die Tür zu preschen.

Türschwellen sind sogar die Stelle, an der viele »Geschwister«-Streitereien statt-finden, wenn zwei Hunde um die Tür wetteifern und daher ineinander rennen. Außerdem bewachen manche Hunde den oberen Treppenabsatz, um ihren Status und ihre eigene Größe zu steigern, indem sie auf ihre Menschen hinabblicken. Dies alles gehört zum Revierverhalten, und falls Ihr Hund solche Dinge tut, soll-ten Sie tätig werden. Das Verhalten auf der Treppe können Sie kontrollieren, indem Sie ihn nicht nach oben lassen oder ihn fröhlich nach unten rufen, wenn er dort oben hockt. Mein Deutscher Schäferhund Strider ist ein chronischer Türen-bewacher. Das Ergebnis ist, dass er Platz machen muss, wenn ich die Tür öffne, nur hindurchgehen darf, wenn ich es ihm erlaube, und sich wieder hinlegen muss, sobald er draußen ist!

Der »Spielverderber«

Der Hund eines Kunden war ein ziemlicher »Spielverderber«. Wenn Sebastian sich aus-ruhte, brummte er, sobald Marie auch nur an ihm vorbeilief. Obwohl sie vor ihm Angst hatte, dachte sie, sie müsse etwas tun. Daher sagte sie ihm jedes Mal, wenn er knurrte, dass er ein sehr böser Junge sei. Sebastian knurrte nur umso lauter und Marie wich zurück, wodurch sie Sebastian sagte, dass sein Verhalten Wirkung zeigte, und Sebastian wurde nur noch aufgeblasener.

Ich riet Marie, morgens, wenn er draußen war, um sich zu erleichtern, sein Hundebett zusammenzurollen. Er hatte mehrere Hundebetten im Haus und sie nahm sie alle weg. Dann begann sie, ihn mit der Hand zu füttern, als ob er ein Baby wäre. Sie vermied Situationen, die ihn zum Knurren provozieren konnten, und ignorierte ihn absichtlich, wenn er etwas tat, was ihr missfiel.

Anstatt ihn an einer kurzen Leine anzubinden oder ihn in einen anderen Raum zu schicken – beide Handlungen könnten zu Knurren führen – ließ sie ihn im Raum und ging selbst hinaus oder ihren täglichen Dingen nach, als ob er gar nicht da wäre.

Es dauerte nicht lange, bis Sebastian merkte, dass es für ihn von Vorteil war, nett zu Marie zu sein, und ihr Verhältnis wurde innerhalb weniger Wochen deutlich besser.

Vermeidung von besitzergreifendem Verhalten gegenüber Futter und Spielzeug

Manche Hunde denken: »Was meins ist, ist meins, und was deins ist, ist auch meins.« Daher bewachen sie sämtliches Futter und alles Spielzeug, das ihnen in die Quere kommt. Auch dieses Verhalten kann man auf die menschliche Welt übertragen. Wir alle lieben unsere »Siebensachen«. In den vorherigen Kapiteln habe ich verschiedene Methoden gegen besitzergreifendes Verhalten erläutert, aber wenn Ihr Hund bereits jugendlich ist und noch immer Futter oder Spielzeuge bewacht, müssen Sie härter an der Korrektur seines Verhaltens arbeiten. (Später werde ich ein paar Methoden besprechen.)

Manche Hunde bekommen sogar Wutanfälle, ähnlich wie Kinder, die in ihr Zimmer stürmen und die Tür knallen! Zeigen sie dieses Verhalten, dann ist es meistens so, dass sie frustriert sind und *Sie* kontrollieren möchten.

Das beste Beispiel ist die sogenannte »Leinenaggression«. Der richtige Terminus wäre eher »Leinenfrustration«, da es sich nicht wirklich um Aggression handelt. Darunter versteht man, dass der Hund wütend wird, weil Sie ihn von etwas abhalten, das er gerne tun möchte – meistens vom Spiel mit einem anderen Hund. Die meisten Hunde mit diesem Problem zerren beim Gassigehen an der Leine, und sind bereits sehr aufgeregt, weshalb der Anblick eines anderen Hundes sie in den Wahnsinn treiben kann.

Das Bedürfnis nach Anregung

Jugendliche brauchen sowohl Anregung als auch feste Strukturen, und zwar jede Menge davon. Wenn unsere Teenager nach der Schule Beschäftigungen der einen oder anderen Art nachgehen, ist es weniger wahrscheinlich, dass sie in zwielichtige Gesellschaft geraten. Dasselbe trifft auf Hunde zu. Jegliche konstruktive Beschäftigung, ob körperlich oder geistig, wirkt sich in vielerlei Hinsicht positiv auf Ihren jugendlichen Hund aus.

Die Gefahr des Nichtstuns

Zu meinen Kunden gehörte mal ein nettes, junges Ehepaar, das sich nur aufgrund des Aussehens einen Australian Cattle Dog-Welpen gekauft hatte. In den Welpenkursen machte sich der Junge einfach hervorragend. Treibhunde sind meistens sehr intelligent und Buddy stellte da keine Ausnahme dar. »Sitz«, »Platz«, »Bleib« und »Komm« lernte er in Rekordzeit, und seine Besitzer waren zurecht stolz auf ihn und sich selbst. Jeden Tag machten sie mit ihm eine Wanderung und genossen seine Begleitung sehr. Leider wurde bei Buddy im Alter von sechs Monaten eine Hüftdysplasie diagnostiziert. Der Tierarzt empfahl einen chirurgischen Eingriff, um die Hüfte zu ersetzen, und die Besitzer entschieden sich dafür. Die Operation verlief gut und Buddy begann sich zu erholen. Doch damit die Hüfte richtig heilen konnte, musste Buddy sich rund zwei Monate lang ruhig halten. Und damit begannen die Probleme. Die Besitzer bemühten sich sehr – sie trainierten seinen Geist, indem sie ihm Tricks beibrachten, und schenkten ihm jede Menge Aufmerksamkeit. Leider wurde sein Verhalten immer schlechter und sie mussten zur Arbeit gehen (um die Operation bezahlen zu können!). Jeden Tag machte er Schwierigkeiten. Wenn die Besitzer ihn in eine Box sperrten, bellte und heulte er stundenlang; wenn sie das nicht taten, zerstörte er etwas im Haus.

Eines Tages ging ich durch unser Tierheim, und in der Eingangshalle sah ich eine mir bekannte Gestalt mit intelligentem und interessiertem Gesichtsausdruck – Buddy. Neben ihm stand weinend seine Mami. Buddy hatte die Aktentasche ihres Ehemannes zerstört, in der ein paar sehr wertvolle Papiere gewesen waren. Und das gab den Ausschlag. Sie meinten, sie könnten ihn nicht länger behalten.

Glücklicherweise hat diese Geschichte ein gutes Ende. Meine Familie kümmerte sich um den Welpen, bis seine Hüfte verheilt war. Und dann fanden wir für ihn ein neues Frauchen – eine Hundetrainerin, die Buddy genau die Anregung bieten konnte, die er benötigte. Ich sehe ihn ab und zu; er macht es seiner Besitzerin noch immer alles andere als leicht, aber sie ist dem Ganzen gewachsen.

Hätten seine Besitzer ihn behalten, wenn Buddy nicht hätte operiert werden müssen? Aller Wahrscheinlichkeit nach ja. Sein Entdeckergeist wurde in hohem Maße durch seine körperliche Untätigkeit verschlimmert, und seine Besitzer hatten nicht die Zeit, das Wissen oder die Geduld, um damit zurechtzukommen. Auf dem Gipfel seiner Jugend war Buddy dazu gezwungen, ohne ausreichende Bewegung auszukommen, und das funktionierte einfach nicht.

Bewegung

Eine der besten Beschäftigungen ist eine, bei der umfangreiche Muskelbewegung gefordert ist – körperliches Training. Hunde, die ausreichend trainiert werden, funktionieren nach dem gleichen Muster; es ist sogar so, dass ein guter Jugendlicher ein erschöpfter Jugendlicher ist – bei beiden Spezies! Ohne körperliches Training können beide sich jede Menge Ärger einheimsen und unsere Geduld aufs Äußerste strapazieren.

Aufgrund der Gesellschaft, in der wir leben, kann es schwierig sein, einem Hund ausreichend körperliches Training zu bieten. Einem acht Jahre alten Hund reicht es vielleicht, morgens und abends 20 Minuten lang Gassi zu gehen, aber für einen jugendlichen Hund ist das definitiv nicht genug. Er braucht mindestens zweimal am Tag richtiges körperliches Training, z. B. Ballspielen, schnelle Spaziergänge oder Wanderungen. Häufig wünschen sich Jogger oder Läufer ihren Hund als Trainingspartner. Das ist eine sehr gute Idee, aber Sie sollten mit Ihrem Tierarzt abklären, ob Ihr Hund schon reif genug ist, um ununterbrochen kilometerweit zu laufen ohne seine Gelenke überzustrapazieren. Was das körperliche Training anbelangt, so haben es Besitzer kleiner Hunde leichter. Kleine Hunde sind viel leichter zu trainieren, besonders wenn sie Apportieren spielen. Sie können sogar im Haus trainiert werden.

Ich empfehle sowohl morgendliches als auch abendliches Training, denn Hunde sind zu diesen Tageszeiten meist am aktivsten, und Sie können diese Veranlagung durch eine gleichmäßige und vorhersehbare Routine verstärken. Wahrscheinlich wird Ihr Hund sich nach dem Training ausruhen, was sehr hilfreich ist, falls Sie tagsüber arbeiten gehen.

Geistige Anregung

Zusätzlich zu den physischen Bedürfnissen brauchen jugendliche Hunde auch geistige Anregung. Die meisten Hunderassen hatten früher eine wirkliche Aufgabe. Schäferhunde, zum Beispiel, werden noch immer zum Hüten von Vieh benutzt. Sperren Sie einen intelligenten Hund in den Garten ohne etwas zu tun, und er wird etwas finden, um sich selbst zu unterhalten. Möglicherweise buddelt er oder bringt sich selbst das Gärtnern bei. Vielleicht wird er Ihren Garten auf eine Art und Weise umgestalten, die Sie sich niemals hätten vorstellen können. Oder er bellt bei jeder kleinen Bewegung, die er hört – und er kann jede Menge hören!

Geistige Anregung kann durch Training an unterschiedlichen Orten oder durch Spiele stattfinden. Es gibt viele hervorragende Spiele für neugierige Geister. Sie können Ihrem Hund beispielsweise beibringen, Spielzeug im Haus oder Garten zu finden, oder Sie können die Mahlzeiten verlängern, indem Sie Futterspender mit Futter befüllen. Ehrgeizigeren Hunden sind Tricks, wie beispielsweise »Pfötchen geben« oder »Rolle«, ziemlich leicht beizubringen und können sie schnell ermüden.

Kontakt zu anderen Hunden

Eine Möglichkeit, viele Bedürfnisse zu befriedigen, ist, Ihren Hund mit anderen Hunden spielen zu lassen. Korrekte Sozialisierung macht viel Spaß und ist sowohl für Hunde als auch deren Besitzer eine gute Gelegenheit, um andere Menschen kennenzulernen. Hundeparks werden im ganzen Land immer beliebter und viele Menschen suchen sie täglich auf. Ich habe bereits gesagt, dass es unsere Aufgabe als Elternteil ist, darauf zu achten, wer die Freunde unseres Hundes sind. Ich möchte nicht, dass meine Tochter ihre Zeit mit Kindern verbringt, die Drogen nehmen, Alkohol trinken oder sich nicht um die Schule kümmern. Und genauso wenig möchte ich, dass mein Hund Kontakt zu den nicht wünschenswerten Vertretern der Hundewelt hat.

Selbstsichere jugendliche Hunde sind meistens ziemlich gesellig. Im Allgemeinen möchten sie andere Hunde treffen und tun dies voller Enthusiasmus. Andererseits möchten schüchterne Jugendliche oftmals keine anderen Hunde treffen. Viele erwachsene Hunde möchten einen jugendlichen Hund entweder nicht direkt vor der Nase haben oder sie möchten überhaupt nicht mit anderen Hunden spielen, es sei denn, sie kennen diese gut. Da wir Welpen im Alter von acht Wochen von ihrer eigenen Spezies trennen, lernen manche Hunde niemals von ihrer richtigen Mutter, wie sie sich anderen Hunden gegenüber verhalten sollen. Daher ist es unsere Aufgabe als menschliches Elternteil, ihnen dies beizubringen.

Die ersten Erfahrungen, die Ihr Hund in einem Hundepark oder bei einem anderen geselligen Beisammensein macht, sind äußerst wichtig. Wenn er von einem anderen Hund attackiert wird oder es auch nur zu einem zufälligen Zusammenstoß kommt, wird er dies nicht so bald wieder vergessen. Daher müssen Sie sehr vorsichtig sein. Ein beliebter Hundepark kann wie ein beliebter Spielplatz oder ein Fußballfeld sein – der Spaß kann sehr schnell außer Kontrolle geraten und dann wird jemand verletzt. »Aufseher« werden benötigt und häufig sehen Hundebesitzer sich nicht als solche an. Viele Menschen stehen irgendwo rum und lassen die Hunde ausgelassen herumtollen. Aber es liegt in unserer Verantwortung, unsere Hunde zu beobachten, die Körpersprache der Hunde erkennen zu lernen und Problemen einen Riegel vorzuschieben, bevor sie ernst werden.

Den Umgang von Hunden untereinander zu beobachten kann wunderbar und bildend sein, und ich rate Ihnen dringend dazu. Sie können sehen, wie Hunde miteinander »sprechen«, um den anderen zum Spielen aufzufordern oder ihm zu sagen, dass er weggehen soll. Jugendliche, die die Feinheiten der Hundekommunikation nicht gelernt haben, sind meistens ziemlich taktlos. Sie begrüßen andere Hunde als ob sie sie bereits seit Monaten kennen würden und rammen sie manchmal oder versuchen, sie zu besteigen. Und sie sind verblüfft, wenn der andere Hund nach ihnen schnappt, um sie zu verscheuchen.

Vorsichtige Begrüßungen

Unser alter Rottweiler, Jobear, stellte sich anderen Hunden auf wirklich tolle Art und Weise vor. Es war wunderschön, ihn dabei zu beobachten. Wenn er einen anderen Hund sah, verlangsamte er seinen Schritt, schaute leicht weg und dann wieder hin, ging in einem Bogen auf den anderen Hund zu, näherte sich ihm vorsichtig, schnüffelte an dessen Kinn, dann an dessen Hinterteil und anschließend spielte er entweder mit ihm oder ging davon. Er hatte eine sehr gutmütige Ausstrahlung und war niemals in einen Streit verwickelt, doch einmal wurde er angefallen. Er schien sehr verblüfft über den Angriff, der endete, ohne dass er verletzt wurde. Dennoch vertraute Jobear für den Rest seines Lebens nicht mehr darauf, dass ich ihn beschützen würde. Wenn andere Hunde auf ihn zukamen, vermied er sie höflich, lief rund 60 Meter die Straße hinauf, wo er darauf wartete, dass ich und die anderen Hunde ihn einholten.

Erkennen von Spielverhalten

Manchmal ist es schwierig, spielerisches Verhalten zu erkennen, aber mit ein wenig Übung können Sie darin ziemlich gut sein. Im Allgemeinen tauschen spielende Hunde sehr oft ihre »Rollen«, ihr Spiel ist ziemlich ruckartig und sie halten zwischendurch kurz inne. Daher ist manchmal ein Hund über dem anderen und plötzlich ist der zweite obenauf. Ein Hund rennt hinter dem anderen her und macht plötzlich kehrt, um der Gejagte zu sein. Häufig wird das Spiel von spielerischen »Verbeugungen« begleitet, bei denen ein Hund oder beide die Vorderläufe ausstrecken, die Front neigen und das Hinterteil nach oben strecken. Manche Hunde spielen lautstark, während andere sich still verhalten. Das Spielverhalten mancher Rassen oder Rassetypen unterscheidet sich stark von dem anderer Rassen. Beispielsweise knurren und bellen Deutsche Schäferhunde viel, Boxer springen mit ihren Vorderpfoten auf andere Hunde und Labradore lassen sich gegen ihre Spielkameraden prallen. Es kann problematisch sein, wenn zwei Hunde mit nicht kompatiblem Spielverhalten aufeinander treffen und nicht miteinander kommunizieren können. Ein lautstarker Deutscher Schäferhund könnte beispielsweise einen schüchternen Shetland Sheepdog erschrecken oder ein lebenslustiger Labrador könnte bei einem älteren, würdevollen Rottweiler schnell anecken. Manchmal knurrt ein Hund einen anderen an oder schnappt nach diesem, um ihm zu sagen, dass er sich zurückhalten soll. Wenn dies passiert, denken viele Menschen, der schnappende Hund sei der Angreifer. Das kann zwar der Fall sein, ist es oftmals aber nicht.

Begrüßungsrituale

Stellen Sie sich vor, ein vollkommen Fremder käme auf Sie zu und würde Sie umarmen. Würden Sie lachen und ihm sagen, dass er ganz wunderbar ist? Natürlich nicht. Wir Menschen haben Begrüßungsrituale, wie zum Beispiel kurzer Augenkontakt, Händeschütteln oder einfach nur »Hallo« sagen. Wir geben einander genug Raum, bevor wir Intimitäten austauschen. Dasselbe gilt für Hunde, die sich dem anderen höflich und langsam nähern und dann erst zum Spiel auffordern sollten.

Es ist ein verbreiteter Mythos, dass Hunde immer versuchen, einander zu dominieren. Wenn Hunde einander kennen, auch wenn es erst seit ein paar Minuten ist, versuchen sie möglicherweise, herauszufinden, wer stärker und schlauer ist. Doch gegen einen anderen Hund zu preschen oder ihn zu besteigen ist einfach nur unhöflich!

Tyrannisieren

Manche Hunde experimentieren mit ihrer Kraft, doch ihr Verhalten lässt sich besser als Tyrannisieren beschreiben. Ananda war ein sehr gutes Beispiel eines tyrannisierenden Hundes. Sie war ein Deutscher Schäferhund, der im Alter von rund zehn Monaten an das Tierheim abgegeben wurde, in dem ich arbeitete. Sie hatte ein überwältigendes Wesen – freundlich, aufgeschlossen und sehr auf körperliche Nähe aus. Wenn wir sie mit anderen Hunden spielen ließen, stellte sie sich ihnen vor, indem sie direkt auf sie zu rannte und sich auf deren Schultern warf. Dasselbe tat sie mit Menschen, sie sprang hoch und landete direkt auf deren Brust. Ein Kind oder einen gebrechlichen Erwachsenen konnte sie leicht umwerfen. Sie war der Inbegriff von rüpelhaftem Verhalten.

Das war das Ergebnis davon, dass es in ihrem ersten Zuhause keine festen Strukturen gab, in Kombination mit einem energischen Charakter. Es gab ein paar erwachsene Hunde, die mit ihr umgehen konnten, und zwar die, die wussten, wie man eine schnelle Maßregelung austeilt. Als sie auf einen erwachsenen Deutsch Kurzhaar-Mischling traf, verwies er sie bestimmt in ihre Schranken. Er erstarrte in der Bewegung, starrte sie an, knurrte und wartete ab. Ananda spielte ein bisschen herum und entschied sich dann, dass Vorsicht besser als Nachsicht sei, und trollte sich dann, um sich ein anderes Opfer zu suchen (dieses Mal entschied sie sich für einen Menschen).

Wochenlang arbeiteten wir mit Ananda und versuchten, ihr die Manieren beizubringen, die sie in den ersten Wochen ihres Lebens verpasst hatte, und sie lernte die Gehorsamsübungen sehr gut. Sie machte »Sitz«, »Platz«, »Bleib« und ging höflich an der Leine. Doch sobald sie zum Spielen losgelassen wurde, fiel sie wieder in ihr altes Verhaltensmuster zurück. Letztendlich nahm jemand sie auf, doch nach drei Monaten gab ihr Besitzer auf und brachte sie zurück. Sie war einfach zu anstrengend.

Wenn ich an diese Geschichte denke, rate ich Ihnen, Ihren Hund mit anderen Hunden in Kontakt zu bringen, allerdings sehr vorsichtig. Hunde sollten lernen, höflich auf andere zuzugehen und mit andersgearteten Hunden auf andere Art und Weise zu spielen, sodass sie sich mühelos der jeweiligen Situation anpassen können. Schon eine einzige traumatische Erfahrung kann die Einstellung Ihres Hundes gegenüber anderen Hunden für immer verändern. Falls er anfängt, ein Tyrann zu *sein* – auf andere Hunde springt oder hinter ihnen herjagt – sollten Sie ihn nur mit anderen Hunden spielen lassen, die mit diesem Verhalten umgehen können; und auch dann sollten Sie das Vergnügen nicht ausufern lassen. Wenn Sie das Gefühl haben, dass Ihr Hund sich unwohl oder ängstlich fühlt oder sich unpassend benimmt, sollten Sie eingreifen. Versetzen Sie sich in Ihre elterliche Lage und kontrollieren Sie die Umgebung so gut es geht. Gelingt Ihnen das nicht, sollten Sie gehen. Erwarten Sie nicht, dass andere Besitzer bei ihren Hunden einschreiten. Möglicherweise erkennen sie die Probleme gar nicht und die Sache endet einfach nur in einer unschönen Auseinandersetzung.

8

Benehmen zuhause

Viele Menschen wären glücklich, einfach nur einen wohlerzogenen Hund zu
haben – einen Hund, der nicht auf Möbelstücke pinkelt oder diese anknabbert, bei
Tisch nicht bettelt, nicht weint, jault oder bellt, wenn er allein zuhause gelassen
wird, der kein Essen vom Tisch klaut und niemanden beißt! Gesittetes Benehmen
kann man ihm mit Geduld und Hartnäckigkeit beibringen (wirklich!). Es gibt
Hundebesitzer, die glauben, offizielles »Gehorsamstraining« würde sämtliche
Verhaltensprobleme ihres Hundes lösen. Doch leider ist das nicht so. Gehorsam
hilft natürlich, manche Probleme zu lösen, aber nicht alle. Und vor allem hilft es
nicht beim Verhalten im Haus. Letzteres hängt von Ihnen und Ihrem gesunden
Menschenverstand ab. In diesem Abschnitt werden wir ein paar offizielle Übungen verwenden, doch wir werden sie im Rahmen der Hausmanieren beibringen,
was wahrscheinlich sowieso die bessere Lehrmethode ist.

Einstieg

Zuallererst sollten Sie daran denken, dass Sie sich als Elternteil die *Zeit nehmen
müssen, um Ihren Hund zu erziehen.* Das ist sehr wichtig. Wir gehen oftmals
davon aus, dass unser Hund automatisch weiß, dass er nicht die Mülltonne durch-
wühlen, auf unseren Socken kauen, aus der Toilette trinken oder die Tapete
anfressen soll, doch das weiß er nicht. Indem Sie die Umgebung kontrollieren und
ihn von unerwünschtem Verhalten abhalten, machen Sie weitaus größere Fort-

schritte als wenn Sie ihn auf frischer Tat erwischen und dafür bestrafen. Ihre Socke gegen ein Leckerli einzutauschen ist eine gute Methode, Ihrem Hund beizubringen, Ihnen Dinge zu apportieren und sie bereitwillig auszugeben. Sollte er mit seinen Pfoten auf dem Küchentisch stehen, ist es viel effektiver, in die Küche zu gehen, »Runter!« zu sagen, seine Pfoten auf den Boden zu stellen und ihn dafür zu loben, dass er runter geht, anstatt ihn aus der Ferne anzubrüllen. Wir Menschen benutzen gerne unsere Stimme, um unseren Unmut kundzutun, aber Taten sind weitaus mächtiger als Worte.

Die Box

Nehmen wir mal an, Sie bringen einen jugendlichen Hund mit nach Hause und wollen richtig anfangen. Das Erste, was Sie tun sollten, ist eine Box zu kaufen. Mir fällt kein Grund ein, der dagegen spricht, Ihrem Hund beizubringen, in einer Box zu bleiben. Sofern Sie die Sache richtig angehen, wird er die Box als sein kleines Reich ansehen, einen Platz, an dem er entspannen kann, genauso wie Ihr Teenager sein Zimmer ansieht (abgesehen von der lauten Musik). Anfangs können Sie die Box als Hilfe bei der Erziehung zur Stubenreinheit und als Kontrollmethode nutzen, wenn Sie ihn nicht im Auge behalten können. (Lesen Sie die Boxentrainingsmethoden, die ich bereits beschrieben habe.) Sobald Ihr Hund verlässlich ist, können Sie die Box wegstellen. Doch möglicherweise möchten Sie sie für die Zukunft behalten – zum Beispiel, wenn Sie verreisen und ihn mitnehmen möchten, wenn ein paar ungesittete kleine Menschen zum Spielen vorbei kommen oder wenn er *sehr* dreckig ist und Sie ein paar Minuten warten müssen, bevor Sie ihn säubern können.

Der Anbinder

Weiterhin benötigen Sie eine stabile, kurze Leine, die am besten zum Teil aus Metall gearbeitet ist. Dies nennt man einen Anbinder. Er ist außerdem ein hervorragendes Hilfsmittel zur Kontrolle Ihres Hundes, mit dem Sie seinen Bewegungsradius einschränken können, wenn Sie ihn nicht beobachten. Der Anbinder sollte an einem unbeweglichen Gegenstand oder an einem Bolzen in der Wand befestigt und direkt neben einer gemütlichen Decke oder einem Hundekorb platziert werden. Sie können den Anbinder für Auszeiten oder einfach nur als einen kontrollierten Ruheplatz benutzen. Er ist ein tolles Hilfsmittel, um Ihren Hund in

Ihrer Nähe zu haben, ohne ihn jede Sekunde beobachten zu müssen. Die meisten Hunde gewöhnen sich schnell daran, genauso wie kleine Kinder sich an einen Laufstall gewöhnen. (Das ist einer der wunderbaren Vorteile daran, dass Ihr Hund KEIN menschlicher Teenager ist. Ich kann mir nicht vorstellen, dass ein Fünfzehnjähriger es sich gefallen lassen würde, an einem Ort Ihrer Wahl bleiben zu müssen!)

Falls Ihr Hund im Haus unzuverlässig ist, ist es Ihre Aufgabe, ihn im Auge zu behalten. Sein Drang zu experimentieren sollte durch Ihre Anwesenheit gebremst werden. Ist das nicht der Fall, sollten Sie sich dadurch einen Vorteil verschaffen, dass Sie ihm eine circa 1,20 m lange Leine anlegen und im Haus anlassen. Wenn er plötzlich einen »Welpenanfall« bekommt (mit 150 km/h durch das Haus prescht und in alles hineinprallt, das ihm in den Weg kommt), haben Sie ein Hilfsmittel, um ihn abzubremsen.

Falls er sich Ihre Brille schnappt und Sie nicht darauf vertrauen, dass er sich auf einen Tausch gegen ein Leckerli einlässt, können Sie auf die Leine treten und ihm die Brille sanft aus dem Maul nehmen.

Tischmanieren

Sobald Sie Ihre Kontroll-Hilfsmittel besorgt haben, sollten Sie sich überlegen, was Sie unter guten Manieren verstehen. Vielleicht möchten Sie Ihrem Hund beispielsweise beibringen, sich vor seinem Dinner höflich hinzusetzen. Das ist eigentlich ganz einfach, solange Sie konsequent bleiben. Halten Sie seinen Futternapf über seinen Kopf. Wenn er sich hinsetzt, sollten Sie den Napf langsam herabsenken. Falls er aufsteht (was er tun wird), heben Sie den Napf wieder hoch. Ihr Ziel ist es, dass er still sitzen bleibt, bis der Napf auf dem Boden ist. Dann können Sie ihm sagen, dass er das Futter fressen darf.

Seien Sie sich darüber im Klaren, dass wenn ein Familienmitglied Ihrem Hund »nur dieses eine Mal, weil er so niedlich guckt« Essen vom Tisch gibt, Ihr Hund wahrscheinlich denkt, dass er noch mehr Fressen bekommt, wenn er in der Nähe des Tisches herumlungert. Außerdem hat er wahrscheinlich Recht! Es ist eine wissenschaftliche Tatsache, dass Verhaltensweisen, die zufällig verstärkt werden (diese gelegentlichen Krümel vom Tisch), schwerer wieder »verlernt« werden als solche, die jedes Mal verstärkt und dann wieder unterbunden werden. Zufällige Bestärkung führt sogar dazu, dass die Verhaltensweise *stärker* ausgeprägt ist.

Teenager sind ein gutes Beispiel für dieses Phänomen. Wenn Sie Ihrer Teenager-Tochter ein Taschengeld zahlen, lernt sie vermutlich, dass sie dieses besser vernünftig ausgibt, und wird Sie wohl nicht um noch mehr Geld anbetteln, außer im Notfall. (Natürlich gemäß ihrer Definition von Notfall, nicht Ihrer.) Geben Sie ihr aber gelegentlich etwas, wenn sie nach zusätzlichem Geld fragt, wird sie wahrscheinlich immer wieder fragen, selbst wenn Sie meistens Nein sagen. Ihr Betteln wird vielleicht sogar noch intensiver, wenn sie aus Erfahrung weiß, dass Beharrlichkeit sich zumindest manchmal auszahlt.

Dies bezeichnet man als zufällige Bestärkung. Dies ist ein mächtiges Phänomen und sollte besser für Verhaltensweisen, die erwünscht sind, angewandt werden und nicht für die Verhaltensweisen, von denen Sie ihn abhalten wollen.

Begrüßungsverhalten

Mit dem guten Begrüßungsverhalten kann es sich weitaus schwieriger verhalten. Im Gegensatz zu Menschen müssen die meisten Hunde bei jedem ein Begrüßungsritual absolvieren, auch wenn dieser nur ein paar Minuten lang weg war. Dies ist eine der vorher erwähnten intrinsischen Verhaltensweisen. Manche Hunde möchten hochspringen und Ihre Lippen ablecken (eine unterwürfige Geste); andere möchten Sie stürmisch umrennen (definitiv *keine* unterwürfige Geste). Die Tatsache, dass wir anhalten, lädt den Hund sogar dazu ein, hochzuspringen, und wenn wir ihn mit den Händen wegstoßen, versteht er das als Einladung, noch rauer zu spielen. Wenn Sie nicht möchten, dass Ihr Hund an Ihnen hochspringt, sollten Sie üben, ihn, wenn Sie nach Hause kommen, rund drei Minuten lang vollständig zu ignorieren. Noch besser ist es, wenn Sie das Haus durchqueren, in ein Hinterzimmer gehen und sich sofort mit etwas beschäftigen. Zu dem Zeitpunkt, an dem Sie tatsächlich Ihren Hund begrüßen, sind Sie bereits ein alter Hut. Natürlich *möchten* die meisten Menschen, dass ihre Hunde sie begrüßen (manchmal ist der Hund das einzige Familienmitglied, das froh ist, dass man nach Hause kommt), und fördern aufgeregte Begrüßungsrituale sogar.

Das Ignorier-Spiel

Falls Ihr Hund Sie überschwänglich begrüßt, tut er das wahrscheinlich auch bei Ihren Gästen. Das Ignorier-Spiel funktioniert auch bei Ihren Freunden, aber manchmal fühlen diese sich nicht wohl dabei, einfach direkt in Ihre Wohnung zu treten, nachdem Sie die Tür geöffnet haben. Wenn Sie es versuchen wollen, dann sagen Sie ihnen im Voraus, was sie tun sollen. Wenn Sie die Tür öffnen, sollten sie direkt in die Wohnung an eine vorgesehene Stelle gehen, die Leckerlidose öffnen, Ihren Hund zum »Sitz« auffordern und ihm ein oder zwei Leckerlis geben.

Die Verwendung von Leckerlis

Eine alternative Methode, um stürmische Begrüßungen zu verhindern, ist, eine Schüssel mit kleinen, knusprigen Leckerlis direkt draußen vor die Tür zu stellen. Wenn Ihr Gast hereinkommt, sollte er oder sie ein paar kleine Leckerlis auf dem Boden verstreuen, wobei ein paar davon den Hund absichtlich auf dem Kopf treffen sollten. Die meisten Hunde machen sich sofort daran, das Fressen zu suchen, und vergessen das Begrüßungsritual. Nach einer Weile werden sie die Leckerlis *erwarten* und geben sich mit einem aus der Hand zufrieden. Irgendwann einmal – wenn sein Verhalten sehr zuverlässig ist – können sie dieses zufällig durch Leckerlis verstärken.

»Sitz« beibringen

Wenn Sie früh genug beginnen und nur einen Hund haben, ist es gut möglich, ihm beizubringen, sich hinzusetzen, wenn Gäste kommen. Sie sollten an jeder Tür üben, durch die Ihre Gäste hereinkommen könnten. Sie beginnen damit, dass Sie ihm beibringen, sitzen zu bleiben, wenn die Tür geöffnet wird. Zuerst werden Sie und Ihre Familienmitglieder die »Gäste« sein, die durch die Tür kommen. Fordern Sie Ihren Hund circa drei Meter von der Tür entfernt zum »Sitz« auf, also weit genug entfernt, damit sie geöffnet werden kann ohne dass sie gegen ihn prallt. Stehen Sie neben ihm und halten Sie seine Leine. Wenn er dort sitzt, bitten Sie ein Familienmitglied oder einen Freund, die Tür zu öffnen. Falls er aufsteht, sagen Sie »oh oh« oder »nicht gut« oder etwas ähnlich Negatives und schließen Sie die Tür. Geben Sie ihm noch mal *an genau derselben Stelle* das Kommando »Sitz« und wiederholen Sie den gesamten Vorgang. Er muss die ganze Zeit, vom Öffnen der Tür bis zu dem Zeitpunkt, zu dem der »Gast« hereingekommen ist, sitzen bleiben. Belohnen Sie ihn dann freigiebig, während er noch immer sitzt. Achten Sie darauf, dass Sie ihm die Leckerlis auf »Sitz«-Höhe geben, sodass er nicht das Bedürfnis verspürt, nach ihnen zu springen. Falls Sie einen sehr enthusiastischen Hund haben, können Sie auch ein paar Leckerlis auf den Boden fallen lassen, nachdem Sie ihn aus dem »Sitz« entlassen haben, um zu vermeiden, dass er hochspringt. Idealerweise sollten Sie einen Punkt erreichen, an dem Sie ihm gar kein verbales Kommando mehr geben müssen. Er sollte nur zur Tür gehen, sich hinsetzen und auf die Belohnung warten.

Ruhiges Verhalten verstärken

Eine weitere Methode, um zu enthusiastische Begrüßungen zu verhindern, ist, ihm das Gefühl zu geben, dass sein Verhalten den Gast verscheucht. Dazu bitten Sie Ihren Gast, an die Tür zu klopfen, und öffnen Sie diese langsam. Wenn Ihr Hund zur Begrüßung hochspringt, sagen Sie »Ab!« und bitten Sie Ihren Gast, die Tür zu schließen, ohne hereinzukommen. Sie werden dies mehrere Male mit unterschiedlichen Gästen üben müssen, bis Ihr Hund lernt, dass die Menschen nicht hineinkommen, solange er sich nicht ruhig verhält.

Alternativ können Sie auch zur »Dumme-Mami-Masche« übergehen, die ich vorher bereits beschrieben habe. Sie sollten Ihrem Hund eine Leine anlegen, diese aber fallen lassen. Wenn er hochspringt, fragen Sie ihn fröhlich, ob er nach draußen gehen möchte, und nehmen Sie dann die Leine und bringen Sie ihn vor die Tür. Sie selbst sollten dann aber im Haus bleiben und ihn ungefähr fünf Sekunden lang draußen lassen. Holen Sie ihn fröhlich wieder herein, aber seien Sie darauf vorbereitet, diese Prozedur ein paar Mal zu wiederholen. Nach ein paar Wiederholungen wird er wahrscheinlich vollkommen aufgeben und denken, dass Sie eine der dümmsten Personen der Welt sind!

Es gibt rabiatere Methoden, um das Hochspringen zu vermeiden. Diese können zwar funktionieren, aber meistens nur bei der Einzelperson, die den Hund bestraft, und nicht unbedingt bei Besuchern, die sich dabei unwohl fühlen, dem Hund weh zu tun oder ihn zu besprühen. Außerdem ist es eine ziemlich unrealistische Erwartung, dass Ihre Gäste die Bestrafung richtig timen. Somit kann Ihr Hund letztlich das Gefühl haben, dass Sie ziemlich gefährlich sind, aber jeder andere in Ordnung ist. Besser ist es, alternative, positivere Verhaltensweisen zu finden, die bei jedem funktionieren.

Den meisten von uns fällt es sehr schwer, sich an die Regeln zu halten, die wir für einen Hund aufgestellt haben. Aber nachzugeben – sogar »nur dieses eine Mal« – führt zu Verwirrung, und ein verwirrter Hund ist meistens nicht das, was wir als einen guten Hund ansehen.

Gassi gehen

Sie können Ihrem Hund auch beibringen, sich zu beruhigen, bevor Sie mit ihm Gassi gehen. Dafür brauchen Sie keinen Partner, sondern nur Geduld. Der erste Hund, mit dem ich dies durchgeführt habe, war unser Rottweiler Barney. Immer wenn ich die Leine aufnahm, um mit ihm Gassi zu gehen, wurde er sehr stürmisch. Er sprang sogar so stark auf und ab, dass das ganze Haus wackelte. Schlussendlich überzeugte ich ihn davon, dass er nirgendwo hingehen würde, wenn er sich nicht beruhigte. Zuerst nahm ich die Leine auf. Er fing an, sich hysterisch zu gebärden. Daraufhin sagte ich: »Ups!« und setzte mich ein paar Meter von der Tür entfernt auf einen Küchenstuhl. Nach ein paar Sekunden schaute er mich offensichtlich verwirrt an, beruhigte sich ein bisschen und setzte sich schließlich hin. Ich stand auf, er sprang auf, ich setzte mich hin, er setzte sich hin. Nach ungefähr drei Minuten und rund 50 Wiederholungen stand ich auf und er blieb sitzen. Dann öffnete ich langsam die Tür. Barney sprang auf und ich setzte mich wieder hin. Ich musste dies nur ungefähr zehnmal wiederholen, bis es funktionierte, und dann waren wir aus der Tür, um unseren Spaziergang zu machen. Sein Gang war übrigens ziemlich amüsant zu beobachten. Jeder Schritt war offensichtlich verkrampft. Er wollte wirklich loslassen, wusste aber, dass er das nicht konnte.

Was Sie sagen, was Sie meinen und was Ihr Hund versteht

Wenn ich meine Tochter frage: »Hast du deine Hausaufgaben gemacht?«, meine ich damit eigentlich: »Warum sitzt du hier und siehst fern, wenn du etwas Produktives tun solltest?« Was meine Tochter hört, ist: »Du traust mir nicht zu, dass ich meine Hausaufgaben alleine machen kann.« Ich bin eine Mutter, die mit ihrer Teenager-Tochter spricht, einem 16-jährigen Familienmitglied, und wir kommunizieren im Grunde nicht. Stellen Sie sich vor, was Ihr Hund versteht, wenn Sie etwas zu ihm sagen! (Ich bin sehr froh, dass es in diesem Buch nicht um die versteckten Botschaften in der menschlichen Kommunikation geht. Das ist ein so viel komplexeres Thema als die Kommunikation mit Hunden.)

Die Nuancen des Sprechens – Tonfall, Lautstärke und Emotionen – sind in der Welt der Menschen zahlreich und vielfältig. Patricia McConnell hat in ihrem hervorragenden Buch »Das andere Ende der Leine« ausführlich darüber geschrieben. Der Hund hört all die Variablen, und es ist gut möglich, dass diese ihn verwirren.

Sogar ein simples Kommando wie »Komm!« kann eine ganze Schar an Bedeutungen haben: »Komm zum Essen!«, »Komm vom Spielen nach Hause!« oder »Komm sofort hierher!«.

Meinem Hund Strider habe ich beigebracht, sich auf das Kommando »Mach Platz!« hinzulegen. Meinem Tervueren Ariel habe ich beigebracht, dasselbe Verhalten auf das Wort »Platz!« zu vollziehen. Wenn ich zu Strider »Platz!« sage, schaut er mich verwirrt an und legt sich nicht hin. Für ihn ist das Wort, mit dem das Verhalten gefordert wird, wahrscheinlich so was wie »machplatz« – ein Wort mit einer ganz bestimmten Bedeutung. Wenn ich zu Ariel »Mach Platz!« sage, schaut sie mich verwirrt an. Manche meiner Kunden geben ihren Hunden zusätzlich noch das Kommando »Mach Sitz!«, aber diese Hunde wissen dann nicht, ob sie sich setzen oder hinlegen sollen.

Eines unserer häufigsten Kommunikationsprobleme ist, dass wir unsere Kommandos immer wieder wiederholen. Manchmal meint ein Hund, er müsse warten, bis das vollständige Kommando erfolgt ist: »PlatzPlatzPlatzPLATZ«. Ich ertappe mich auch dabei: »Sitz. Ich sagte Sitz!« Und ich bin mir sicher, dass mein Hund denkt, dass ich für die meisten Übungen zwei Kommandos habe. Es gibt »Komm!«. Und es gibt »Komm JETZT!« Wir müssen unsere Sprache säubern, um besser kommunizieren zu können. Wenn Sie Ihren Hund unterrichten, rate ich Ihnen, sich für ein Vokabular zu entscheiden und sich dann so gut es geht an dieses zu halten. Wenn Sie ein verbales Kommando benutzen, versuchen Sie, es immer gleich zu betonen. Zum Beispiel sollten Sie, wenn Sie ungeduldig oder frustriert sind, versuchen, dass man es Ihnen nicht anhört. Viele Hundetrainer benutzen für die Ausbildung ihrer Hunde ein Gerät, das Klicker heißt. Dieses Gerät macht immer dasselbe Geräusch, wodurch Hunde schneller lernen können. Ein Geräusch kann sich schlecht wütend anhören!

Doch Wörter sind nicht die einzige Methode, um mit unseren Hunden zu kommunizieren. Körpersprache ist sogar noch wirksamer. Leider sind wir uns häufig nicht bewusst, welche körperlichen Signale wir aussenden. Wenn Sie vor Ihrem Hund stehen und sich über ihn beugen, duckt er sich womöglich oder weicht zurück. Wenn Sie in die Hocke gehen und in die Hände klatschen, läuft er wahrscheinlich auf Sie zu. Wenn Sie ihn anstarren, bekommt er möglicherweise Angst. Genauso wie bei Kindern, unterscheiden sich Hunde und ihre Reaktionen von Individuum zu Individuum. Nehmen Sie sich die Zeit und beobachten Sie Ihren Hund. Sie werden es bestimmt interessant und unterhaltsam finden, zu sehen, wie er auf die Kommandos reagiert, die Sie ihm mit Ihrer Körpersprache geben.

9

Lerntheorie und Verhalten des Hundes

Lerntheorie

Zu Beginn eines Schuljahres brauchen Lehrer meistens etwas Zeit, bis sie zu den Schülern ein gut funktionierendes Verhältnis aufgebaut haben. Sie schaffen ein ruhiges Lernumfeld, welches den Kindern den Weg zum Erfolg bereitet. Die Kinder wiederum wissen, was sie von ihnen zu erwarten haben, und was geschieht, falls sie gegen Regeln verstoßen. Gute Lehrer nehmen sich so viel Zeit wie nötig, um etwas Bestimmtes zu lehren. Die gleichen Grundprinzipien, die für Kinder und Lehrer in einem Klassenzimmer gelten, sollten auch auf Sie, den Lehrer, und den Hund, den Schüler, zutreffen. Beispielsweise sollte die Umgebung, in der Sie Ihren Hund unterrichten, ruhig sein und von Ihnen kontrolliert werden. Außerdem sollten Sie nicht mit einer Unterrichtsstunde beginnen, wenn Sie wütend oder aufgeregt sind, und Sie sollten den Unterricht sofort beenden, wenn Sie die Geduld verlieren. Gute Lehrer bedeuten auch gute Schüler.

Am besten lernen Kinder, wenn es ihnen Spaß macht. Ein Teenager mag vielleicht in Algebra furchtbar sein, aber wissen, wie man einen Computer einrichtet und bedient. Oder ein Teenager hat Probleme beim Buchstabieren, ist aber künstlerisch sehr begabt. Jedes Kind hat seine eigenen Talente, und wenn es lernt, diese anzuwenden, kann es sich sehr schnell Wissen und Fähigkeiten aneignen. Meine Tochter verfügt beispielsweise über einen ausgiebigen Wissensreichtum was

Musik anbelangt. Doch in Fächern, die sie nicht interessieren, tut sie sich mit dem Lernen um einiges schwerer. Häufig ist das Unterrichten solcher Fächer sowohl für die Lehrer als auch die Schüler sehr viel Arbeit.

Die Verhaltensweisen, die Hunde mit Leichtigkeit erlernen können, waren meistens auch schon vor deren Domestizierung von Bedeutung. Wenn ein Hund beispielsweise gelernt hat, Essen aus dem Müll zu klauen, Löcher zu buddeln oder Katzen zu jagen, ist es sehr schwer, ihm diese Aktivitäten wieder abzugewöhnen. Das liegt daran, dass diese Verhaltensweisen veranlagt sind – sobald sie einmal eingeführt wurden, lernt der Hund sie schnell. Außerdem werden sie wie von selbst verstärkt; das Verhalten an sich macht so viel Spaß, dass keine andere Belohnung von Nöten ist.

Hunden fällt es schwerer, Verhaltensweisen zu lernen und beizubehalten, die gegen ihre Natur gehen. Es ist sogar so, dass Ihr Hund, nachdem Sie ihm beigebracht haben, bestimmte Übungen gut zu beherrschen, dazu neigt, sie im Laufe von Monaten oder Jahren wieder zu vergessen. Auch dafür gibt es ein Äquivalent aus dem menschlichen Leben. Sagen wir mal, Ihre Tochter tat sich sehr schwer, Algebra zu lernen, aber sie schaffte es, die erforderlichen Klausuren zu bestehen. Da das Thema so schwierig war und Mathematik sowieso nicht ihrer Neigung entspricht, ist es sehr wahrscheinlich, dass ihr Wissen nur so lange anhält, wie es nötig ist, und im Erwachsenenalter vergessen ist. Die Tendenz, bestimmte Verhaltensweisen zu vergessen, bedeutet, dass Sie sie öfter als andere üben müssen. Außerdem müssen Sie sie häufiger belohnen. Bei Hunden gehören zu diesen Verhaltensweisen die normalen Gehorsamsübungen, vor allem »Komm!«.

Konsequenzen

Jedes Verhalten, das von einer Person oder einem Hund an den Tag gelegt wird, zieht eine Konsequenz nach sich. Bei manchen handelt es sich um natürliche Konsequenzen, andere liefern wir. Wir tendieren dazu, Verhaltensweisen, die einen positiven Effekt haben, zu wiederholen: Wir lesen zum Vergnügen oder essen, um zufrieden zu sein. Verhaltensweisen, die negative Konsequenzen haben, wiederholen wir nicht: Einen heißen Herd berühren die Menschen nicht öfter, zumindest nicht absichtlich! Wenn Sie unterrichten, ist es Ihre Aufgabe, für Konsequenzen zu sorgen, damit Ihr Schüler lernen kann, das zu tun, was Sie von ihm wollen.

Positive Konsequenzen

Genau wie Teenager müssen Hunde das Gefühl haben, dass es einen Grund gibt, etwas Langweiliges oder Uninteressantes zu tun. Wenn sie den Grund nicht als überwältigend erachten, erwarten sie eine Belohnung dafür, dass sie das tun. Menschen können das Konzept einer verspäteten Belohnung natürlich verstehen. Bei Ihrem Teenager kann das bedeuten: »Wenn du deine Hausaufgaben gemacht hast, darfst du raus gehen.« Ein Hund kann eine ferne Belohnung nicht begreifen, wie beispielsweise: »Wenn du keine Löcher buddelst, während ich weg bin, gehe ich später mit dir spazieren.« (Wäre es nicht super, wenn sie dies könnten? Viele Probleme könnten unverzüglich gelöst werden.) Daher muss für den Hund die Belohnung direkt nach dem Verhalten kommen. Ansonsten kann der Hund die Verbindung zwischen diesen beiden Dingen nicht verstehen. Das sollte die treibende Kraft Ihres gesamten Unterrichts sein und wird Ihnen jedes Mal, wenn Sie wegen des Verhaltens Ihres Hundes frustriert sind, helfen.

Positive Konsequenzen müssen für die Person oder das Tier, die bzw. das belohnt wird, lohnend sein! Ihre Teenager-Tochter schätzt vielleicht, wenn sie dafür gelobt wird, dass sie ihr Zimmer aufräumt, aber sie hätte lieber ein paar Vorteile, wie beispielsweise, dass sie am Wochenende länger weggehen darf. Den meisten Hunden sind ein freundlicher Klaps auf den Kopf oder ein herzliches »guter Hund« ziemlich egal. Das ist nicht wirklich lohnend. Ein köstliches Leckerli ist lohnend, und viele Hunde werden dafür arbeiten. Außerdem sollte die Belohnung *großzügig* sein. Falls Sie Ihrem Teenager eine längere Ausgangszeit erlauben, werden Sie sie nicht nur um zehn Minuten verlängern – eher um eine Stunde. Was das Hundetraining anbelangt, neigen wir Menschen dazu, sparsam zu sein. Manchmal fällt es uns schwer, uns sogar von den kleinsten, preiswertesten Leckerlis zu trennen. Üben Sie, großzügig zu sein. Das ist sehr effektiv und Sie werden sich über das Ergebnis freuen.

Negative Konsequenzen

Wenn Ihr Hund etwas falsch macht und Sie dies abstellen möchten, stehen Ihnen mehrere Möglichkeiten zur Auswahl. Als Erstes kann man natürlich das Verhalten verhindern. Ist das nicht möglich, steht Ihnen eine Reihe von negativen Konsequenzen zur Verfügung.

Auszeiten und Verlust von Privilegien

Kleine Kinder möchten normalerweise die ganze Zeit bei anderen Menschen sein (meistens bei der Mami), daher sind kurze Isolationsphasen, beispielsweise Auszeiten, häufig eine effektive Methode, um unerwünschtes Verhalten zu korrigieren. Doch jetzt, wo unsere Tochter älter wird, will sie sogar alleine sein. In so einem Fall ist Isolierung völlig wirkungslos, außer man verbindet sie mit etwas, was sie überhaupt nicht mag (beispielsweise, ihr Zimmer aufzuräumen!). Das gilt auch für Hunde. Eine Auszeit kann bei einem Welpen sehr wirkungsvoll sein, sofern diese ziemlich kurz ist (30 Sekunden bis 2 Minuten). Aber ein jugendlicher Hund versteht dies oftmals als Einladung, Unsinn anzustellen, sofern Sie nicht die Umgebung kontrollieren.

Die »Dumme-Mami-Masche« beinhaltet kontrollierte Isolation und funktioniert sowohl bei Welpen als auch bei jugendlichen Hunden. Bei dieser Routine verordnen Sie Ihrem Hund, wenn er etwas tut, das er nicht tun soll, eine Auszeit, indem Sie ihn ein paar Sekunden lang vor die Tür setzen, wobei er die Leine anhat und Sie das eine Ende der Leine von drinnen festhalten.

So eine Auszeit ist dadurch wirkungsvoll, weil er isoliert ist, seine Umgebung hingegen kontrolliert wird, da er angeleint ist und somit nicht tun kann, was er möchte.

Eine übliche Methode, Ihrem Teenager Ihr Missfallen zu zeigen, ist, ihm Privilegien abzusprechen, beispielsweise abends auszugehen oder das Auto zu benutzen.

Bei einem jugendlichen Hund können Sie etwas Vergleichbares tun, indem Sie ihm etwas, von dem er ausgeht, dass er es bekommen wird, nicht geben. Da Ihr Hund nicht abstrakt denken kann, sollte er das, was ihm entgeht, sehen können. Diese Methode können Sie anwenden, wenn Sie ihm »Bleib!« beibringen. Ich benutze sie auch, wenn ich das Abrufen übe (»Komm!«). Ich lege ein Leckerli auf den Boden, und der Besitzer ruft seinen Hund, der an dem Leckerli vorbei zu seinem Besitzer laufen soll. Hält der Hund beim Leckerli an, wird dieses abgedeckt, bevor er es sich nehmen kann. Rennt er an dem Leckerli vorbei und zu seinem Besitzer, bekommt er beim Eintreffen eine Belohnung. Anschließend geht der Besitzer mit ihm zum Leckerli zurück, und der Hund bekommt dieses auch noch (jede Menge positive Bestärkung!).

Bestrafung

Viele Menschen sind der Ansicht, sie könnten ein Verhalten ausrotten, indem sie ihren Hund bestrafen. Es ist jedoch so, dass durch Bestrafung ein Verhalten im Allgemeinen nur unterdrückt wird. Wenn mein Hund an mir hochspringt und ich ihn physisch dafür bestrafe, wird er diese Gewohnheit ablegen. Doch auch wenn mein Hund nicht mehr an mir hochspringt, wird er höchstwahrscheinlich noch immer an anderen Personen hochspringen. Wenn Sie Ihren Hund durch Anbrüllen dafür bestrafen, dass er auf den Küchentisch springt, wird dieses Verhalten unterdrückt, solange Sie im Raum sind. Doch sobald Sie woanders sind, wird er sofort wieder damit anfangen (und wenn Sie wieder hereinkommen, wird er »schuldbewusst« schauen). Wenn Sie Ihren Hund bestrafen und möchten, dass er sein Verhalten wirklich verändert, müssen Sie verschiedene Kriterien erfüllen. Einer der Gründe, warum ich Bestrafung nicht häufig anwende, ist, dass sie äußerst schwierig ist (der andere Grund ist, dass ich mich dagegen entschieden habe).

Im Folgenden finden Sie ein paar der Kriterien, die Sie erfüllen müssen, damit die Bestrafung Wirkung zeigt:

* **Die Stärke der Bestrafung muss angemessen sein.**
  Die Bestrafung wird beim Hund großen Eindruck hinterlassen. Das bedeutet, dass er sich gut genug daran erinnern wird, um das Verhalten nicht zu wiederholen. Das ist sehr schwierig, da wir nicht wissen, was ein Hund unter »groß« oder »erinnerungswert« versteht. Manche Hunde sind ziemlich belastbar, während andere sehr sensibel sind. Und im Falle der physischen Bestrafung werden manche Hunde zurückschlagen. Ist die Bestrafung nicht stark genug, geht sie nach hinten los und Sie werden die Bestrafung steigern müssen, damit sie wirkungsvoll ist. Andererseits ist eine leichte Bestrafung für ein schwerwiegendes Vergehen oftmals kontraproduktiv.

* **Ihr Timing muss perfekt sein.**
  Der Hund muss die Bestrafung gedanklich mit dem Ereignis verknüpfen können. Auch dies ist äußerst schwierig. Da wir nicht wissen, was im Kopf eines Hundes vor sich geht, ist es gut möglich, dass wir das falsche Ereignis bestrafen – etwas, das nach der eigentlichen Missetat geschah. Anstatt dass der Hund dafür bestraft wird, dass er auf den Küchentisch gesprungen ist, kann es beispielsweise sein, dass Sie ihn dafür bestrafen, dass er sich anschließend hinge-

setzt hat. Ähnlich verhält es sich, wenn Sie beispielsweise Ihren Hund jedes Mal hinunterschubsen, wenn er auf den Küchentisch springt. Dann geben Sie ihm das Kommando »Sitz!« und belohnen ihn für diese bestimmte Handlung. Falls Ihr Timing nicht genau richtig ist, kann es sein, dass Sie ihn in Wahrheit für das Hinaufspringen belohnen, und die Tatsache, dass Sie ihn hinuntergeschubst haben, ändert daran auch nicht mehr viel.

- **Die Bestrafung sollte von der Umgebung kommen und nicht aus Ihrer Hand.**
  Wenn Ihr Hund Essen vom Küchentisch stibitzt und Sie ihn schlagen, springt er möglicherweise nicht mehr auf den Küchentisch, kann sich aber auch vor Ihnen und Ihren Händen fürchten. Viele Menschen haben beobachtet, dass manche Hunde sich ducken, sobald jemand einen Arm anhebt. Höchstwahrscheinlich wurden diese Hunde körperlich bestraft und sehen Menschen als gefährlich an. Eine bessere Lösung für Ihren Küchentischspringer könnte eine »Falle« sein, die Sie im Vorfeld aufbauen. Zum Beispiel können Sie ein wenig Futter auf ein Backblech legen, sodass dieses, wenn Ihr Hund es mit den Pfoten berührt, auf ihn fällt. Sie müssen nicht in Sichtweite sein, wenn dies passiert, doch Sie sollten in der Nähe sein, um sicherzugehen, dass er am Ende nicht das Futter frisst, das nun auf dem Boden liegt.

- **Die Bestrafung sollte jedes Mal erfolgen, wenn er sein schlechtes Betragen an den Tag legt.**
  Ja, sogar wenn Sie unter der Dusche oder nicht zuhause sind. Manchmal ist das schier unmöglich.

- **Falls es nach drei bis vier Versuchen nicht gefruchtet hat, müssen Sie aufhören.**
  Wir Menschen neigen dazu, Dinge immer weiter zu versuchen, auch wenn eine Bestrafung nicht erfolgreich ist. Ein typisches Beispiel ist einfach das Wort »Nein«. Sehr häufig brüllen Menschen »Nein«, wenn der Hund bellt, obwohl dies das Problem oftmals sogar verschlimmert! Viele Hunde werden einfach noch lauter und lauter und hoffen, dass ihr Gebelle irgendwann Ergebnisse erzielt.

• **Ihr Hund muss sich für Sie interessieren.**

Kurz nachdem ich Strider, meinen zweijährigen Deutschen Schäferhund, zu mir genommen hatte, musste ich eine Reihe von ernsten Verhaltensproblemen erkennen, an denen wir zu arbeiten hatten. Er bellte im Auto, wenn andere Hunde vorbeiliefen, und häufig zerrte er wütend an der Leine, wenn andere Hunde dabei waren (er sah ziemlich wild aus!). Meine ersten Versuche, diese Verhaltensweisen zu ändern, waren nicht erfolgreich, da ich keine Beziehung zu Strider hatte. Er kannte mich nicht und hatte keinen Grund, mir zu vertrauen oder sich für mich zu interessieren. Doch nachdem er rund fünf Monate lang Teil meiner Familie gewesen war, funktionierten dieselben Methoden zur Verhaltensänderung sehr gut und die Probleme wurden erst weniger und verschwanden dann ganz. Unsere Beziehung hatte sich vertieft, und daher hatte er den Wunsch, mir zu gefallen.

Warum möchten Menschen bestrafen? Manchmal bestrafen Menschen, weil sie wütend oder frustriert sind. Manchmal ist es, weil andere Personen Zeuge des Problemverhaltens sind und diese erwarten, dass der Hund bestraft wird. Im Laufe der Jahre habe ich jedenfalls herausgefunden, dass es viel mehr Spaß macht und auch effektiver ist, Ihren Hund dabei zu erwischen, dass er etwas richtig macht, als darauf zu warten, Ihren Hund korrigieren zu können, wenn er etwas falsch macht.

10

Vorbereitung auf das offizielle Training

Bis Ihr Kind die Grundschule besucht, hat es bereits einige grundlegende Dinge gelernt. Vermutlich hat es gelernt zu teilen, »Bitte« zu sagen und nicht auf die Straße zu rennen. Das Gleiche gilt für Ihren Hund, da Sie ihn seit dem Zeitpunkt, an dem Sie ihn bekommen haben, einem zwanglosen Training unterzogen haben. Nun ist es Zeit, zu schwierigeren Unterrichtseinheiten überzugehen. Die in den folgenden Abschnitten beschriebenen Übungen werden Ihnen beiden dabei helfen, klar und deutlich miteinander zu kommunizieren, und zwar in einer Sprache, die Sie beide verstehen. Wenn Sie an dem, was ich in den vorigen Abschnitten beschrieben habe, gearbeitet haben, dann sollte Ihnen dies hier ziemlich leicht fallen.

Grundausstattung

Sie müssen darauf achten, dass Sie mit all den Dingen ausgestattet sind, die Sie als guter Lehrer brauchen. Für Sie bedeutet dies eine optimistische Einstellung und für Ihren Schüler etwas, das hilft, dass er nicht das Interesse am Lernen verliert. Wie bereits erwähnt, ist dieses »etwas« meistens Futter – gutes Futter. Obwohl manche glücklichen Lehrer Hunde haben, die es lieben zu arbeiten, würden die meisten lieber Hasen jagen. Achten Sie darauf, dass er das Futter liebt, das Sie verwenden möchten. Sein normales Abendfressen, beispielsweise Trockenfutter, ist meistens nicht verlockend genug. Ich rate Ihnen, ihm kleine Stücke weichen, nahrhaften Futters zu geben. Sie werden mit Ihren Belohnungen großzügig umgehen, daher sollten Sie darauf achten, dass er nicht das Äquivalent zu Hamburger und Fritten vertilgt. Und natürlich sollte er hungrig sein, wenn Sie ihn ausbilden.

Spielzeuge, Bälle und Aktivitäten können für Ihren Hund auch eine Form der Bestärkung sein. Bei manchen Hunden können sie große Wirkung zeigen, weshalb sie sie genauer unter die Lupe nehmen sollten. Manche Hunde lieben es, zur Belohnung einem Ball hinterherzujagen oder Tauziehen zu spielen, während andere gerne ein paar Sekunden lang raufen. Diese Belohnungen werden sich als sehr praktisch erweisen, wenn Sie und Ihr Hund von der Grundschule zur weiterführenden Schule und dann zur Universität übergehen. Doch in der Anfangsphase sind Leckerlis effektiver, da die Bestärkung sehr schnell erfolgt.

Wenn Sie Futter verwenden, werden Sie eine Belohnungstasche benötigen. Im Allgemeinen werden diese als »Leckerlitasche« oder »Futterbeutel« bezeichnet, und darin werden die Leckerlis verstaut, die Ihr Hund bekommt, wenn er etwas richtig gemacht hat. Es ist sehr wichtig, dass Sie einen solchen Beutel haben, auch wenn diese ziemlich unmodisch aussehen können. Auch alte Gürteltaschen sind geeignet, oder Sie können einen Beutel in der Tierhandlung kaufen. Benutzen Sie eine Tasche, die Sie an Ihrer Kleidung anbringen oder sich um den Bauch schnallen können, sodass Sie Ihre Hände freihaben. Sie sollte gut zugänglich sein – Sie möchten ja nicht erst fünf Minuten lang in der Tiefe Ihrer Tasche nach einem Leckerli fischen müssen, wenn Ihr Hund gerade eine Glanzleistung vollbracht hat!

Die richtige »Kleidung«

»Was soll ich anziehen?« Die meisten Eltern von Teenagerinnen bekommen dieses Geheule kurz vor der nächsten Frage zu hören: »Kannst du mich zum Einkaufszentrum fahren?« Zum Glück möchten die wenigsten Hunde shoppen gehen, doch auch sie brauchen Kleidung (im Allgemeinen Ausrüstung genannt), um sich auf zivilisierte Art und Weise benehmen zu können.

Die Ausrüstung kann recht verwirrend sein. Es gibt den »Gothic«-Look mit Stachel- oder Krallenhalsbändern und Würgehalsbändern. Dann gibt es den »konservativen« Look mit normalen Halsbändern oder Geschirren. Und außerdem gibt es noch den »modischen« Look mit Designer-Halsbändern und -Leinen und sogar Schals und Stiefelchen.

Manchmal meinen die Leute, sie könnten ihren Hund durch die Wahl der richtigen Ausrüstung dazu bringen, sich gut zu benehmen. Sorry, aber so funktioniert das leider nicht! Man kann die Ausrüstung mit Papier und Bleistift oder einer Computertastatur vergleichen. Ohne können Sie nicht schreiben, aber diese Gegenstände schreiben auch nicht von alleine.

Bevor Sie sich tatsächlich für eine Ausrüstung entscheiden, schauen wir uns erst einmal an, wie die einzelnen Ausrüstungsgegenstände funktionieren. Die Halsbänder sind am wichtigsten.

Halsbänder

Würgehalsbänder

Das »beliebteste« Halsband ist das Würgehalsband, das häufig auch »Erziehungshalsband« genannt wird. Es funktioniert so, dass der Hund gewürgt wird, wenn er etwas tut, das der Hundeführer nicht möchte – beispielsweise an der Leine zu ziehen.

Was mich betrifft, so gibt es kaum einen Grund, dieses Halsband zu empfehlen. Es sieht nicht einmal gut aus! Unerfahrene Hundeführer haben meistens große Probleme, es richtig anzuwenden, und ihre Hunde ziehen weiter an der Leine, während sie gewürgt werden und nach Luft schnappen. Wenn Sie nicht aufpassen, kann das Würgehalsband Ihren Hund verletzen, und durch Ziehen und Zerren kann sogar seine Luftröhre verwundet werden. Ein anderer Hund kann ihn verletzen, wenn er sich beim Spiel mit einem Zahn im Halsband verfängt, oder Ihr Hund kann sich selbst verletzen, falls er mit dem Halsband in einem Zaun hängen bleibt und zerrt.

Manche erfahrenen Hundetrainer finden Würgehalsbänder nützlich, doch viele, die sie anfangs verwendet haben, sind längst zu anderen Halsbändern übergegangen.

Stachel-, Krallen- bzw. Korallenhalsbänder

Ein Stachel-, Krallen- oder Korallenhalsband zieht sich um den Hals des Hundes, sobald er an der Leine zu ziehen beginnt. Wird ein bestimmter Punkt erreicht, drücken die Stacheln in die Haut und führen zu Unbehagen. Dies führt dazu, dass der Hund seinen Schritt verlangsamt. Ob dieses Halsband dem Hund tatsächliche Schmerzen zufügt oder nicht, hängt von Ihrer Sichtweise ab.

Ich bin der Meinung, dass es zu Schmerzen führt, vor allem, weil viele Hunde aufjaulen, wenn sich das Halsband zusammenzieht. Der Hals eines Hundes ist nicht so empfindlich wie unserer, aber er ist auch nicht aus Stahl (auch wenn es sich so anfühlen mag, wenn ein Hund Sie die Straße entlang zerrt). Sowohl das Würgehalsband als auch das Stachelhalsband arbeiten mit Schmerzen und Unbehagen, um den Hund dafür zu bestrafen, an der Leine zu ziehen. Für mich ist diese Art von Halsband ein Überbleibsel der mittlerweile veralteten Praxis in Klassenzimmern, Kinder mit dem Lineal zu schlagen, um schlechtes Betragen zu unterbinden.

Martingale-Halsbänder

Ein Martingale-Halsband ist wie ein Stachelhalsband geformt, jedoch ohne die Stacheln. Und somit führt es auch nicht zu Schmerzen. Ein anderer Name dafür ist »Zugstopphalsband«.

Als Halteeinrichtung ist dieses für Hunde geeignet, die nicht wirklich daran interessiert sind, die Umgebung zu erkunden, während Sie laufen wollen, jedoch nicht geeignet für Hunde, die stark an der Leine ziehen.

Normale (flache) Halsbänder

Ein normales (flaches) Halsband ist ein schönes Kleidungsstück, das Sie mit den Erkennungszeichen des Hundes ausstatten können. Außerdem können Sie daran die Leine anbringen, wenn das Verhältnis zu Ihrem Hund so ist, dass Sie gemütlich miteinander spazieren gehen können. Doch als Trainingsmittel ist es nicht so gut geeignet.

Kopfhalfter

Ein weiteres Hilfsmittel ist ein Kopfhalfter, das wie ein Pferdehalfter aussieht. Mit einem solchen Halfter können Sie den Kopf des Hundes gut kontrollieren, und wenn Sie seinen Kopf kontrollieren, kontrollieren Sie so ziemlich den ganzen Hund. Es gibt Dinge, die für ein solches Halfter sprechen, und auch Dinge, die dagegen sprechen. Obwohl Ihnen diese Art von Hilfsmittel zu mehr Kontrolle verhilft, müssen Sie im Umgang mit der Leine ziemlich gewandt sein, um es richtig verwenden zu können. Ziehen Sie zu stark, drehen Sie den Kopf des Hundes nach hinten. Ziehen Sie nach oben, geht auch sein Kopf nach oben. Die anderen Nachteile betreffen beide Seiten: Sowohl Hundebesitzer als auch Hunde mögen das Kopfhalfter nicht sonderlich. Das Halfter sieht ein wenig wie ein Maulkorb aus, und Vorübergehende weichen oft vor einem Hund, der eines trägt, zurück. (Doch da sie mittlerweile beliebter geworden sind, hat diese Reaktion abgenommen.) Entscheidender ist, dass viele Hunde sich vehement dagegen wehren, ein Kopfhalfter zu tragen. Sie reiben ihr Maul über den Boden und zwischen Ihre Beine und können sich manchmal überhaupt nicht auf das konzentrieren, was Sie von ihnen möchten. Es ist wahrscheinlich so, als ob man eine sehr schlecht angepasste Brille tragen müsste. Manche Hunde gewöhnen sich sofort an das Kopfhalfter, manche brauchen eine Weile und wieder andere gewöhnen sich niemals daran.

Geschirre

Auf dem Markt gibt es eine Reihe von Geschirren. Viele sehen schön und modisch aus und manche sind wirklich nützlich. Ich mag sie, weil sie die Halspartie aussparen und der Druck meistens gleichmäßig verteilt ist. Aber Geschirre, bei denen die Leine am Rücken angebracht wird, ermuntern meistens fast zum Ziehen – schauen Sie sich nur mal an, wie Schlittenhunde ziehen! Es gibt ein paar Geschirre, die das Ziehen nicht fördern; die meisten funktionieren so, dass der Druck auf die Hinterseite der Vorderläufe des Hundes ausgeübt wird. Manche funktionieren gut, aber viele scheuern an den Läufen.

Während ich dies schreibe, kommt eine neue Art von Geschirr auf den Markt, von der ich begeistert bin. Die Leine wird vorne angebracht und nicht auf dem Rücken des Hundes. Dies kontrolliert den Oppositionsreflex, sodass der Hund, wenn er zieht, eine Kehrtwende macht. Es ist sehr human und verursacht keine Schmerzen, weder dem Hund noch Ihnen. Ich bin der Meinung, dass durch ein solches Geschirr die Hund-Halter-Beziehung gefördert wird. Obwohl es am besten ist, wenn Sie in den Gebrauch dieser Art von Geschirr eingewiesen werden, ist es praktisch unmöglich, Ihren Hund damit zu verletzen.

Leinen

Bei einer Leine gibt es meiner Meinung nach zwei Kriterien: Sie muss angenehm zu halten sein (weich und geschmeidig), und es darf keine Ausziehleine sein. Viele benutzen Ausziehleinen, doch für die Erziehung sind sie nicht geeignet. Es ist sogar so, dass sie zum Ziehen an der Leine verleiten und gefährlich sein können, falls sie sich um Ihre Beine, die Beine Ihres Hundes, die Beine von Fremden oder um Bäume wickeln. Ich nehme eine kurze, circa 60 - 90 cm lange Leine, um mit einem Hund zu üben, neben mir herzulaufen, eine 180 cm lange Leine für den Großteil der restlichen Arbeit und eine Feldleine (10 Meter), um dem Hund beizubringen, auf Rufen zu kommen.

Falls Sie einen kleinen Hund haben, ist im Grunde jegliche Ausrüstung geeignet, weil es eher unwahrscheinlich ist, dass er zu stark an der Leine zieht. Dennoch empfehle ich für mittelgroße bis kleine Hunde eine Leder- oder weiche Nylonleine, die Ihnen nicht in die Hand schneidet. Von Kettenleinen rate ich ab, außer wenn der Hund auf seiner normalen Leine kaut oder diese sogar durchbeißt. Sie sind schwer und sperrig und stehen guter Kommunikation im Weg. Wenn Sie die Leine halten, achten Sie darauf, dass Sie die Schlaufe nicht um Ihr Handgelenk wickeln. Falls Ihr Hund stark zieht, könnten Sie sich an der Hand verletzen. Stattdessen sollten Sie den überflüssigen Teil der Leine zu einem »Akkordeon« formen und in der Hand halten.

Trainingsphasen

Für einen möglichst erfolgreichen Trainingsfortschritt ist es hilfreich, einige der Erziehungsgrundsätze zu verstehen, bevor Sie beginnen. Wenn Sie konsequent sind, wird Ihr Hund sich sehr schnell verbessern. Es gibt nur zwei Trainingsphasen: Aneignung und Aufrechterhaltung. Aneignung ist das Erlernen eines Verhaltens und Aufrechterhaltung ist das Beibehalten des erlernten Verhaltens.

Aneignung

In der Aneignungsphase beginnt der Hund, zu verstehen, was Sie von ihm wollen. Wenn Sie Anreizmittel benutzen, um ihm beim Lernen zu helfen, wird er schneller lernen. Bestrafen Sie ihn, wird er vielleicht das gewünschte Verhalten zeigen, aber er wird in Ihrer Nähe vorsichtig sein, und es kann sein, dass der Schuss nach hinten losgeht. Obwohl Ihr Hund tut, was Sie von ihm wollen, könnte er eine negative innere Einstellung bekommen oder er könnte einem anderen Hund oder einer Person gegenüber handgreiflich werden.

Während der Aneignungsphase sollten Sie Ihren Hund jedes Mal, wenn er das gewünschte Verhalten zeigt, belohnen. Sie benutzen zwar jedes Mal, wenn Ihr Hund die Übung durchführt, ein Leckerli, doch das bedeutet nicht, dass der Hund das Leckerli vorher sehen muss. Und da machen die meisten Leute einen Fehler. Der Hund lernt, dass er etwas tun soll, wenn er ein bestimmtes »Bild« vor Augen hat. Da stehen Sie nun, halten das Leckerli in der Hand und sagen »Sitz!«. Wenn der Hund das Leckerli nicht sehen kann, ist das Bild nicht vollständig, und er wird das Verhalten nicht ausführen. Um wirklich erfolgreich zu sein, müssen Sie sehr schnell vom sichtbaren Leckerli auf das versteckte Leckerli umschalten, falls möglich innerhalb von 15 bis 20 Wiederholungen. Sobald Sie das tun, wird der Hund anfangen, für Sie zu arbeiten ohne zuerst nach der Belohnung Ausschau zu halten.

Diese Technik erscheint leicht, warum wenden die Menschen sie dann nicht an? Es gibt eine Vielzahl von Gründen. Hauptsächlich sind wir ungeduldig. Hund sitzt, bekommt Leckerli. Hund sitzt, bekommt Leckerli. Frauchen versteckt Leckerli, Hund sitzt nicht. Frauchen wird ungeduldig, holt Leckerli hervor, Bild ist vollständig: Hund sitzt, bekommt Leckerli. Erfolg! Frauchen jammert: »Mein Hund macht nur Sitz, wenn er ein Leckerli sieht.« Der andere Grund hat mit Schuldgefühlen zu tun. Sobald wir mit der Gabe von Leckerlis anfangen, fällt es uns schwer, sie zu verstecken oder nicht zu geben. Versuchen Sie, dieses Schuldgefühl zu überwinden. Dann wird Ihr Hund anfangen, für Sie zu arbeiten und nicht mehr für das Fressen.

Wenn Sie ihm eine komplexe Übung beibringen, so teilen Sie diese in Abschnitte auf. Der Hund muss sich sicher sein, was Sie von ihm wollen. Einen Großteil der Zeit raten Hunde nur; manchmal raten sie richtig und manchmal falsch. (Stellen Sie sich vor, Sie würden einen Bulgaren, der kein Deutsch spricht, fragen, wo die Toilette ist – dann wissen Sie, was ich meine. Letzten Endes haben

Sie Glück, aber Sie werden nicht wissen, welche Wörter oder Gesten ausschlaggebend waren!) Wir denken häufig, Hunde wüssten, was wir meinen, da sie so interessiert und aufmerksam schauen, so als ob sie jedes Wort verstünden, das wir sagen. Aber das tun sie nicht.

Wenn Ihr Hund das Verhalten kennt (er führt es perfekt aus, wobei das Leckerli versteckt ist, und Sie belohnen ihn jedes einzelne Mal, wenn er es ausführt), was folgt dann? Es ist Zeit, die Reihenfolge von Verhalten und Belohnung zu variieren.

Variable Bestärkung

Als Erstes werden Sie ihn zu zwei Verhaltensweisen auffordern, wofür er allerdings nur ein Leckerli bekommt. Geben Sie ihm das Kommando »Sitz!«. Beenden Sie dies mit einem Entlassungswort. Fordern Sie ihn schnell wieder zum Sitz auf. Markieren Sie und geben Sie ein Leckerli – Sie haben gerade zwei Verhaltensweisen für ein Leckerli bekommen (mehr dazu später). Dies nennt man variable oder zufällige Bestärkung. Fordern Sie Ihren Hund zu mehreren Verhaltensweisen pro Belohnung auf, sobald er die Übungen zuverlässiger ausführt.

Zusätzlich dazu, dass Sie zwei Verhaltensweisen für eine Belohnung fordern, werden Sie auch noch andere Übungen hinzufügen. Nehmen wir an, Ihr Hund beherrscht »Sitz« und »Platz« wirklich gut. Wenn Sie »Sitz« sagen, setzt er sich. Wenn Sie »Platz« sagen, legt er sich hin. Nun kombinieren Sie die beiden Kommandos zu der folgenden Abfolge: Sitz, Platz, (Leckerli), Sitz, Platz, (Leckerli). Und ab und zu versuchen Sie es mit Sitz, (Leckerli), Platz, (Leckerli). Sie können Verhaltensweisen auf jede beliebige Art und Weise miteinander kombinieren, beispielsweise Abfolgen wie Sitz, Platz, Komm, Bleib, Rolle, (Leckerli). Doch vergessen Sie nicht, diese Abfolgen willkürlich zu gestalten: Belohnen Sie manchmal nach nur einer Übung, ansonsten könnte es sein, dass Ihr Hund sich angewöhnt, die ersten beiden Verhaltensweisen zu überspringen, weil er weiß, dass die dritte belohnt wird.

Aufrechterhaltung

Auch wenn Ihr Hund seine Lektionen gut gelernt hat, sollten Sie dennoch nicht mit dem Training oder den Belohnungen aufhören. Da kommt die Phase der

Aufrechterhaltung ins Spiel. Hier ist ein Beispiel aus unserer menschlichen Welt, welches erläutert, warum die Aufrechterhaltung so wichtig ist. Stellen Sie sich vor, Ihre Tochter, die ein Teenager ist, würde lernen, mit dem Computer umzugehen. Zu Beginn lobt ihr Lehrer sie, wenn sie ein Programm startet und einen rudimentären Satz tippt. Wenn sie fortgeschrittener ist, wird sie beglückwünscht, wenn sie etwas Schwierigeres gemeistert hat. (Das ist das, was wir mit unseren Hunden machen – die Messlatte anheben.) Schließlich bekommt sie aufgrund ihrer Computerkenntnisse einen Job, der seine eigene Belohnung mit sich bringt – vor allem Geld. Sie wird immer besser, bis sie schließlich sehr gut ist und den Computer in- und auswendig kennt. Eines Tages sagt ihr Arbeitgeber zu ihr: »Sie sind verdammt gut in Sachen Computer. Sie sind so gut, dass wir Sie jetzt nicht mehr bezahlen werden!« Ich weiß nicht, was sie tun wird, aber ich würde kündigen! Was wir Menschen für Lob allein tun wollen, hält sich in Grenzen. Doch viele Menschen wollen ihre Hunde irgendwann überhaupt nicht mehr belohnen! Wenn Sie mit den Belohnungen aufhören, wird sich das erlernte Verhalten mit der Zeit verschlechtern und vielleicht sogar ganz eingestellt werden. Daher ist es äußerst wichtig, dass Sie niemals aufhören, Ihren Hund »zu bezahlen«; Sie müssen die Bezahlung einfach nur an die Arbeitsbelastung anpassen. Sie werden feststellen, dass es einige Zeit dauern wird, bis Sie die Phase der Aufrechterhaltung erreichen!

11

Gehorsamstraining

Was versteht man unter Gehorsams- oder Unterordnungstraining? In der Welt der Hundeerziehung umfasst dies nur ein paar Übungen, die Ihnen und Ihrem Hund über die ersten circa 14 Wochen helfen können. Doch diese Übungen werden Ihrem Hund nicht so tiefgehenden Gehorsam vermitteln, dass er mit angehaltenem Atem darauf wartet, dass Sie ihm sagen, was er tun soll. Hunde – vor allem jugendliche Hunde – machen das einfach nicht, genauso wenig wie Kinder das tun. Sie befolgen Regeln, weil sie die Regeln zu befolgen haben, aber nicht, weil die Regeln ihnen sinnvoll erscheinen. (Sie tun gut daran, sich selbst ständig daran zu erinnern, dass das, was Sie wollen, nicht unbedingt das ist, was Ihr Hund will. Es ist sogar wahrscheinlich nie das, was Ihr Hund will.)

Wir sollten uns darüber im Klaren sein, was wir von unseren Fellfreunden fordern. Ich weiß, was ich will – die Sicherheit geht vor!

Ich möchte, dass meine Hunde »meine Hand halten«, wenn wir Gassi gehen, und nicht nach vorne zerren.

Ich möchte, dass sie kommen, wenn ich sie rufe, und keinen Katzenkot oder andere unappetitliche Dinge untersuchen.

Diese Verhaltensweisen mögen nicht schwierig erscheinen, doch da wir gegen die Instinkte unserer Hunde ankämpfen, kann es einem Hund schwerfallen, sie zu erlernen.

Aber sie können sie erlernen, also fangen wir an!

Verbale Kommandos

Es gibt eine Reihe sehr wichtiger verbaler Kommandos, die Sie kennen sollten, bevor Sie mit einem Training beginnen, das Genauigkeit erfordert.

Markerwort oder »Das hast du richtig gemacht!«

Mit dem Markerwort bzw. der »Brücke« können Sie den Moment »markieren«, in dem Ihr Hund etwas gemacht hat, was Sie mögen. Nach Markierung des Verhaltens geben Sie ihm eine Belohnung. Ich schlage vor, dass Sie das Wort »Ja!« verwenden oder es mit einem Klicker versuchen. Das ist ein Gerät, das ein Klick-Geräusch macht, wenn Sie drauf drücken.

Das Markerwort ist *kein* Lob, es ist nur eine »Momentaufnahme« des von Ihnen gewünschten Verhaltens. Diese Momentaufnahme brauchen Sie, damit Sie und Ihr Hund sich über das gewünschte Verhalten im Klaren sind. Häufig ist es ziemlich schwierig, den Hund zu belohnen, während er das Verhalten zeigt, darum ist das Markersignal eine hervorragende Möglichkeit, eine Brücke zwischen Verhalten und Leckerli zu schlagen.

Um Ihrem Hund beizubringen, was das Markerwort bedeutet, setzen Sie sich mit ihm entspannt an einen gemütlichen Ort ohne viel Ablenkung. Machen Sie Ihr Markersignal (»Ja« oder Benutzung eines Klickers) und geben Sie Ihrem Hund dann ein Leckerli. Wiederholen Sie es bei dieser Trainingseinheit 20 oder 30 mal. Wiederholen Sie diese Trainingseinheit am nächsten Tag oder so mindestens zwei oder dreimal.

Ihr Hund wird lernen, das Markersignal mit der Gabe eines Leckerlis zu assoziieren. Dass Sie damit Erfolg haben, werden Sie wissen, wenn Sie in irgendeinem willkürlichen Moment das Geräusch machen und Ihr Hund Sie sofort anschaut oder angerannt kommt, um sich sein Leckerli abzuholen.

Es gibt noch eine andere Art von Markerwort: der Negativmarker, auf den kein Leckerli folgt. Dieser Marker erfolgt, wenn der Hund nicht tut, wozu er aufgefordert wurde. Man kann verschiedene Wörter benutzen: »Oh oh«, »noch mal«, »gar nicht gut« oder »falsch« sind nur ein paar Beispiele. Benutzen Sie keines dieser Wörter, solange Ihr Hund noch nicht weiß, was er tun soll. Das bedeutet, dass er das Verhalten sehr oft erfolgreich gezeigt haben muss, bevor Sie den Negativmarker benutzen.

Entlassungswort oder »Jetzt kannst du machen, wozu du Lust hast.«

Ein weiteres Wort, das Sie sich überlegen sollten, ist Ihr »Entlassungswort«. Das Entlassungswort sagt Ihrem Hund, dass er die Position, zu der Sie ihn aufgefordert haben, nicht länger beibehalten muss. Egal, ob es sich um Sitz, Platz oder Fuß handelt.

Dieses Wort macht Sie zum Chef, denn Ihr Hund darf sich nicht selbst entlassen. Es ist die Klingel, die den Kindern das Schulende verkündet oder sagt »du kannst jetzt gehen«. Sobald Sie sich für ein Entlassungswort entschieden haben, sollten Sie sich das ganze Hundeleben lang daran halten.

Ich rate Ihnen, ein Wort zu wählen, das Sie nicht im Alltag verwenden. »Frei« ist ein sehr gutes Wort. Andere Wörter sind »Wegtreten!«, »Geh spielen!«, »Rühr dich!«, »genug« oder sogar »du kannst gehen«. »Okay« ist problematisch, weil wir dieses Wort in Unterhaltungen ständig gebrauchen.

Wenn Sie Ihren Hund entlassen, sollten Sie auf jeden Fall zuerst seinen Namen sagen. Das dient zum einen dazu, seine Aufmerksamkeit zu bekommen, und zum anderen dazu, dass der Hund zwischen dieser Situation und den anderen Gelegenheiten, zu denen Sie das Wort benutzen, unterscheiden kann.

Außerdem ist es eine gute Idee, das Entlassungswort in einem bestimmten Tonfall zu sagen, beispielsweise »WEG-treten«. »Guter Hund« wird normalerweise als Lob verwendet (und ist dazu noch schwaches Lob) und ist üblicherweise kein gutes Entlassungswort. Interessant ist auch, mit trällernder Stimme den Namen des Hundes zu sagen – für den Hund hört sich das ganz anders an, und man kann sich das leicht merken.

Benutzen Sie das Entlassungswort, um Ihren Hund aus einer Übung zu entlassen. Wenn Sie entschieden haben, dass die Übung beendet ist, sagen Sie das ausgesuchte Entlassungswort und gehen von Ihrem Hund weg. Sie können sogar in die Hände klatschen oder sich leicht vor ihm verbeugen.

Um Ihrem Hund beizubringen, was das Entlassungswort bedeutet, lassen Sie ihn eine Übung machen, die er höchstwahrscheinlich schon kann, beispielsweise »Sitz«. Wenn er sitzt, geben Sie ihm ein Leckerli, sagen Sie dann das Entlassungswort und lassen Sie ihn aufstehen. Wiederholen Sie dies ungefähr fünfmal und er wird anfangen, zu verstehen, was Sie meinen.

Schau mich an oder »Pass auf, wenn ich mit dir spreche!«

Mit Ihrem Kind zu sprechen, obwohl es Sie nicht anschaut, ist eine der frustrierenderen Aspekte des Elterndaseins. Sie haben das Gefühl, dass Sie nicht zu ihm durchdringen können (und meistens haben Sie damit Recht). Den Blickkontakt Ihres Hundes zu erhaschen, ist sehr wichtig.[3] Genauso wichtig ist es, diesen Blickkontakt ein paar Sekunden lang aufrecht zu halten. In diesem Abschnitt werden Ihnen nur ein paar Methoden gezeigt, um ihm dies beizubringen.

Die Methode, die am besten funktioniert, aber am meisten Geduld erfordert, ist, Ihren Hund an die Leine zu legen und entweder auf diese draufzutreten oder sie an einen unbeweglichen Gegenstand zu binden. Dadurch müssen Sie die Leine nicht halten, aber Ihr Hund muss in der Nähe bleiben. Halten Sie ein Leckerli hinter dem Rücken, und sagen Sie den Namen des Hundes. Wenn Ihr Hund Sie anschaut, markieren und belohnen Sie dies. Schaut er Sie nicht an, warten Sie einfach ab. Sie können ein bisschen herumlaufen, um ihn daran zu erinnern, dass Sie da sind, aber bemühen Sie sich, nicht zu sprechen. Da er an keinen interessanten Platz laufen kann, muss er Sie früher oder später anschauen. Wenn er das tut, markieren und belohnen Sie dies. Sagen Sie nun erneut seinen Namen, warten Sie ab, bis er Sie anschaut, und markieren und belohnen Sie dies. Machen Sie dies wieder und wieder.

Versuchen Sie wirklich, seinen Namen nicht ständig zu wiederholen, denn dann lernt er nur, dass Sie nerven. Wenn er richtig gut darin ist, Sie anzuschauen, warten Sie, bis er Ihnen tatsächlich in die Augen schaut, bevor Sie markieren und belohnen. Es ist sehr wichtig, den Maßstab mit fortschreitendem Lernprozess anzuheben. Ihren Erstklässler würden Sie dafür loben, dass er seinen Namen richtig buchstabiert, aber das würden Sie wohl nicht mehr machen, wenn er auf der weiterführenden Schule ist, oder? Sie würden ihn dafür loben, dass er immer besser buchstabieren kann, je fortgeschrittener er ist. Irgendwann einmal würden Sie Ihr Kind dafür loben, dass es ein Wort wie »Donaudampfschifffahrtsgesellschaftskapitän« buchstabieren kann. Dann würden Sie Ihren Sohn oder Ihre Tochter *wirklich* mit Lob überhäufen; besonders, weil er bzw. sie durch sein bzw. ihr Können zu der kleinen Minderheit von Buchstabier-Genies gehört.

Auf jeden Fall sollten Sie Ihren Hund, wenn Sie mit ihm am Blickkontakt arbeiten, für schnellere Blicke loben – dies nennen wir einen guten Kopfdreher. Üben Sie diese Methode, wenn Ihr Hund vor Ihnen ist oder von Ihnen wegtrabt. Wenn Sie seinen Namen sagen und er sich auf der Stelle umdreht und Sie anschaut,

---

[3] *Schüchterne oder sensible Hunde vermeiden häufig den Blickkontakt, welchen sie als Bedrohung ansehen. Ich rate Ihnen, dass diese Hunde Ihnen stattdessen nur ins Gesicht schauen müssen.*

könnte das der richtige Zeitpunkt für einen »Jackpot« sein (er bekommt mehrere Leckerlis auf einmal und wird außerdem überschwänglich gelobt).

Falls Ihnen für die erste Methode die Geduld fehlt, können Sie ein paar Requisiten verwenden. Sie können diese Methode auch in den eigenen vier Wänden üben, falls Sie meinen, es würde albern aussehen. Halten Sie ein Leckerli in der Hand. Sagen Sie den Namen Ihres Hundes und führen Sie die Hand an Ihre Stirn. Sobald Ihr Hund auf das Leckerli schaut, markieren Sie das Verhalten und werfen Sie ihm das Leckerli ins Maul. Falls er ein Lieblingsspielzeug hat, können Sie es statt des Leckerlis an Ihre Stirn halten. Machen Sie dies wieder und wieder, und setzen Sie dann die Messlatte höher an. Warten Sie mit dem Markieren, bis er Ihnen in die Augen und nicht nur auf das Leckerli schaut.

Verstecken Sie nun den Motivator (Leckerli, Ball oder Spielzeug) hinter Ihrem Rücken und rufen Sie den Namen des Hundes. Sobald Sie Blickkontakt erhalten, markieren und belohnen Sie dies. Wiederholen Sie die Übung mehrmals. Halten Sie als Nächstes den Motivator auf Armeslänge. Um die Belohnung zu bekommen, muss der Hund Sie anschauen, nicht den Motivator. (Hier bewegen wir uns schon in der Sphäre des Zen-Buddhismus. Um das Leckerli zu bekommen, muss er seinen Blick vom Leckerli abwenden.) Schon ziemlich bald wird Ihr Hund Ihnen direkt in die Augen schauen, wann immer Sie seinen Namen rufen. Um dies auf die Probe zu stellen, sollten Sie ihn beim Namen rufen, wenn er mit anderen Dingen beschäftigt ist – dreht er sich um und schaut Sie an, markieren Sie dies und überreichen Sie ihm den Jackpot.

Sobald er reagiert, wenn er seinen Namen hört, können Sie andere Kommandos hinzufügen, beispielsweise »Pass auf!« oder »Schau!«. Um dies zu erreichen, sagen Sie seinen Namen, gefolgt von »Pass auf!«, markieren Sie dann und geben Sie ihm ein Leckerli. Wiederholen Sie dies mehrfach und warten Sie anschließend nach dem Kommando ungefähr eine Sekunde lang bevor Sie dies markieren und ihm ein Leckerli geben. Was Sie tun, ist, das Markersignal zu verlängern, sodass er Sie länger anschauen muss. Steigern Sie die Übung so, dass er Ihnen drei bis fünf Sekunden lang seine Aufmerksamkeit schenkt. Das ist länger, als es Ihnen vorkommt. Loben Sie ihn mit Worten, während er Sie anschaut. (»Wunderbar, hervorragend, gut gemacht!«) Dadurch kann er den Blickkontakt besser aufrechterhalten.

Übrigens finde ich nicht, dass Ihr Hund Sie die ganze Zeit über beobachten muss, aber er sollte immer wissen, wo Sie sind. Verstecken (Sie verstecken sich, er sucht) ist ein hervorragendes Spiel, durch das er lernt, auf Ihre Unberechenbarkeit zu achten. Ich mag das Versteckspiel besonders während Spaziergängen im Wald, wenn meine Hunde einige Meter vor mir laufen. Ich verstecke mich hinter einem Baum, rufe sie dann beim Namen und tue sehr aufgeregt, wenn sie mich finden. Die Leute mögen denken, ich sei ein bisschen verrückt, aber das ist mir egal. Das Ergebnis dieses Spiels ist, dass meine Hunde mich immer im Auge behalten.

Jetzt achtet Ihr Hund auf Sie und weiß, dass Sie etwas haben, das er möchte (Leckerlis, Bälle oder Spielzeuge), daher können Sie ihm nun das beibringen, was er machen soll.

Sitz – Die leichteste Übung

Seien wir mal ehrlich, hinsetzen kann Ihr Hund sich bereits. In dieser Übung geht es darum, dass er dann sitzt, wenn Sie es wollen, und nicht nur, wenn *er* es will. Die Übung »Sitz« ist außerdem eine gute Gelegenheit, ihm beizubringen, dass der Unterricht nun begonnen hat und die Zeit gekommen ist, aufmerksam zu sein.

Meine bevorzugte Methode, um ihm Sitz beizubringen, ist, ihn mit einem Leckerli in Ihrer Hand zu locken. Legen Sie Ihrem Hund die Leine an und treten Sie entweder auf diese drauf oder lassen Sie sie zu Boden fallen. Erzielen Sie seine Aufmerksamkeit, indem Sie seinen Namen sagen. Wenn er Sie anschaut, geben Sie ihm ein kleines Stück des Leckerlis. Benutzen Sie dann den Rest, um ihn ins Sitz zu locken. Führen Sie langsam Ihre Hand direkt über seinen Kopf. Während er sich nach hinten lehnt, um dem Leckerli zu folgen, wird er sich wahrscheinlich hinsetzen. (Halten Sie das Leckerli nicht zu hoch, ansonsten könnte es sein, dass er aufspringt, um es zu bekommen – *nicht* das, was Sie wollen!) Vermeiden Sie es, ihn mit Ihren Händen zu berühren. Wenn er sich freiwillig hinsetzt, wird er sich das besser merken können. Sobald er sitzt, markieren und belohnen Sie dies. Er wird sofort wieder aufstehen, was für den Anfang in Ordnung ist. Entlocken Sie ihm das Verhalten mindestens drei oder vier Mal. Wenn er erfolgreich Ihrer Hand folgt und sich ins Sitz fallen lässt, gehen Sie zum nächsten Schritt über. Sagen Sie »Sitz!« während Sie Ihre Hand *ohne* Leckerli über seinen Kopf führen. Wenn er sich hinsetzt, markieren und belohnen Sie dies. Setzt er sich nicht hin, warten Sie ein bisschen und wiederholen Sie dann die Übung. Falls er sich dann immer noch nicht hinsetzt, kehren Sie wieder dahin zurück, dass Sie ihn mit dem Leckerli locken, üben Sie dies ein paar Mal und probieren Sie es dann ohne Leckerli. Gehen Sie nicht zum nächsten Schritt über bis er sich setzt, ohne dass Sie ein Leckerli in der Hand halten. Aber denken Sie immer daran, zu markieren und zu belohnen! Geben Sie ihm dann das Leckerli aus der anderen Hand.

Sobald er länger als eine Nanosekunde sitzen bleibt, zögern Sie das Markersignal hinaus. Die ersten Male sollte die Abfolge mehr oder weniger so verlaufen: »Patches, sitz! Ja!« (Leckerli). Sobald er versteht, worauf Sie hinauswollen, können Sie das Markersignal und das Leckerli hinauszögern, um das Sitz ein wenig zu verlängern: »Patches, sitz!« (kurze Pause) »Ja!« (markieren und belohnen). Danach können Sie das Entlassungswort hinzufügen, sodass die Abfolge so lautet: »Patches, sitz!« (ein paar Sekunden Pause) »Ja!« (Leckerli). »Entlassen!«

Sie können ihm »Sitz« auch beibringen, indem Sie einfach abwarten, bis er das Verhalten von selbst zeigt. (Diese Technik heißt »Einfangen« eines Verhaltens.) Wenn Ihr Hund sich ohne Aufforderung hinsetzt, können Sie dies markieren und belohnen. Was ich nicht befürworte, ist, an der Leine zu rucken und den Hund mit dem Hinterteil auf den Boden zu drücken, außer dies ist absolut notwendig. (Diese Technik heißt »Verhaltensmodellierung«.) Es ist weitaus besser, wenn die Leine nicht involviert ist. Genau wie Menschen lernen Hunde viel schneller ohne körperlichen Druck. Es ist sogar so, dass Hunde und Menschen auf Druck mit Gegendruck reagieren. (Dies nennt man den »Oppositionsreflex«.) Kinder wissen dies instinktiv und verlangen häufig von ihren Eltern, dass diese sie »etwas allein tun lassen«. Tatsächlich lässt sich jede Fähigkeit um einiges leichter erlernen, wenn man geführt oder dazu aufgefordert wird – also alles andere als grob behandelt wird.

Platz

Dies ist eine andere Übung, die Ihr Hund bereits beherrscht. Doch dass er weiß, wie man sich hinlegt, bedeutet noch nicht, dass er das mit Leichtigkeit auf Kommando vollführen kann. Viele Hunde sträuben sich dagegen, wenn man ihnen sagt, dass sie sich hinlegen sollen. Es ist wahrscheinlich etwas beschämend oder einschüchternd, da Menschen sie bei dieser Stellung überragen können.

Auch hierbei ist die Lockmethode am besten geeignet. Ihr Hund kann vorher sitzen oder stehen; ich bevorzuge es, ihm »Platz!« aus dem Stand heraus beizubringen, aber das ist in dieser Phase nicht so wichtig. Geben Sie Ihrem Hund ein kleines Leckerli. Zeigen Sie ihm nun, dass Sie noch ein weiteres Leckerli haben, führen Sie Ihre Lockhand schnell vor ihm nach unten und dann nach vorne. Wenn alles gut klappt, sollte er sich hinlegen. Sobald er das tut, sagen Sie: »Platz!« Markieren und belohnen Sie, wenn sein gesamter Körper den Boden berührt.

Manchmal funktioniert gar nichts und Ihr Hund legt sich nicht hin. Zu den alternativen Methoden gehört, dass man das Leckerli zwischen seine beiden Vorderpfoten hält, sodass er sich krümmen und hinlegen muss, um es zu nehmen, oder es auf dem Boden nah an seiner Seite vorbeizuführen. Wenn er sich umdreht, um es zu nehmen, wird er sich zu einem »C« winden und auf den Boden legen. Wenn er den Boden berührt, markieren und belohnen Sie dies.

Genauso wie beim »Sitz« sollten Sie nach mehreren Wiederholungen das Leckerli in die andere Hand nehmen und ihn ohne Leckerli locken. Wenn Sie erfolgreich sind, markieren Sie und geben Sie ihm das Leckerli aus der anderen Hand. Eine der Beschwerden, die ich von meinen Kunden zu hören bekomme, lautet: »Mein Hund ist nur dann folgsam, wenn ich ihm zuerst das Leckerli zeige.« Durch die eben beschriebene Methode wird das Problem aus der Welt geschafft, und außerdem wird der Weg für die intermittierende oder variable Bestärkung bereitet.

Manchmal schaffen Sie es nicht, Ihren Hund mit dieser einfachen Methode zu locken. Falls Sie experimentieren möchten, können Sie ein paar andere Methoden ausprobieren: Sie können sich auf den Boden setzen, wobei Sie einen Fuß auf den Boden stellen, sodass Sie den Hund dann unter dem Knie durchlocken können. Sie können ihn auch unter einen Stuhl oder niedrigen Tisch locken oder Sie können einfach abwarten, bis er sich von selbst hinlegt. Treten Sie auf seine Leine, damit er nicht wegläuft, zeigen Sie ihm das Leckerli, halten Sie es auf den Boden und warten Sie ab. Irgendwann machen die meisten Hunde Platz – und dann sollten Sie markieren und belohnen. Falls das nicht funktioniert, können Sie es mit Verhaltensmodellierung probieren. Das bedeutet, dass Sie Ihren Hund durch körperliche Einwirkung in die Position bringen (ihm dabei helfen, jedoch keine körperliche Gewalt anwenden). Knien Sie sich rechts neben den Hund und legen Sie Ihre linke Hand auf seine Schultern. Halten Sie ein Leckerli in der rechten Hand und locken Sie ihn damit. Sollte auch das nicht funktionieren, versuchen Sie es, indem Sie Ihre rechte Hand hinter seine Vorderläufe platzieren und gleichzeitig mit der linken Hand sanften Druck auf seine Schulterblätter ausüben. Wie bereits gesagt ist es weitaus effektiver, ihn in die Position zu locken als körperlich auf ihn einzuwirken, denn bei letzterer Methode treffen Sie bei ihm viel eher auf

Widerstand. Falls Ihr Hund knurrt, wenn Sie versuchen, ihn ins Platz zu bringen, sollten Sie die Trainingseinheit sofort beenden und eine Auszeit nehmen. Sie sollten Ihre Beziehung zu Ihrem Hund überprüfen und sichergehen, dass er Sie als Anführer ansieht. Das muss er nämlich, damit er auf Ihr Kommando Platz macht. Auf jeden Fall sollten Sie es markieren und belohnen, wenn er sich hinlegt. Die meisten Hunde stehen sofort wieder auf, was in Ordnung ist. Wiederholen Sie die Übung immer wieder, und wenn Ihr Hund sie besser meistert, zögern Sie das Markersignal hinaus, bis er ein paar Sekunden lang liegt. Während er liegt, können Sie ihm ein paar Leckerlis geben und ihm sagen, dass er ein ganz toller Hund ist. Dann, wann Sie wollen, markieren und belohnen Sie und geben Sie ihm das Entlassungswort.

Werden Sie nicht wütend, selbst wenn Ihr Hund sehr stur ist und sich so benimmt, als ob er sich niemals hinlegen würde! Wahrscheinlich ist er verwirrt, und sobald er versteht, was Sie wollen, wird er folgsam sein – sofern Sie geduldig bleiben! Manche Hunde brauchen einfach ziemlich lange.

Falls Ihr Hund bereits ein guter Apportierer ist, können Sie ein Spiel spielen, zu dem es dazugehört, dass er sich auf Kommando hinlegt. Benutzen Sie einen Ball als Lockmittel. Wenn Ihr Hund sich auf den Boden fallen lässt, markieren Sie und werfen Sie schnell den Ball hinter ihn. Den Ball zu apportieren ist seine Belohnung! Nachdem er Ihnen den Ball zurückgebracht hat, wiederholen Sie die Übung. Nach genügend Wiederholungen wird er schnell und zuverlässig Platz machen.

Bleib

Sowohl Sitz als auch Platz sind weitaus nützlicher, wenn der Hund länger als nur einen kurzen Moment in der Position verweilt. Darum müssen wir das Kommando »Bleib« hinzufügen. Dieses Wort führt in der Welt des Hundetrainings immer wieder zu Streitigkeiten. Manche Trainer sind der Meinung, man brauche »Bleib« gar nicht zu sagen, denn vom Hund wird erwartet, dass er sitzen oder liegen bleibt, bis er entlassen wird. Das ist wohl wahr, aber das Wort »Bleib« bringt Klarheit in die Sache, und daran ist nichts falsch.

Um das Kommando »Bleib!« in die Sitz-Übung einzubringen, sollten Sie Ihrem Hund erst das Kommando »Sitz!« geben. Sagen Sie anschließend »Bleib!« und halten Sie gleichzeitig Ihre Handinnenfläche ungefähr eine Sekunde lang vor sein

Gesicht. Nehmen Sie dann Ihre Hand weg und halten Sie ein paar Leckerlis circa fünfzig Zentimeter von ihm entfernt hin. Geben Sie ihm zuerst eins, dann noch eins und entlassen Sie ihn dann. Er wird dafür belohnt, dass er in der Position bleibt – eine leichte Aufgabe! Es ist so, als ob Sie Ihrem Kind sagen würden, es solle auf einem Stuhl sitzen bleiben, und ihm dann alle paar Sekunden einen Zehn-Euro-Schein geben würden. Höchstwahrscheinlich bleibt es ziemlich lange auf dem Stuhl sitzen.

Jetzt erschweren wir die Übung ein bisschen. Senken Sie Ihre Hand mit dem Lockmittel langsam ein paar Zentimeter vom Kopf des Hundes entfernt herab. Sollte er aufstehen, benutzen Sie den Negativmarker (das von Ihnen gewählte Wort, das signalisiert, dass keine Belohnung folgt), machen Sie eine Faust um das Leckerli und heben Sie die Hand wieder auf ihre ursprüngliche Position an. Fangen Sie von Neuem an. Wenn Sie das Lockmittel bis auf den Boden herabsenken können (während Sie es festhalten), markieren Sie das Verhalten und stecken Sie ihm das Leckerli ins Maul. Achten Sie darauf, dass er noch sitzt, wenn das Leckerli in sein Maul gelangt. Entlassen Sie ihn, wenn er es genommen hat. Wiederholen Sie die Übung, und denken Sie daran, ihm die Bestärkung (Leckerli) zu geben, während er in der von Ihnen gewünschten Position ist.[4] Während er nun sitzt, legen Sie mehrere Leckerlis auf den Boden. Nehmen Sie eins auf und geben Sie es ihm, während Sie ihn gleichzeitig loben. Wiederholen Sie das Kommando »Bleib!« und nehmen Sie dann das nächste Leckerli. Nachdem Sie das letzte Leckerli genommen haben, entlassen Sie ihn aus der Übung. Nach vielen Wiederholungen sollte er das Konzept verstanden haben. Dann können Sie die Leckerlis langsam ausschleichen.

Wenn Sie ihm Sitz und Platz beibringen, werden Sie Ihr Markerwort benutzen, um das richtige Verhalten zu markieren. Doch wenn Sie ihm »Bleib« beibringen, brauchen Sie es nicht. Benutzen Sie stattdessen das Entlassungswort, denn es gibt keine »Momentaufnahme« dieses Verhaltens, wie es bei Sitz und Platz der Fall ist.

Dauer

Sobald Sie und Ihr Hund das Konzept begriffen haben, können Sie an der Dauer (Zeitraum, den er in der Position verharren soll) und anschließend an der Entfernung arbeiten. Verlängern Sie zuerst den Zeitraum, den er in der Stellung bleiben soll, auf rund zwei Minuten. Wenn er in neunzig Prozent der Fälle erfolgreich in

---

[4] *Das ist sehr wichtig. Die Bestärkung (Leckerli) sollte dann gegeben werden, wenn der Hund in der von Ihnen gewünschten Position ist. Wenn Sie ihm das Leckerli auf Brusthöhe geben, lernt der Hund, danach zu springen. Wenn Sie möchten, dass er sich hinlegt, und Sie ihm das Leckerli auf oder kurz über dem Boden geben, wird er eher in der Position bleiben. Möchten Sie, dass er sitzt, geben Sie ihm das Leckerli auf Höhe seines Kopfes.*

der Stellung verharrt, bitten Sie ein Familienmitglied oder einen Freund, Dinge zu tun, die ihn normalerweise ablenken würden, während der Hund in der Stellung bleiben soll. Zum Beispiel ihn streicheln, einen Ball werfen oder etwas anderes, das der Hund verlockend findet. Bleiben Sie während dieser Ablenkung nahe beim Hund, damit Sie das Bleib verstärken oder ihn wieder in die richtige Position bringen können, falls er aufstehen sollte. Lässt Ihr Hund sich leicht ablenken, sollten Sie sich direkt neben ihn stellen. Immer wenn eine Ablenkung vorbeizieht, beispielsweise ein Ball aufprallt oder eine Person vorbeiläuft, geben Sie ihm gleichzeitig ein Leckerli und sagen Sie ihm, was für ein guter Hund er ist. Das ist besonders bei nervösen oder zart besaiteten Hunden hilfreich.

Sobald Ihr Hund ziemlich zuverlässig in der Stellung bleibt, können Sie an der Entfernung arbeiten. Die meisten Menschen möchten *zuerst* an der Entfernung arbeiten, aber das ist meistens keine gute Idee. Falls er sich dafür entscheidet, aufzustehen und wegzugehen, wenn Sie drei Meter entfernt sind, was machen Sie dann? Wenn Sie ihn wieder einfangen, müssen Sie ganz von vorne beginnen. Es ist viel besser, die Übung zu festigen, wenn Sie nahe bei ihm sind, so wie eben beschrieben.

Entfernung

Wenn Sie für die Arbeit an der Entfernung bereit sind, sagen Sie ihm »Bleib!« und gehen Sie ein paar Schritte weg. Gehen Sie ziemlich schnell wieder zu ihm zurück und bestärken Sie ihn, während er noch in der Stellung verharrt. Geben Sie ihm erneut das Kommando »Bleib!« und behalten Sie ihn im Auge. Während er in der Stellung bleibt, sollten Sie ihn die ganze Zeit über in regelmäßigen Abständen bestärken, sodass er in der Stellung bleiben *möchte*. Wenn Sie ihn aus dem Bleib entlassen wollen, gehen Sie zu ihm zurück und entlassen Sie ihn. Ich rate Ihnen, jedes Mal zu Ihrem Hund zurückzukehren, bevor Sie ihn entlassen. So bringen Sie ihm bei, abzuwarten, bis er entlassen wird.

Im Platz bleiben

Gehen Sie genauso vor, wenn Sie ihm beibringen, im Platz zu bleiben. Hunde können mit Leichtigkeit rund eine Minute im Sitz bleiben. Wenn Sie möchten, dass Ihr Hund länger in einer Stellung bleibt, sollten Sie ihm das Kommando »Platz!« geben, da dies für ihn bequemer ist. Ich rate Ihnen, darauf hinzuarbeiten, dass er eine Minute lang im Sitz und drei Minuten lang im Platz bleibt. Am Ende sollte er fünfzehn bis zwanzig Minuten – oder sogar noch länger – im Platz bleiben können.

Warte auf mich

»Warte« bringt dem Hund bei, zu stoppen, wenn Sie ihm dazu das Kommando geben, und darauf zu warten, entlassen zu werden. Der wesentliche Unterschied zwischen »Warte« und »Bleib« ist, dass »Bleib« vom Hund verlangt, in einer bestimmten Position wie eingefroren zu erstarren. Wenn Sie ihm »Warte!« sagen, muss der Hund nicht einfrieren. Er muss einfach nur an Ort und Stelle stoppen, so als ob vor ihm plötzlich eine Wand heruntergekommen wäre. Ein Beispiel: Wenn Sie Ihrem Hund sagen, dass er an der Tür warten soll, während Sie hinausgehen, kann der Hund im Raum herumlaufen, aber er darf nicht durch die Tür gehen.

Das ist eine sehr praktische Übung. Es ist sogar die Übung, die ich am häufigsten gebrauche. Meine Hunde müssen warten, bevor Sie aus dem Auto springen oder durch die Tür gehen. Gelegentlich sage ich ihnen, dass sie warten sollen, wenn sie zu weit vor mir laufen. »Warte!« ist einfach beizubringen, und dabei kommen sowohl Ihr Körper als auch Ihre Stimme zum Einsatz.

Beginnen Sie so, dass Ihr Hund vor einer geschlossenen Tür sitzt oder steht. Stellen Sie sich zwischen die Tür und Ihren Hund, und halten Sie sowohl die Leine als auch die Türklinke fest. Geben Sie ihm, bevor Sie die Tür öffnen, das Kommando »Warte!« und ein Handzeichen. (Ich winke mit der Hand, ungefähr so wie ein Scheibenwischer.) Öffnen Sie jetzt die Tür ein Stück. Wahrscheinlich wird Ihr Hund versuchen, fröhlich durch die Tür zu preschen! Wenn er das tut, versperren Sie die Tür mit Ihrem Körper oder schlagen Sie *vorsichtig* die Tür vor seiner Nase zu. Sie müssen nichts Negatives sagen, Ihre körperliche Präsenz sagt alles Notwendige. Für diese Übung brauchen Sie nicht einmal ein Leckerli – allein durch die Tür rennen zu dürfen, ist für die meisten Hunde schon Belohnung genug! Aber Sie können ihn selbstverständlich verbal (und mit Leckerlis) bestärken, während er geduldig auf Ihr Entlassungswort wartet.

Sobald Ihr Hund wie gewünscht wartet, gehen Sie durch die Tür. Versucht er, Ihnen zu folgen, gehen Sie schnell wieder zurück und blockieren Sie den Eingang mit Ihrem Körper oder schließen Sie die Tür vorsichtig vor seiner Nase. Bringen

Sie ihn zurück und geben Sie ihm erneut das Kommando »Warte!«. Es ist nicht nötig, ihn an exakt dieselbe Stelle zurückzubringen. Bleiben Sie am Ball, bis Sie durch die Tür gehen und Ihren Hund dort lassen können, wo er ist. Wenn Ihr Hund auf der einen und Sie auf der anderen Seite der Tür sind, zählen Sie in Gedanken langsam bis fünf. Lassen Sie ihn dann durch die Tür gehen! Viele Hunde machen Sitz, während sie warten. Das ist absolut in Ordnung, aber kein notwendiger Bestandteil der Übung.

Manche Türen, wie beispielsweise Autotüren, Haustüren und eventuell auch Hintereingänge, sollten zu »permanenten« Wartetüren ernannt werden. Das bedeutet, dass Ihr Hund sie niemals passiert, solange ihm niemand die Erlaubnis dazu erteilt hat. Um permanente Wartetüren zu errichten, müssen Sie zuerst sichergehen, dass Ihr Hund das Kommando »Warte!« begreift. Öffnen Sie dann die Tür, ohne ihm das Kommando zu geben, und gehen Sie langsam hindurch. Falls Ihr Hund sich daran macht, mit Ihnen zu gehen, verwenden Sie Ihren Negativmarker und blockieren Sie die Tür. Wiederholen Sie dies, bis Ihr Hund begreift, dass er vor genau dieser Tür warten muss, auch wenn ihm kein Kommando gegeben wurde. Wenn er das Konzept definitiv begriffen hat, gehen Sie durch die Tür, warten Sie ein paar Sekunden und geben Sie ihm dann das Entlassungswort.

Lass das – Rühr dieses eklige Ding nicht an!

Dies ist eine schöne Übung, die sich als sehr praktisch erweist, falls Ihnen ein Steak herunterfällt oder Sie an einem Tierkadaver vorbeikommen. Sie vermittelt Ihrem Hund, dass das, worauf er einen Blick geworfen hat, definitiv nichts für ihn ist. Das bringen wir ihm dadurch bei, dass wir ihn nicht an den reizvollen Gegenstand heranlassen!

Zuerst treten Sie auf die Leine oder lassen sie fallen. Halten Sie Ihrem Hund ein Leckerli hin, und wenn er es nehmen möchte, geben Sie ihm das Kommando »Nimm!«. Halten Sie dann in jeder Hand ein Leckerli, wobei Sie eine Hand hinter dem Rücken halten. Öffnen Sie die andere Hand, und wenn Ihr Hund das Leckerli nehmen möchte, sagen Sie »Lass das!« und schließen die Hand um das Leckerli. Machen Sie dies wieder und wieder. Geduld ist hier der Schlüssel zum Erfolg – manchmal braucht es zwanzig Wiederholungen, bevor Ihr Hund aufhört, mit der Pfote oder dem Maul nach dem Leckerli zu grabschen und Sie verwirrt anzuschauen. Wenn er zurückweicht und Sie fragend anschaut (»Warum *zeigst* du mir das Futter, wenn du nicht vorhast, es mir zu geben?«), loben Sie ihn, schließen Sie diese Hand und halten Sie ihm das Leckerli in der anderen Hand hin, während Sie sagen: »Nimm!« Geben Sie ihm nicht das »Lass das«-Leckerli, ansonsten starrt er womöglich auf Ihre Hand, bis sie sich öffnet.

Der nächste Schritt ist unterhaltsam, aber er erfordert Koordinierung! Binden Sie die Leine Ihres Hundes an einen unbeweglichen Gegenstand, und zeigen Sie ihm, dass Sie ein Leckerli haben. Legen Sie langsam das Leckerli neben sich und sagen Sie »Lass das!«. Wenn Ihr Hund es sich nehmen möchte, stellen Sie sich ihm in den Weg und sagen Sie gleichzeitig: »Lass das!«. Sofern Ihr Hund wie die meisten Hunde ist, wird er versuchen, um Sie herumzugehen. Da Sie sehr koordiniert vorgehen, werden Sie sich mit Ihrem Körper zwischen ihn und das Futter stellen. Falls nötig, treten Sie auf das Leckerli, damit er es nicht bekommt. Innerhalb von Sekunden sind die meisten Hunde entmutigt, weichen zurück und setzen sich. Wenn er Sie anschaut, markieren Sie dies und geben Sie ihm das Leckerli aus Ihrer Hand. Aber geben Sie ihm nicht das andere. Tun Sie so, als ob es ein Tierkadaver oder ein schimmeliger, alter Hamburger sei – bestimmt wollen Sie nicht, dass er sich solche Dinge holt, oder?

»Touch« oder »Target«

Wenn Sie möchten, dass Ihr Hund Ihren Handzeichen folgt, können Sie ihm beibringen, Ihrer Hand zu folgen und diese zu berühren. Mit Hilfe dieser Technik wird außerdem die Verwendung von Leckerlis schnell reduziert. Zweck dieser Übung ist es, Ihrem Hund beizubringen, auf Ihre Hand und deren Anweisungen zu achten.

Fangen Sie so an, dass Sie ihm Ihre Faust oder zwei Finger ein paar Zentimeter vor die Nase halten. Wahrscheinlich wird er neugierig Ihre Faust untersuchen. Berührt er sie mit der Nase, markieren Sie und belohnen Sie ihn mit einem Leckerli aus der anderen Hand. Wiederholen Sie dies fünf Mal, machen Sie dann eine Pause von zehn Sekunden und wiederholen Sie die Übung. Achten Sie darauf, dass Sie mit Ihrer Hand nicht seiner Nase folgen, denn dadurch lernt er nicht viel mehr als dass Sie ihm folgen werden. Manche Hunde berühren die Hand die ersten paar Male und verlieren dann das Interesse. Wenn Sie warten und es ein paar Minuten später noch einmal probieren, wird er Ihre Faust wahrscheinlich wieder berühren. Falls er vollkommen das Interesse verloren hat, können Sie die ersten paar Male die andere Hand – mit einem Leckerli – direkt hinter die sogenannte Target-Hand halten, um ihn neugierig zu machen.

Kehren Sie dann wieder zu der vorherigen Methode zurück. Es ist wirklich am besten, wenn Ihr Hund das Leckerli weder sehen noch riechen kann, bis er das Markerwort hört.

Wenn er Ihre Hand durchwegs berührt, können Sie das Kommando hinzufügen. »Touch« (engl. für »berühren«), »Target« (engl. für »Zielobjekt«) oder »hier« sind übliche Kommandos. Geben Sie ihm das Kommando genau dann, wenn er kurz davor ist, Ihre Faust zu berühren. Wenn Sie der Meinung sind, dass er das Konzept begriffen hat, bewegen Sie Ihre Faust leicht und schauen Sie, ob er ihr folgt, um sie zu berühren. Er sollte seinen Hals recken, um Ihre Faust berühren zu können.

Üben Sie das verbale Kommando häufig. Sobald er ziemlich zuverlässig darauf reagiert, hören Sie auf, ihm ein Leckerli zu geben, wenn er Ihre Handfläche ohne verbales Signal berührt, und verstärken Sie nur, wenn Sie ihm das Kommando gegeben haben.

Bewegen Sie Ihre Hand an unterschiedliche Orte, sodass er sich anstrengen muss, um sie zu berühren. Seien Sie sehr vorsichtig, dass Sie diese Übung nicht zu schnell erschweren, sonst könnte der Hund entmutigt werden. Am schwierigsten ist es für ihn, Ihrer Hand nach oben zu folgen, also halten Sie Ihr »Ziel« bei den ersten Trainingseinheiten niedrig. Sobald er völlig verstanden hat, wie er Ihre Faust berühren soll, können Sie dies für viele Übungen benutzen, unter anderem dafür, wenn Sie mit ihm ohne Leine Gassi gehen. Halten Sie, während Sie gehen, Ihre Hand an Ihrer Seite und fordern Sie ihn zur Berührung auf. Markieren und belohnen Sie dies jedes Mal, und verlängern Sie allmählich die Zeit zwischen den einzelnen Berührungen.

Ich habe außerdem herausgefunden, dass das Targeting eine hervorragende Methode ist, um Hunde, die gerade ein Päuschen machen, von ihrem Platz zu bewegen. (Hunde können sich ziemlich schwer machen, wenn Sie versuchen, Sie durch Körpereinsatz fortzubewegen.)

Signalisieren Sie einfach ein »Touch« und der Hund wird aufstehen und sich von selbst an einen anderen Platz begeben. Targeting wird außerdem häufig für das Erlernen von Tricks verwendet. Es wäre sogar sehr schwierig, Hunden Tricks ohne die Hilfe des Targetings beizubringen.

Abrufen (Komm!)

Hier ist die Übung, auf die Sie gewartet haben – und es ist die, die am schwersten beizubringen ist! Bevor wir anfangen, erläutere ich zunächst einige sehr wichtige Regeln über das Abrufen.

Sagen Sie niemals »Komm!«, wenn Sie nicht der Meinung sind, dass Ihr Hund wirklich zu Ihnen kommen wird. Benutzen Sie ein anderes Wort (»hier« oder »beeil dich«) oder gehen Sie zu ihm, um ihn zu holen. Falls Sie das Wort »Komm!« eine Zeit lang ohne Erfolg benutzen, ist es sinnvoll, dieses Abruf-Kommando durch ein anderes zu ersetzen, damit Ihr Hund keine falschen Assoziationen damit hat. Bestrafen Sie ihn niemals dafür, wenn er nicht schon beim ersten Mal, wenn Sie ihn rufen, kommt. Nicht Ihr Hund, sondern Sie haben es vermasselt! Geben Sie großzügig nach und üben Sie weiter.

Rufen Sie Ihren Hund niemals zu sich, um ihn zu bestrafen. (Zum Beispiel, wenn er Ihren Schuh angefressen hat, und Sie ihn dafür ausschimpfen wollen. Rufen Sie ihn nicht zu sich, um ihn auszuschimpfen! Dadurch bringen Sie ihm nur bei, dass er in Schwierigkeiten gerät, wenn er kommt, wenn er gerufen wird.)

Jetzt kommen wir zur Übung. Ich habe sie in mehrere Teile unterteilt, denn es handelt sich um einen ziemlich komplizierten Vorgang, der von Ihrem Hund eine Reihe von Entscheidungen verlangt. Nehmen wir mal an, in dem Moment, in dem Sie ihn rufen, schaut er nicht Sie an, sondern in eine andere Richtung. Als Erstes muss er das unterbrechen, womit er gerade beschäftigt ist. Als Zweites muss er sich umdrehen und Sie anschauen. Und Drittens muss er zu Ihnen laufen.

Teil eins – »Hab' dich!«

Viele Hunde, *vor allem* jugendliche Hunde, sind Experten darin, auf einen zuzulaufen – nur um dann an einem vorbeizusausen: Sie rennen an einem vorbei oder tänzeln außerhalb der Reichweite herum. Dieses Problem können Sie vermeiden, indem Sie Ihrem Hund beibringen, dass er belohnt wird, sobald Sie sein Halsband gegriffen haben. Sie beginnen, indem Ihr Hund neben Ihnen sitzt. Sagen Sie »Hab' dich!« während Sie nach seinem Halsband greifen. Werfen Sie schnell ein Leckerli in sein Maul. Die Abfolge sollte also so lauten: »Hab' dich!« (Halsband greifen) (Leckerli). Üben Sie fünf oder sechs Mal am Tag. Greifen Sie am Anfang behutsam nach ihm, und arbeiten Sie sich dahin vor, dass Sie ziemlich fest nach ihm greifen können.

Teil zwei – Der Ablauf

Machen Sie ein paar Schritte mit Ihrem Hund an lockerer Leine und einem Leckerli in der einen Hand. Während Sie gehen, halten Sie plötzlich an und gehen Sie rückwärts! Währenddessen rufen Sie Ihren Hund mit wahnsinnig fröhlicher Stimme: »Hundchen, KOOOOMMMMMMMM!« Machen Sie zwei oder drei Schritte rückwärts, stoppen Sie dann und halten Sie das Leckerli auf Hüfthöhe. Ihr Hund sollte von alleine zu Ihnen kommen und sich vor Sie setzen. Markieren Sie dieses Verhalten, wenn er auf Sie zuzulaufen beginnt. Lassen Sie Ihre Hand unter sein Halsband gleiten, lächeln Sie und belohnen Sie ihn.

Hier sind ein paar Tipps, um das Abruf-Kommando zu verstärken, bevor Sie die Probe aufs Exempel machen:

• Benutzen Sie ein Leckerli, um Ihren Hund ins Sitz zu führen, indem Sie es vor ihn halten und es dann leicht nach oben auf Ihre Hüfthöhe führen. Ihr Hund sollte einfach ins Sitz gleiten.
• Kommt er ziemlich langsam auf Sie zu, gehen Sie rückwärts, während Sie ihn mit aufgeregter Stimme rufen.

Nach einigen Wiederholungen sollte Ihr Hund das Kommando »Komm!« langsam begreifen. Aber das bedeutet noch lange nicht, dass er zu Ihnen kommt, *immer wenn* und *egal wo* er das Kommando hört. Sie werden ihm beibringen müssen, dieses Verhalten zu »generalisieren«.

Ortsgebundenes Lernen

Bevor wir näher darauf eingehen, müssen wir ein Phänomen behandeln, das »ortsgebundenes Lernen« heißt. Häufig benehmen Kinder sich in der Schule gut, aber wenn sie nach Hause kommen, ist das eine ganz andere Sache. Vielleicht wird aus Ihrem freundlichen, kooperativen Teenager zuhause ein mürrischer, unkooperativer Teenager. Oder vielleicht ist er oder sie in der Schule oder auf einer Party still und zurückhaltend, zuhause hingegen extrovertiert und wild. *Wo* er oder sie ist, hat viel damit zu tun, was er oder sie tut oder wie er oder sie sich verhält. Auch Erwachsene können so sein. Unser Verhalten auf der Arbeit kann sich drastisch von dem zuhause unterscheiden.

Dr. Jekyll und Mr. Hyde

Eine meiner neuesten Kundinnen kam mit ihrem Hund, Zeus, zur Beratung, da er anfing, sich anderen Hunden gegenüber aggressiv zu verhalten, wenn er angeleint war. Er stürzte nach vorn, bellte und gab sich allgemein wie Jekyll und Hyde: Guter Hund in der einen Sekunde, Teufel in der nächsten. War er in diesem Zustand, hörte er überhaupt nicht auf sein Frauchen – er setzte sich nicht, machte nicht Platz, kam oder wartete nicht und hörte nicht auf zu bellen. Sein Frauchen war nicht nur verwirrt, warum er das tat, sie war auch wütend auf ihn. Immerhin, müssen Sie wissen, war er auf Obedience-Wettkämpfen der höchsten Schwierigkeitsstufen erfolgreich gewesen. Er stand unter perfekter Kontrolle und führte einfach jede Übung präzise und stilvoll aus.

Was sie nicht begriffen hatte, war das sogenannte »ortsgebundene Lernen«: Sobald Zeus den Ring verließ, tauschte er regelrecht seine Kleidung aus und nahm eine andere Persönlichkeit an. Er verstand definitiv nicht, dass er auch ansonsten gehorchen musste! Das mussten wir ihm beibringen und auch seinem Frauchen helfen, zu verstehen, warum er sich auf andere Hunde stürzte und was dagegen zu tun war.

Es dürfte Sie nicht überraschen, dass es bei Hunden genauso ist. Vielleicht haben Sie ihm Platz im Garten beigebracht. Wenn Sie dieses Verhalten stolz im Hause eines Freundes vorführen möchten, erhaschen Sie einen verblüfften Blick, so als ob er das Kommando niemals zuvor gehört hätte. Das ist ziemlich peinlich, da Sie darauf beharren, dass er es »kennt« und einfach nur stur ist. Wenn Sie logisch denken, werden Sie einsehen, dass er wahrscheinlich nicht stur ist. Sturheit bringt ihm kein Leckerli, kein Lob und auch keine Freiheit. Er ist einfach nur verwirrt, weil er nicht verstanden hat, dass er dasselbe auch an anderen Orten als Ihrem Garten machen soll. Das ist ein so häufig auftretendes Phänomen, dass ich mir vor Jahren ein T-Shirt vorstellte, auf dem auf der einen Seite »Das macht er immer zuhause« und auf der anderen Seite »Das macht er nur hier« steht. Wir Hundetrainer bekommen beide Aussagen ständig in unserem Unterricht zu hören.

Mangelnde Generalisierung zeigt sich besonders beim Abrufen. Ein Hund, der vom Garten ins Haus rast, wenn Sie ihn gerade mal flüsternd rufen, kann vollkommene Taubheit entwickeln, wenn er auf der Hundewiese spielt oder einer Fährte folgt. Dies zeigt Ihnen natürlich, dass Sie an verschiedenen Orten trainieren müssen, bevor Sie ihn zuverlässig abrufen können.

Hier sind ein paar lustige Wege, um das Abrufen zu üben:

- **Verstecken.**
Das können Sie im Haus oder draußen spielen. Wenn Ihr Hund nicht auf Sie achtet, verstecken Sie sich irgendwo (hinter einer Tür oder einem Baum) und rufen ihn. Wahrscheinlich werden Sie ihn zweimal rufen müssen: Einmal, um seine Aufmerksamkeit zu erzielen, und das zweite Mal, damit er sich orientieren kann, wo Sie sind. Wenn er Sie findet, loben Sie ihn über alle Maßen und geben Sie ihm entweder ein Leckerli oder spielen Sie ein Zerrspiel oder ein anderes Spiel, das ihm großen Spaß macht. Hunde lieben dies genauso sehr wie kleine Kinder; manchmal ist schon das Finden Belohnung genug.

- **Suchen.**
Dieses Spiel ist extrem leicht beizubringen und Hunde lieben es. Dabei wird gleichzeitig an seiner Aufmerksamkeit als auch am Kommen gearbeitet. Lassen Sie zuerst Ihren Hund sehen, dass Sie ein Leckerli auf den Boden legen. Schauen Sie dann das Leckerli an, zeigen Sie darauf und sagen Sie »Such!«. Wenn Ihr Hund es gefunden hat, sollten Sie »Ja« sagen, woraufhin er Sie bestimmt anschauen wird und auf ein weiteres Leckerli hofft. Wiederholen Sie dies mehrere Male, und benutzen Sie dabei Ihren Körper und Ihre Hand, um Ihrem Hund die richtige Richtung zu zeigen. Nachdem Sie das Suchspiel ein paar Minuten lang gespielt haben, werfen Sie die Leckerlis immer weiter von Ihnen entfernt auf den Boden. Wenn Sie die Leckerlis werfen, versuchen Sie, sie durch das Blickfeld Ihres Hundes zu werfen. Wenn Sie sie über den Kopf des Hundes werfen, kann er sie nicht sehen. Hunde können Bewegungen sehr gut wahrnehmen, und ihr peripheres Sehen ist hervorragend, aber Dinge über ihrem Kopf können sie nicht so gut erkennen. Werfen Sie als Nächstes das Leckerli, und wenn er es aufnimmt, sagen Sie seinen Namen und rufen Sie ihn zu sich. (»Hundchen, komm!«) Er wird motiviert sein, zu kommen, weil er das Spiel weiterspielen möchte. Sollte er nicht sehr schnell zu Ihnen laufen, geben Sie ihm sowohl ein Leckerli, wenn er bei Ihnen ist, als auch das, das Sie auf den Boden geworfen haben. (Ja, Sie sind gerade sehr großzügig – sind Sie nicht einfach ein wunderbarer Elternteil?) Werfen Sie am Ende das Leckerli so weit weg, wie Sie meinen, dass er es holen kann. Und wenn er losläuft, gehen Sie in die entgegengesetzte Richtung. Rufen Sie ihn, nachdem er das Leckerli genommen hat, und belohnen Sie ihn, wenn er bei Ihnen ist.

- **Rundlauf.**

Falls Sie mit mehreren Personen in einem Haushalt leben, können Sie »Komm!« im Kreis üben, indem Ihr Hund von Person zu Person gerufen wird, um gestreichelt und belohnt zu werden. Wenn er besser wird, können Sie den Kreis vergrößern. Spielen Sie danach das Spiel so, dass die Personen an unterschiedlichen Orten im Haus sind, und anschließend draußen. Vergessen Sie nicht, ihn über alle Maßen zu loben, wenn er zu Ihnen kommt.

- **Feldleinen-Abruf.**

Gehen Sie mit Ihrem Hund an einen Ort, an dem er vorher noch nie war, und machen Sie großes Aufheben darum, ihm die Leine abzunehmen. Aber währenddessen haben Sie eine leichte, rund zehn Meter lange Leine, eine sogenannte Feld- oder Schleppleine, an sein Geschirr oder Halsband angebracht, die Sie so behutsam halten, dass die Leine nicht gespannt ist. Während er von Ihnen wegtrabt, sagen Sie seinen Namen und »Komm!«. Wenn er sich umdreht und zu Ihnen kommt, agieren Sie sehr enthusiastisch. Falls er nicht kommt, ziehen Sie kurz an der Leine und gehen Sie rückwärts, sodass er zu Ihnen kommen muss. Belohnen Sie ihn, wenn er bei Ihnen ist. Üben Sie dies häufig, und lassen Sie ihn sich allmählich immer weiter von Ihnen entfernen.

An der Leine laufen

Brav an der Leine zu laufen ist die Übung, die am schwierigsten beizubringen ist. Wir Hundetrainer benutzen verschiedene Techniken, um dies dem Hund beizubringen. Ich verwende oft eine Kombination verschiedener Techniken, damit mein Hund sich optimal auf mich konzentriert. Bevor Sie anfangen, müssen Sie darüber nachdenken, was die Leine für einen ungeschulten Hund bedeutet: Es ist ein Seil, das an seinem Halsband befestigt ist, durch das er seinen Besitzer dahin ziehen kann, wo er hingehen möchte! Wir möchten natürlich, dass unser Hund die Leine als ein Seil ansieht, mit dessen Hilfe wir ihn an unserer Seite halten können. Leider braucht das einige Zeit, daher beschreibe ich Ihnen hier ein paar Methoden, die Sie ausprobieren können. Zumindest eine davon sollte zu Ihrem Trainingsstil und dem Lernstil Ihres Hundes passen.

Bei jeder Methode ist es äußerst wichtig, daran zu denken, dass Ihr Hund seine Aufmerksamkeit auf Sie konzentrieren muss. Das können Sie forcieren. Er muss auf Sie achten, weil Sie unberechenbar sind und ihn gleichzeitig stark belohnen. Ich nenne dies »berechenbar unberechenbar« sein, da Ihr Hund weiß, dass Sie ohne Ankündigung die Richtung ändern oder sogar verschwinden können und es seine Aufgabe ist, Sie im Auge zu behalten. Sie können die folgenden Methoden ausprobieren.

Methode eins: Aufmerksamkeitsgehen

Für den Anfang ist dies eine gute Methode, damit Ihr Hund erkennt, dass Sie das Zentrum des Universums sind!

• Fangen Sie so an, dass Ihr Hund direkt vor Ihnen sitzt und Sie anschaut. Halten Sie die Leine sehr locker oder binden Sie sie sich um die Taille. Halten Sie ein paar weiche, köstliche Leckerlis in der Hand.
• Machen Sie ein oder zwei Schritte rückwärts und halten Sie dann an. Fordern Sie Ihren Hund zum »Sitz« auf. Markieren und belohnen Sie dies dann.
• Wiederholen Sie dies mehrmals, aber passen Sie auf, dass sie nirgendwo gegenprallen, wenn Sie rückwärts gehen.
• Erweitern Sie nun die Übung, indem Sie mehrere Schritte rückwärts gehen, bevor Sie anhalten und ihn belohnen.
• Nachdem er das mit Leichtigkeit kann (das mag vielleicht vier Minuten dauern), gehen Sie rückwärts und dann abrupt auf Ihren Hund zu, wobei Sie ihn sanft zur Seite drücken. Machen Sie drei oder vier Schritte, halten Sie an und lassen Sie ihn neben sich sitzen, statt vor Ihnen. Markieren und belohnen Sie.
• Erweitern Sie die Übung, indem er jedes Mal weiter und weiter neben Ihnen laufen muss. Falls er anfängt, sich nach vorne zu drängen, gehen Sie schnell rückwärts, bis er Ihnen folgt. Gehen Sie dann wieder auf ihn zu, sodass er neben Ihnen laufen muss. Machen Sie mehrere Schritte, halten Sie dann an, geben Sie ihm das Kommando »Sitz!« und markieren und belohnen Sie.
• Später, wenn sein Verhalten zuverlässiger ist, fügen Sie das verbale Kommando hinzu. Wenn Sie loslaufen, sagen Sie: »Geh mit!« oder »Lass uns gehen!« und verknüpfen Sie das Kommando mit dem, was er richtig macht!

Methode zwei: Verknotete Leine

Bei dieser Methode werden Sie immer daran erinnert, wie viel Leine Sie Ihrem Hund gelassen haben. Es ist meine liebste Übergangsmethode.

- Wählen Sie ein Wort, das Ihrem Hund sagt, dass Sie nun gehen werden: »Hey«, »tschüs«, »ups«, »lauf« oder »oh, oh«. Mein Lieblingswort ist »ups«. Den Gebrauch von »nein« mag ich nicht, denn mit diesem Wort sind bereits sehr viele Emotionen verknüpft.
- Benutzen Sie eine 1,80 m oder 2,50 m lange Leine. Machen Sie ungefähr in einem Abstand von 50 - 60 cm vom Karabinerhaken einen Knoten in die Leine. Davon ausgehend, dass Ihr Hund auf Ihrer linken Seite ist (die Seite, die die meisten Menschen vorziehen), halten Sie den Knoten in Ihrer linken Hand. Mit der rechten Hand halten Sie die Schlaufe am anderen Ende der Leine. Ihr Hund sollte neben Ihnen oder einen Schritt vor oder hinter Ihnen laufen, ohne an der Leine zu ziehen.
- Üben Sie diese Methode an einem sicheren Ort, an dem keine anderen Hunde sind. Beobachten Sie genau seinen Kopf und seine Körpersprache, während Sie laufen. Sobald er nicht mehr auf Sie achtet – er läuft ein bisschen vor oder seitlich von Ihnen oder schaut sogar weg – geben Sie ihm Ihr Auf-Wiedersehen-Signal und lassen Sie den Knoten los. Halten Sie mit der rechten Hand weiterhin das Ende mit der Schlaufe und ändern Sie die Richtung. Ihr Hund sollte Sie einholen. Und wenn er das tut, verstärken Sie sein Verhalten durch kräftiges Lob und vielleicht einen Leckerli-Jackpot.
- Üben Sie diese Methode häufig. Damit die Technik der verknoteten Leine effektiv ist, muss sie so automatisch ablaufen, als ob Sie Ihren Fuß auf die Bremse Ihres Autos stellen.

Methode drei: Die unzuverlässige Leine

Diese Methode funktioniert gut bei Hunden, die emotional stark mit ihren Eltern verbunden sind oder nervös werden, wenn sie alleine gelassen werden.

- Halten Sie die Leine sehr locker, sodass sie stark durchhängt. Wenn Ihr Hund nach vorne prescht, sagen Sie »ups«, lassen Sie die Leine ganz aus Ihrer Hand gleiten und gehen Sie langsam weg.
- Wenn er bemerkt, dass Sie gegangen sind, und zu Ihnen zurückkommt, verstärken Sie dies (durch Streicheln, Lob und Leckerlis) und gehen Sie wieder vorwärts. Binnen kurzer Zeit wird er sich nicht mehr darauf verlassen, dass die Leine ihm verrät, wo Sie sind.

Methode vier: Gezieltes Gehen

Diese Methode üben Sie am besten, wenn Sie auf dem Weg zum Auto, einem Hundepark oder einem anderen Ort sind, an den Ihr Hund *wirklich* gern gehen möchte.

- Stellen Sie ein köstliches Ziel (vielleicht eine Schüssel mit gekochtem Hühnchen!) rund sechs Meter von Ihnen entfernt hin. Vergewissern Sie sich, dass Ihr Hund weiß, dass es dort ist. Gehen Sie nun langsam mit ihm auf das Ziel zu.
- Sobald er Ihnen einen Schritt voraus ist, sagen Sie »ups«, halten Sie an und gehen Sie mit Ihrem Hund zum Ausgangspunkt zurück. Fangen Sie von vorne an. Dazu sind möglicherweise mehrere Wiederholungen nötig. Wenn Sie letztlich das Ziel erreichen, ohne dass Ihr Hund nach vorne zieht, lassen Sie ihn »Sitz« machen und geben Sie ihm die Leckerlis. Sie bringen ihm bei, dass er durch Ziehen nicht dorthin gelangt, wo er hin möchte.

Methode fünf: Such!

Diese Methode wird sowohl Ihnen als auch Ihrem Hund Spaß machen! Am nützlichsten ist »Such!«, um Ihren Hund von einem anderen Hund oder Menschen abzulenken. (Das ist praktisch, wenn wir Hundetrainer an Aggressionen arbeiten.) Fangen Sie mit der Methode an, die ich für das Abrufen beschrieben habe.

- Legen Sie ein Leckerli auf den Boden, zeigen Sie darauf und sagen Sie: »Such!«. Nachdem Sie ein paar Minuten lang geübt haben, werfen Sie die Leckerlis auf den Boden. Achten Sie dabei darauf, dass Sie sie durch das Blickfeld Ihres Hundes werfen. Sie werden feststellen, dass Ihr Hund, nachdem er die Leckerlis gefunden hat, immer wieder zu Ihnen zurückkommen wird, in der Hoffnung auf mehr Leckerlis. Gehen Sie nun los und werfen Sie behutsam ein Leckerli vor Ihnen auf den Boden. Sagen Sie: »Such!«.
- Wenn Ihr Hund das Leckerli entdeckt hat, gehen Sie langsam weg, wobei Sie die Leine sehr locker halten oder sogar fallen lassen. Er wird sich das Leckerli nehmen und sich beeilen, um Sie einzuholen. Wenn er bei Ihnen ist, geben Sie ihm das Kommando, dass er mit Ihnen gehen soll (»Lass uns gehen«, »geh mit« oder welches Kommando auch immer Sie verwenden möchten). Machen Sie dies wieder und wieder. Lassen Sie das Leckerli fallen, sagen Sie: »Such!« und gehen Sie in eine andere Richtung, sobald Ihr Hund es gefunden hat. Ihr Hund wird entweder auf das Leckerli oder auf Sie achten.

• Erweitern Sie die Übung, indem Sie zwischen den einzelnen »Such!« immer weiter laufen. Sollte Ihr Hund ein überzeugter Zerrer sein, können Sie die Leckerlis direkt hinter Ihnen und leicht links fallen lassen. Er wird sie finden und sich beeilen, Sie einzuholen, aber er wird darin bestärkt, Ihnen auf den Fersen zu sein.

Perfektion ...

Perfektion ist unmöglich. Hundertprozent erfolgreiches Abrufen ist nicht möglich. Hundertprozent erfolgreiches Sitz ist nicht möglich. Sogar die Leute, die damit prahlen, dass ihre Hunde absolut zuverlässig sind, irren sich. Wenn Sie etwas haben möchten, das hundertprozentig zuverlässig ist, kaufen Sie sich ein Tamagotchi. Ihr Hund wird nicht perfekt sein, bis Sie es sind. Falls Sie glauben, dass Sie von Ihrem Hund zu viel verlangen, sollten Sie sich die folgenden Fragen stellen:

• Ist mein Hund körperlich dazu in der Lage, das gewünschte Verhalten zu zeigen?
• Habe ich das Verhalten so lange mit ihm geübt, bis er zu neunzig Prozent zuverlässig ist?
• Habe ich mit meinem Hund schon mal in dieser Umgebung trainiert?

Falls Sie alle Fragen mit »ja« beantwortet haben, verlangen Sie nicht zu viel von ihm. Haben Sie mit »nein« geantwortet, sollten Sie dazu zurückkehren, das Verhalten weiter zu festigen.

Methode sechs: Die doppele Leine

Die Methode probiere ich für gewöhnlich bei einem jungen Welpen aus, aber Sie können sie auch mit einem älteren Hund üben, sofern Sie konsequent bleiben. Es gibt drei unentbehrliche Zutaten: Jede Menge weiche, teilbare Leckerlis, eine normale 1,80-Meter-Leine und eine Feldleine (eine 6 - 9 Meter lange Leine, die über den Boden schleifen kann). Die Leine sollte leicht sein, aber es muss keine »offizielle« Feldleine sein, aber Sie können eine solche kaufen, wenn Sie möchten. Doch eine Nylonschnur, in die Sie im Abstand von jeweils ungefähr einem Meter einen Knoten machen, ist vollkommen ausreichend.

• Fangen Sie damit an, Ihrem Hund beizubringen, dass es immer lohnenswert ist, ganz nah bei Ihnen zu bleiben. Wenn er freiwillig zu Ihnen kommt, sollte er Lob, Streicheleinheiten, Aufmerksamkeit und ein oder zwei Leckerlis bekommen. Sie können auch mehrere kleine Leckerlis auf den Boden werfen, um die Gegend um Sie herum noch attraktiver zu machen. Aber versuchen Sie, nicht so durchschaubar zu sein, dass Ihr Hund weiß, wo die Leckerlis herkommen; manchmal kommen Sie aus Ihrer Hand (wenn er sitzt) und manchmal vom Boden.

• Bringen Sie nun die Feldleine an das Halsband Ihres Hundes an – lassen Sie seine normale Leine vorerst aus. Lassen Sie ihn die Feldleine eine Zeit lang hinter sich herziehen, bis er ihr keine Beachtung mehr schenkt. Das braucht normalerweise ein paar Minuten.

• Wenn Sie loslaufen, wird er wahrscheinlich vor Ihnen laufen. Kommt er an einen Punkt, den er Ihrer Meinung nach nicht überschreiten soll, sagen Sie sanft: »Warte!«, »Stopp« oder »nah dran« (aber entscheiden Sie sich für ein Wort und benutzen Sie dieses dann immer), um ihm zu zeigen, dass er seine Grenze erreicht hat. Sofort nachdem Sie das Wort gesagt haben, treten Sie auf die Feldleine, wodurch er abrupt stoppen muss. Sagen Sie seinen Namen und gehen Sie in eine andere Richtung, aber nicht unbedingt den Weg zurück, den Sie gerade zurückgelegt haben. Sobald er Sie einholt und neben Ihnen läuft, loben und belohnen Sie ihn mit ein paar köstlichen Leckerlis. Setzen Sie Ihren Weg fort. Wenn er zu weit vorne läuft, geben Sie ihm das Kommando anzuhalten und treten Sie auf die Leine. Kommt er zu Ihnen zurück, loben und belohnen Sie ihn, und setzen Sie Ihren Weg fort. Wiederholen Sie diese Übung sehr häufig.

• Sobald Ihr Hund Sie ständig im Auge behält, legen Sie ihm seine normale Leine an. Halten Sie diese sehr locker. Sie sollte locker genug sein, dass Sie Ihnen aus der Hand gleiten kann, falls Ihr Hund zerrt und Sie nicht auf die Feldleine treten. Machen Sie dieselbe Übung, benutzen Sie Ihr Stopp-Kommando und ziehen Sie überhaupt nicht an seiner normalen Leine. Diese Leine trägt er nur der Form halber, aber nicht zur Korrektur. Das ist sehr wichtig, denn Hunde lernen schnell, dass Sie mit ihnen laufen müssen, wenn sie an der Leine ziehen. Und ich möchte nicht, dass mein Hund das lernt.

• Halten Sie denselben Ablauf wie vorher ein. (Mittlerweile sollte das Wort

»Stopp« oder »Warte« ausreichen, damit Ihr Hund anhält.) Wenn Sie sich umdrehen und in eine andere Richtung gehen und Ihr Hund mit Ihnen läuft, geben
Sie ihm das Kommando »Geh mit mir!« (oder, wenn Sie möchten »Bei Fuß!«).
Machen Sie kehrt und gehen Sie in viele verschiedene Richtungen. Halten Sie
zwischendurch oft an und belohnen Sie ihn. Halten Sie die Leine immer so locker in der Hand, dass er über die Leine keine Kommandos erhält – nur
dadurch, dass er auf Ihren Körper achtet.

Egal, welche Methode Sie anwenden, denken Sie immer daran, dass Sie der
Anführer sind und *Ihr Hund* der Geführte ist.

Gutes Benehmen beibehalten

Oft erzählen mir Kunden während der Beratung, dass sie mit ihrem Hund zur
Hundeschule gegangen sind, er sich aber anscheinend nicht mehr an das erinner-
te, was er gelernt hatte. Eine meiner Kundinnen klagte darüber, dass ihr Hund ihre
Kommandos scheinbar als Vorschläge ansah! So etwas kommt sogar ständig vor,
hauptsächlich, weil in den Gehorsamsstunden gegen die natürlichen Instinkte und
Wünsche des Hundes gearbeitet wird. Darum müssen Sie, wenn Sie möchten,
dass Ihr Hund sich weiterhin zivilisiert benimmt, regelmäßig mit ihm üben, und
zwar bis an sein Lebensende. Dies ist, wie bereits gesagt, Aufrechterhaltung.
    Am ehesten behält er sein gutes Verhalten bei, wenn Sie es in Ihr alltägliches
Leben integrieren. Ich gehe jeden Morgen mit meinen Hunden Gassi, und während des Spaziergangs machen wir praktisch alle Übungen, indem ich ein Spiel
daraus mache. Dadurch bleiben wir alle am Ball.
    Zuhause müssen unsere Hunde sitzen und warten, bevor Sie eintreten oder hin-
ausgehen, bevor sie fressen und auch bevor sie Extra-Leckerlis bekommen (die
sie häufig bekommen!). Routinemäßig rufe ich sie aus dem Garten und belohne
sie mit ihrem Abendessen oder einem Leckerli, damit ich mir immer sicher sein
kann, dass sie kommen, wenn ich sie rufe.
    Wenn Sie konsequent gute Manieren von Ihrem Hund verlangen, wird er sanft
ins Erwachsenen- und Seniorenalter überwechseln, und Sie werden vergessen,
dass er jemals ein unausstehlicher jugendlicher Hund war!

Teil Drei

Erwachsenenalter und Altern: Zwei Jahre und älter

12

Die Auswahl eines erwachsenen Hundes

Können Sie sich noch daran erinnern, wie lange Ihnen die Kindheit und Jugend vorkam? Ein Sommertag konnte ewig dauern. Doch wenn Sie jetzt im Erwachsenenalter auf Ihre Jugend zurückblicken, kommt Ihnen diese gerade mal wie eine Minute vor. Das gilt auch für Hunde. Meistens können Sie sich entspannen, wenn Sie die ersten zweieinhalb Jahre überstanden haben. Der Hund, den Sie großgezogen haben, wird der Hund sein, den Sie jahrelang haben werden. Die meisten Hunde werden 12, 13 oder 14 Jahre alt, und manche leben sogar noch länger. Wenn Sie Ihre Arbeit gut gemacht haben, sollten Sie diese Jahre sehr genießen können.

Der richtige erwachsene Hund für Sie

Wenn Sie in Erwägung ziehen, einen Hund zu sich zu holen, der älter als zweieinhalb oder drei Jahre ist, sollten Sie ziemlich wählerisch sein – sogar noch mehr, als Sie es bei einem Welpen oder jugendlichen Hund wären. Der Grund dafür ist, dass in diesem Alter die meisten Verhaltensweisen recht fest verwurzelt sind, genauso wie bei uns, wenn wir erwachsen sind. Darum werden Sie das Verhalten eines Hundes nicht mehr grundlegend ändern können, es sei denn, Sie möchten dafür sehr viel Zeit und Mühe opfern.

Der »schüchterne« Hund

Vor einigen Jahren sollte ich mir einen Hund anschauen, der nach Meinung unserer Tierpfleger schüchtern war. Er blieb im hinteren Teil seines Geheges und kam nicht für Begrüßungen nach vorne, wie es die anderen Hunde taten. Als ich die Tür öffnete, kam er bereitwillig zu mir und ließ mich ihm die Leine anlegen. Dann ging ich in den winzigen Testraum, den wir damals hatten. Mir folgten drei brandneue ehrenamtliche Mitarbeiter in den Raum. Zu dem Zeitpunkt ließ ich für gewöhnlich immer die Leine fallen, um den Umgang des Hundes mit Menschen besser beobachten zu können. Das war ein großer Fehler. Der Hund – ein unkastrierter Dobermann-Schäferhund-Mischling – war überhaupt nicht schüchtern. Er war distanziert. Sobald der Hund außerhalb seines Geheges war, schaute er mich nicht einmal an. Stattdessen nahm er jede Tür des Raums unter die Lupe (es gab vier davon) und pinkelte gegen jede. Dann schaute er wieder zu mir rüber, und dieser Blick ließ mir einen Schauer über den Rücken laufen. Ich schickte meine Freiwilligen aus dem Raum und griff langsam nach der Leine. Ich habe nicht gesehen, wie er sich auf mich stürzte, aber plötzlich blutete meine Hand und er starrte mich wieder an. Ich nahm meine fünf Sinne wieder zusammen und ging zur Tür, die ich für ihn öffnete. Nachdem er hindurch gegangen war, schloss ich sie vorsichtig wieder und nahm die Leine auf. Als ich das geschafft hatte, konnte ich ihn ins Gehege zurückbringen.

Diese Geschichte soll Ihnen als Lehre und Erinnerung dienen, dass ein Hund, der schüchtern wirkt, in Wahrheit distanziert sein kann, und das ist eine potenziell gefährliche Charaktereigenschaft bei einem Tier.

Ich rate Ihnen nochmals, sich nicht vom Aussehen verleiten zu lassen. Manche der süßesten Hunde sind nicht die besten Familienhunde. Andererseits können auch manche eher unansehnlichen Hunde sich perfekt in eine Familie integrieren. Ein erwachsener Hund ist wahrscheinlich stubenrein, benimmt sich wohl eher nicht zerstörerisch und braucht nicht ganz so viel Bewegung wie ein jüngerer Hund. Natürlich gibt es auch erwachsene Hunde, die nicht stubenrein sind, sehr zerstörerisch wüten können und täglich fünfzehn Kilometer laufen müssen! Wenn Sie sich einen älteren Hund anschauen, probieren Sie, dieselben Auswahlkriterien anzuwenden wie bei jüngeren Hunden. Trennen Sie ihn von den anderen Hunden und lernen Sie ihn in einer ziemlich ruhigen Umgebung kennen. Lassen Sie sich für Ihre Entscheidung jede Menge Zeit. Ich habe schon Menschen gesehen, die einfach auf einen Hund zeigen und sagen »Ich nehme den hier«, so als ob sie sich für einen Videorekorder entscheiden. Falls Sie nicht umsichtig sind, könnte es sein, dass Sie sich für ein Tier entscheiden, das bei Ihnen zuhause mehr Chaos anrichtet, als Sie sich jemals hätten vorstellen können!

Freundlichkeit

Das Erste, worauf Sie achten sollten, ist sein Bindungsverhalten, auch bekannt als Freundlichkeit. Der Hund sollte bei Ihnen sein wollen und gerne gestreichelt werden. Falls der Hund, den Sie in Betracht gezogen haben, distanziert wirkt – die Umgebung erkundet, jeden Zentimeter des Gartens oder Raums, in dem Sie sich befinden, abschnuppert, und nicht zwischendurch zu Ihnen zurückkommt – gibt es Grund zur Beunruhigung. Bei erwachsenen Hunden ist es wichtiger nach dieser Charaktereigenschaft zu schauen als bei Welpen oder jugendlichen Hunden. Bei jüngeren Hunden ist die Persönlichkeit noch nicht so gefestigt, und sie sind vielleicht gar nicht distanziert, sondern einfach nur an der großen weiten Welt interessiert.

Auch das andere Extrem kann problematisch sein. Falls der Hund wie eine Klette an Ihnen hängt, sich gegen Ihren Körper presst oder mit der Pfote an Ihren Armen oder Beinen scharrt, könnte dies ein Anzeichen von Problemen sein. Er könnte ein Kontroll-Freak sein (möglicherweise dominant) oder unter Trennungsangst leiden – oder beides! Sie sollten nach einem Hund schauen, der Aufmerksamkeit sucht, diese zu mögen scheint und nicht in Panik gerät, wenn Sie aufstehen und außer Reichweite gehen.

Berührungen

Problemloser Umgang mit Berührungen geht mit Freundlichkeit Hand in Hand. Der Hund sollte sich von Ihnen berühren lassen, wann immer Sie wollen. Das bedeutet, wenn Sie seine Pfoten anfassen wollen, können Sie das, und wenn Sie sich seine Zähne anschauen wollen, sollte das für ihn auch okay sein! Das kann ich nicht stark genug betonen. Es wird Momente geben, in denen Sie ihn trocken rubbeln, seine Ohren reinigen oder seine Krallen schneiden müssen. Oft sagen mir Leute: »Er mag es nicht, wenn ich das tue.« Tja, Ihr Kind wird es vielleicht auch nicht gemocht haben, wenn Sie es gebadet haben, musste das aber hinnehmen. Sie müssen Ihren Hund anfassen können, wann immer und wie Sie wollen.

Wenn wir überprüfen, ob ein Hund sich dafür eignet, von jemandem aufgenommen zu werden, umarmen wir ihn sogar – einfach nur um sicherzugehen, dass wir das können.

Bewachen von Futter und Spielzeug

Manche Hunde haben das Erwachsenenalter erreicht, ohne jemals teilen gelernt zu haben. Diese Hunde sind meistens keine sehr guten Familienmitglieder, weil man nicht weiß, was sie verteidigen werden – es könnte Futter sein, ein Spielzeug oder auch Sie. Manche Hunde beschützen Futter oder Spielzeuge nur vor anderen Hunden, manche jedoch vor jedem, und manche beißen sogar richtig fest zu. Falls die Stelle, durch die Sie Ihren Hund bekommen, nicht testet, ob die Hunde Futter oder Spielzeug verteidigen, sollten Sie das selbst tun. Aber Sie müssen für Ihre Sicherheit sorgen. Achten Sie darauf, dass der Hund mit der Leine an einem sicheren Gegenstand oder Möbelstück angebunden ist, bevor Sie ihm etwas Futter in einer Schüssel anbieten. Machen Sie einen Schritt zurück und lassen Sie ihn fressen. Nähern Sie sich ihm langsam, während er frisst. Beobachten Sie seine Körpersprache. Schaut er auf und wedelt mit dem Schwanz, können Sie sich ihm weiter nähern. Frisst er deutlich schneller oder versteift er sich und weicht nicht vom Fressnapf, gehen Sie nicht näher! Und falls er knurrt, sollten Sie natürlich auch nicht näher gehen. Die Hand in den Fressnapf zu stecken, empfehle ich nicht, da das gefährlich werden könnte. Dasselbe können Sie auch mit einem wertvollen Kauspielzeug machen. Wir benutzen Kauprodukte aus Rohhaut oder Schweineohren, die für Hunde meistens wertvolle Besitztümer sind.

Viele meiner Kunden entschuldigen das Verhalten ihres Hundes damit, dass es für einen Hund natürlich sei, sein Futter oder Spielzeug zu verteidigen. Damit haben sie natürlich Recht. Stellen Sie sich vor, Sie sind in einem Restaurant und ein Kellner nimmt Ihr Essen weg, bevor Sie fertig sind. Die meisten Leute würden mit dem Kellner schimpfen und manche würden sogar leicht wütend werden. Jedoch wäre es völlig unangebracht, aufzustehen und dem Kellner eins auf die Nase zu geben!

Sein Verhalten, Futter oder Spielzeug zu bewachen, zu verändern, kann in jedem Fall gefährlich sein und Zeit kosten, besonders bei einem erwachsenen Hund. Falls Sie von diesem bestimmten Hund nicht vollkommen begeistert sind, würde ich ihn jemand anderem überlassen und stattdessen einen anderen Hund in Betracht ziehen.

Freundschaftliches Verhalten unter Hunden

Es versteht sich von selbst, dass die meisten Menschen keinen Hund haben wollen, der anderen Hunden gegenüber aggressiv ist. Viele wünschen sich einen Hund, der gerne mit anderen Hunden spielt. Sie können die Besitzer oder die Mitarbeiter des Tierheims fragen, ob sie den Hund als kontaktfreudig ansehen, oder Sie können ihn mit einem anderen Hund in Kontakt bringen. Denken Sie daran, dass erwachsene Hunde andere Hunde häufig nicht mögen, bis sie sich umfassend miteinander bekannt gemacht haben, auch wenn sie natürlich andere Hunde nicht aktiv bedrohen sollten. Und selbst wenn ein Hund mit anderen Hunden in einem Zwinger untergebracht war, bedeutet das noch nicht, dass er hundefreundlich ist. Es ist möglich, dass er und die anderen Hunde das »Fahrstuhlsyndrom« erlebt haben. Manchmal stehen die Menschen in Aufzügen dicht aneinander gedrängt und drehen sich meistens nach vorne, sodass sie die Tür und die Anzeige anschauen. Nur weil sie nahe beieinander sind, bedeutet das noch nicht, dass diese Menschen sich mögen oder mit den anderen Menschen gut auskommen. Sie haben nur einen vorübergehenden Waffenstillstand geschlossen, um eine Situation zu meistern, in der sie zu wenig persönlichen Raum haben. Einer der interessanteren Aspekte des Fahrstuhlsyndroms ist, dass die Menschen in einem Aufzug sehr selten Blickkontakt haben, und falls doch, ist er nur flüchtig und manchmal unangenehm. Kommt Blickkontakt zustande, scheinen sich die Menschen in dem Aufzug verpflichtet zu fühlen, Konversation zu betreiben, was auch unangenehm ist. Dieses Phänomen kann man auch bei Hunden sehen, die eingesperrt sind, obwohl ihre »Konversation« durch Körpersprache erfolgt.

Wenn man dies im Hinterkopf behält, sollte die geeignete Kontaktaufnahme auf einem weitläufigen Terrain stattfinden, damit die Hunde nicht zu stark unter Druck stehen, weil sie zu nah beieinander sind. Lassen Sie beide Hunde die Umgebung abschnüffeln – in Wahrheit nehmen sie einander unter die Lupe, ohne dass es so wirkt.

Oft ist es auch eine gute Idee, eine zehn Meter lange Leine zu benutzen, da Sie das Ende der Leine festhalten und den Mittelteil auf den Boden fallen lassen können. Der Hund wird nicht fühlen, dass er angeleint ist, aber Sie können ihn einigermaßen kontrollieren. Versuchen Sie mit allen Kräften zu verhindern, dass ein Hund auf den anderen losgeht. Das ist ein Zeichen sehr schlechter Manieren und führt meistens zu einer Verteidigungsreaktion. Falls Sie sich Sorgen machen, wie die beiden Hunde miteinander umgehen, lassen Sie dies jemand anderes machen.

Suchen Sie sich einen guten Hundetrainer oder Verhaltensberater, der Ihnen helfen kann.

Wenn Ihr neuer Hund sich mit anderen Hunden verträgt, rate ich Ihnen, darauf zu achten, wie er spielt. Die Spielstile von Hunden unterscheiden sich grundlegend, und Fehlkommunikation kann zu Kämpfen führen. Wie schon gesagt, können tyrannische Hunde andere Hunde überwältigen und unabsichtlich sanftmütigere Spieler verletzen. Hütehunde neigen dazu, andere Hunde anzustarren und sich an sie heranzuschleichen, was beim »Ziel« zu großer Angst führt. Manche erwachsenen Hunde möchten gar nicht mit Welpen spielen und können höchst intolerant sein. Viele erwachsene Hunde verspüren keinerlei Bedürfnis, mit anderen Hunden zu spielen, mit Ausnahme derer, die sie richtig kennengelernt haben und die sie mögen. Schließlich sollen sie ja unsere Gefährten sein! Ich mache sehr gerne Wanderungen mit Freunden und deren Hunden, was ich Ihnen auch empfehle. Dadurch können die Hunde miteinander in Kontakt kommen, aber sie müssen nicht, wenn sie nicht wollen. Außerdem können sie die sich ständig verändernde Umgebung erkunden.

Umgang von Hunden untereinander

George war mit seinem dreijährigen Labrador zu einer Beratung gekommen, weil er befürchtete, Rex würde aggressiv werden. Rex hatte sein Leben lang in Hundeparks gespielt, war aber in letzter Zeit in ein paar Kämpfe verwickelt gewesen. Auf Befragen sagte George, dass Rex schon immer stürmisch gespielt habe – er liebte es, in andere Hunde hineinzurennen und sie zu besteigen. Die meisten seiner Kumpels spielten genauso. Scheinbar hatte Rex versucht, auf dieselbe Art mit einem Collie-Mischling zu spielen, zu dessen Spielstil es definitiv nicht gehörte, gegen andere Hunde zu prallen oder diese zu besteigen. Der Collie schnappte nach Rex, der daraufhin zurückschnappte. Das endete in einem richtiggehenden Kampf (und dem ersten von mehreren). Nun vertraute Rex anderen Hunden nicht mehr und versuchte, sie sich vom Leib zu halten, wenn sie sich ihm näherten.

Das hätte vermieden werden können, wenn George aufgefallen wäre, dass nicht alle Hunde gleich spielen. Außerdem hätte es vermieden werden können, wenn George Rex etwas gewissenhafter beobachtet hätte. Weil Rex nun erwachsen war, hatten wir viel mehr Arbeit vor uns, um ihn zu »rehabilitieren«.

Was Sie von einem erwachsenen Adoptivhund erwarten können

Erwachsene Hunde brauchen meistens viel länger als jüngere Hunde, bis sie sich in einen Haushalt eingliedern. Im Laufe der Zeit haben sie Gewohnheiten angenommen und brauchen Zeit, um neue herauszubilden. Manche erwachsenen Hunde waren in ihrem früheren Zuhause aufdringlich und dominant und erwarten, in der neuen Familie die gleiche Rolle zu spielen. Andere waren extrem diszipliniert und haben Angst, einen Fehler zu begehen.

Falls Sie Ihren Hund von einer Vermittlungsstelle oder aus einem Tierheim haben, tappen Sie nicht in die Falle, Mitleid mit ihm zu haben, auch wenn Sie meinen, dass er misshandelt wurde. Wenn ein Hund den Kopf einzieht, wenn er gestreichelt wird, ist das nicht notwendigerweise ein Zeichen dafür, dass er geschlagen wurde. Es kann auch einfach bedeuten, dass er vorsichtig ist, wenn eine Hand über seinem Kopf ist. Wenn er sich duckt oder wegrennt, sobald Sie einen Stock oder Besen in die Hand nehmen, ist es allerdings gerechtfertigt, zu denken, dass ihm etwas Schlechtes passiert ist. Und wenn er vor bestimmten Menschen Angst hat, ist es entweder so, dass er mit diesen noch nie in Kontakt gekommen ist (was, wie wir besprochen haben, sehr wichtig ist) oder schlechte Erfahrungen mit ihnen gemacht hatte.

Auf keinen Fall sollten Sie ihn verwöhnen, um das Verhalten seiner abscheulichen Vorbesitzer wieder gutzumachen. Denn das tut einem Hund gar nicht gut und gibt ihm das Gefühl, Sie seien sein Bediensteter – was Sie garantiert nicht wollen. Es ist viel besser, liebevoll, umsorgend und sachlich zu sein. Das ist sein neues Zuhause und hier wird er nicht misshandelt! Denken Sie daran, dass er einen Anführer braucht, und dieser Anführer müssen Sie sein. Zu diesem Zweck sollten Sie ihm einen Teil seines Fressens mit der Hand füttern und ihm dieses immer zur selben Uhrzeit geben. Lassen Sie ihn an dem Platz schlafen, den Sie für ihn ausgesucht haben (nicht auf Ihrem Bett, zumindest am Anfang nicht), und führen Sie ein regelmäßiges Trainingsprogramm ein. Denken Sie daran, dass Hunde meistens morgens und abends aktiv sind, und nutzen Sie dies zu Ihrem Vorteil, besonders, wenn Sie berufstätig sind. Ein erwachsener Hund kann bis zu zwanzig Stunden am Tag schlafen, und Sie können dafür sorgen, dass er das in der Zeit tut, in der Sie bei der Arbeit sind.

Ich empfehle Ihnen auch wärmstens, ihm sofort beizubringen, dass er manchmal allein sein muss. Menschen holen ihren neuen Hund häufig dann zu sich, wenn sie Urlaub haben und somit viel Zeit mit ihrem neuen Freund verbringen können. Das ist eine gute Idee, aber dennoch müssen Sie Ihren Hund darauf vorbereiten, dass dies kein Dauerzustand sein wird. Bringen Sie ihm ab dem Tag, an dem Sie ihn zu sich nach Hause holen, bei, dass er alleine sein wird, und zeigen Sie ihm, dass Sie immer zurückkommen, indem Sie ihn mehrmals am Tag für kurze Zeit von sich trennen. Ich hatte mehrere Kunden, deren Hunde nur an Montagen »ausrasteten« – sie kauten auf Gegenständen, buddelten Löcher oder versuchten, aus dem Haus oder Garten zu entkommen. Wie Sie sich denken können, trat dieses Verhalten auf, weil die Hunde das ganze Wochenende über ständig bei ihren Besitzern waren und Angst bekamen, wenn die Arbeitswoche begann. Wenn Sie Ihren neuen Hund alleine lassen, lassen Sie ihn nicht überall im Haus frei herumlaufen, denn es könnte sein, dass er es auf eine Art und Weise erkundet, die Ihnen eigentlich nicht recht ist.

Achten Sie beim Aufstellen von Hausregeln darauf, dass alle Familienmitglieder mit diesen einverstanden sind, ansonsten werden sie nicht richtig funktionieren. Entweder wird Ihr Hund versuchen, Vorteile aus einer Person zu ziehen, oder er wird verwirrt und unsicher sein. Manchmal können uneinheitlich agierende Familien zu großen Problemen führen.

Konsequente Führung

Die Familie Smith bestand aus vier Personen: Ehemann, Ehefrau, ein 19-jähriger Sohn und eine 18-jährige Tochter. Rund ein Jahr bevor ich sie kennenlernte, hatten sie eine erwachsene Schäferhundmischlingshündin aus einem Tierheim zu sich geholt. Die männlichen Familienmitglieder waren groß und kräftig, und wenn Roxie etwas tat, das sie nicht wollten, wurde sie von ihnen körperlich gemaßregelt. Um ihre Führungsrolle zu behaupten, drückten sie sie auf den Boden und starrten sie an, bis sie unterwürfig zu urinieren begann. (Diese Technik hatten sie in einem Buch gelesen.) Die zwei weiblichen Familienmitglieder waren freundlich und nicht annähernd so groß wie die Männer. Wenn Roxie etwas falsch machte, versuchten sie zwar auch, sie zu maßregeln, aber beide hatten in Wahrheit Angst vor dem Hund. Und dazu hatten sie auch allen Grund – Roxie dominierte sie. Sie ließ sie nicht nach oben, durch Türen oder sogar in die Küche, wenn sie dort war. Manchmal knurrte sie, wenn sie sie zu streicheln versuchten, und sie hatte beide schon mehrmals gebissen.

Als ich sie kennenlernte war das Familienklima vollkommen gestört und Roxie aktiv gefährlich. Der Ehemann und der Sohn warfen der Ehefrau und der Tochter vor, sie seien keine starken Führungspersönlichkeiten. Roxie meinte, sie stünde im Rang direkt hinter den Männern, aber über den Frauen der Familie. Außerdem wendete sie dieselben gewalttätigen Techniken, welche die Männer bei ihr benutzten, bei den Frauen an. Dies war einer der seltenen Fälle, dass ich wirklich wütend auf meine Kunden war, denn sie hatten einen guten, stabilen Hund durch ihr inkonsequentes Führungsverhalten wirklich ruiniert, ganz zu schweigen davon, dass dies dazu geführt hatte, dass zwei nette Frauen verletzt worden waren. Da sie gefährlich war, wurde Roxie schließlich eingeschläfert. Die Familie Smith nahm dann zwei Welpen auf. Beide entwickelten später ebenfalls Aggressionsprobleme, weil die Familie sich weigerte, ein konsequentes Führungsverhalten an den Tag zu legen.

Das volle Potenzial des erwachsenen Hundes aussschöpfen – und auch beibehalten

Neulich traf ich eine meiner Freundinnen. Während wir über unsere Kinder plauderten, kam sie auf ihren Hund zu sprechen (wie die Leute, die mich kennen, es immer zu tun pflegen). Ihr Boxer ist jetzt vier Jahre alt und, wie sie es ausdrückte, »der Hund des Viertels«. Sie erzählte, dass alle Kinder des Viertels mit ihm spielen wollten und das Leben mit ihm sehr unkompliziert sei. Doch nach ein paar Minuten erwähnte sie, wie schwierig es gewesen war, ihn soweit zu bringen. Als Jugendlicher war er sehr abscheulich; sie hatte meine Dienste mehrfach in Anspruch genommen und an mehreren Kursen teilgenommen. Meine Freundin gab zu, sie hätte ihn nicht zu sich genommen, wenn sie anfangs gewusst hätte, wie schwierig es zu Beginn sein würde. Aber alles in allem war er es wert!

Wie wir wissen, ist jede Menge Ausdauer nötig, um Ihren jungen Hund dabei zu unterstützen, sein gesamtes Potenzial zu entfalten. Sobald die Erziehung abgeschlossen ist, ist die Versuchung groß, sich auf seinen Lorbeeren auszuruhen und vom Tier zu erwarten, dass es den Rest seines Lebens entzückendes Benehmen an den Tag legt. Das ist sogar begründet, vor allem wenn Sie mit dem Trainings- und Übungsprogramm fortfahren, damit er sich weiter gut benimmt und glücklich ist. Ihr Hund springt nicht mehr auf den Küchentisch oder an Besuchern hoch. Er renkt nicht mehr regelmäßig Ihren Arm aus und nachts ist er zuverlässig. Von Zeit zu Zeit wälzt er sich in etwas Ekelerregendem, einfach nur, um Sie daran zu erinnern, dass er ein Hund ist. Aber im Großen und Ganzen haben Sie – zu Recht – das Gefühl, sich entspannen zu können.

Doch eine der grundlegenden Regeln des Verhaltens ist, dass es nicht statisch ist. *Verhalten ändert sich ständig.* Alles Mögliche kann passieren. Und wenn etwas passiert, lernen Sie dadurch, Ihr Kind lernt dadurch und auch Ihr Hund. Er kann Gutes oder Schlechtes lernen, aber er lernt etwas und erinnert sich daran, und dessen müssen wir uns bewusst sein. Stellen Sie sich beispielsweise vor, Sie machen einen Spaziergang mit Ihrem Hund und ein anderer Hund attackiert ihn. Der angreifende Hund ist schwarz. Nach einer kurzen Rauferei hören die Hunde zu kämpfen auf, und keinem ist dabei etwas passiert. Doch das nächste Mal, wenn Sie auf Ihrem Spaziergang einem schwarzen Hund begegnen, knurrt Ihr Hund und will sich auf ihn stürzen. Aufgrund nur eines einzigen Vorfalls hat Ihr schlauer Hund gelernt, dass man schwarzen Hunde nicht trauen kann und sie möglicherweise aggressiv sind. Dieses »Aha-Erlebnis« kann zu jedem Zeitpunkt im Leben des Hundes erfolgen, sogar wenn der Hund alt ist. Normalerweise beeinflusst ein Trauma einen jüngeren Hund stärker als einen älteren Hund, aber es wirkt sich auf alle Hunde aus.

Sie dürfen nicht vergessen, dass Ihr Job noch nicht vorbei ist. Ihr Hund wird für den Rest seines Lebens ein zwei- bis dreijähriges Kind bleiben, und Sie müssen sich darauf einstellen. Daher müssen Sie immer darauf achten, dass er in Sicherheit ist und sich nicht selbst Dinge beibringt, die Sie gar nicht mögen.

13

Die größere Familie: Haushalte mit mehreren Hunden

Viele Menschen haben mehr als einen Hund und damit überhaupt keine Probleme. Manche Menschen legen sich einen zweiten Hund zu, und mit dessen Ankunft beginnen jede Menge Probleme. Vieles hängt davon ab, welchen Zweithund Sie sich aussuchen und wie Sie beide Hunde behandeln. In diesem Kapitel werden Sie lernen, wie Sie den Weg zum Erfolg ebnen.

Wie Sie einen neuen Hund in die Hundefamilie einführen

Es gibt ein altes Sprichwort über Menschenfamilien, das genauso gut auf Hundefamilien zutrifft: »Die einzige Familie, in der es nicht zu Rivalitäten unter Geschwistern kommt, ist die, in der es keine Geschwister gibt.« Manche Hunde lieben einfach alle anderen Hunde, aber viele sind wählerisch. Wenn Sie einen Hund haben (oder auch zwei) und sich noch einen weiteren anschaffen wollen, sollten Sie wissen, dass Probleme auftreten *können*, besonders, wenn der Hund, der bereits bei Ihnen ist, erwachsen ist und Sie einen weiteren Erwachsenen dazu holen möchten.

Falls Sie noch in der Auswahlphase sind, sollten Sie einen Hund des anderen Geschlechts in Betracht ziehen. Sie werden wahrscheinlich gut miteinander auskommen. Bei Hunden gleichen Geschlechts kann es etwas problematischer sein, besonders wenn sie altersmäßig nah beieinander liegen und sich im Temperament ähneln. Hunde leben nach ihren eigenen Regeln, und der Status innerhalb der Familie kann sehr entscheidend sein. Falls zwei Hunde um den Platz direkt zu Ihren Füßen wetteifern, kann es zu Streitereien kommen. Andererseits ist es im Allgemeinen keine gute Idee, sich einen sehr jungen Hund zuzulegen, wenn Sie bereits einen sehr alten Hund haben. Viele Leute tun das, weil sie meinen, dass der ältere Hund durch den jüngeren Hund wieder auflebt, und sie sich selbst und ihre Familie außerdem auf den Tod des älteren Hundes vorbereiten. Manchmal wird der ältere Hund dadurch wieder munterer, aber genauso häufig wird der ältere Hund deprimiert. Der Altersunterschied kann mehrere Jahre betragen, aber eben nicht zu viele. Es ist schwer, präziser zu sein, denn manche Hunde leben länger als andere, darum müssen Sie nach bestem Ermessen entscheiden.

Wenn Sie Ihre Wahl getroffen haben, schauen Sie, ob Sie den Kennenlern-Prozess in kleine Schritte unterteilen können – besonders bei Hunden gleichen Geschlechts. Bringen Sie die Hunde mehrmals an neutralen Orten miteinander in Kontakt, bevor Sie sie mit nach Hause nehmen. Ein guter Weg, sie miteinander bekanntzumachen, ist, mit beiden (beziehungsweise allen) Hunden einen Spaziergang zu machen, da die Hunde nicht auf einander achten müssen und stattdessen die Umgebung erkunden können. Wenn Sie sie dann mit nach Hause nehmen, sollten Sie das nach einem Spaziergang machen, wenn sie müde sind.

Wie Sie Ihren Hund eine Katze kennenlernen lassen

Sie sollten auch sehr vorsichtig sein, wenn Sie Ihren Hund mit einer Katze in Kontakt bringen. In diesem Fall liegt der Trick darin, der Katze die gesamte Kontrolle zu überlassen. Ich finde es sinnvoll, den Hund anzubinden, darauf zu achten, dass er sich wohl fühlt und auf etwas herumkauen kann. Wenn Sie die Katze hereinbringen, setzen Sie sie auf einen höher gelegenen Platz, von wo aus sie den Hund beobachten kann. Sie sollte mehrere Stunden lang den Hund immer mal wieder beobachten können, bevor Sie die beiden wirklich miteinander bekannt machen. Katzen brauchen deutlich länger als Hunde, um sich an eine neue Situation zu gewöhnen. Es ist sehr wichtig, dass der Hund keine Möglichkeit hat, die Katze zu jagen – das ist einfach ein bisschen zu viel Spaß! Manchmal kann sogar ein etwas räuberischer Hund problemlos mit einer Katze zusammenleben, solange Sie das Jagen verhindern.

Eifersuchtsprobleme

Oftmals kommt der Hund, den Sie bereits hatten, bestens mit dem neuen Hund aus, bis er begreift, dass der neue Hund bleibt! Genau wie ein Kind, das sein Spielzeug oder die Zuneigung der Mutter eigentlich nicht teilen möchte, kann auch ein Hund sich sehr schnell eifersüchtig zeigen. Darum müssen Sie zügig eindeutige Hausregeln aufstellen.

Die Hunde kriegen sich am ehesten wegen Ihrer Aufmerksamkeit in die Haare, weshalb es wichtig ist, dass Ihr erster Hund versteht, dass die Ankunft des neuen Hundes nicht weniger Aufmerksamkeit für ihn bedeutet. Nähert der neue Hund sich Ihnen und möchte er gestreichelt werden, aber versucht auch Ihr erster Hund, Ihre Aufmerksamkeit zu erzielen, kümmern Sie sich unter allen Umständen um beide.

Vergewissern Sie sich, dass jeder der Hunde weiß, wo er schlafen soll, und achten Sie darauf, dass beide alles nötige Futter bekommen, aber lassen Sie kein Futter auf dem Boden stehen, denn das könnte ein Konfliktherd sein. Ich finde es hilfreich, zumindest in den ersten Tagen alles Spielzeug vom Boden aufzuheben, um auch dort mögliche Probleme auszumerzen.

Das Bedürfnis nach Bewegung

In den ersten drei Wochen ist es wichtig, dass die Hunde jede Menge Bewegung bekommen – mehr als normalerweise. Der Grund ist ziemlich offensichtlich: Ein müder Hund ist meist ein guter Hund. Außerdem kann dies die Bindung zwischen den beiden Hunden verstärken. Manche Hunde jagen unaufhörlich im Garten hintereinander her, sodass Sie die meiste Zeit aus dem Schneider sind. Doch andere Hunde nutzen den Garten als riesiges Schlafzimmer. Mit diesen Hunden muss man rausgehen und sie müssen laufen oder rennen – manchmal kilometerweit, je nach Alter. Ausflüge an den Strand oder die vorsichtige Nutzung eines Hundeparks sind auch geeignet. Seien Sie aber vorsichtig, dass sie keine anderen Hunde verfolgen.

Lernen, alleine zu sein

Ein weiterer wichtiger Punkt ist, jedem der Hunde beizubringen, alleine zu bleiben. Sie werden das ein oder andere Mal alleine bleiben müssen, und je weiter Sie dies hinauszögern, desto schwieriger wird es.

Ich möchte, dass meine Hunde primär eine Bindung zu mir aufbauen und erst dann untereinander. Daher trenne ich sie mindestens einmal am Tag für ein paar Stunden voneinander. Sie können sie in ihren jeweiligen Boxen schlafen lassen, sie können einen nach draußen bringen und den anderen drinnen behalten, oder sie können sie einfach in verschiedene Räume sperren. Das unterstützt auch den Erziehungsprozess, der mit zwei Hunden eine frustrierende Angelegenheit sein kann. Wenn Sie sie trainieren, bereiten Sie dem Erfolg den Weg, indem Sie nicht versuchen, beide Hunde gleichzeitig zu erziehen. Manche unserer Kunden, die zwei Hunde haben, besuchen mit beiden denselben Hundeunterricht. Das läuft meistens nicht gut, weil die Hunde häufig auf dem Trainingsgelände herumtollen und manchmal bellen und die anderen Kunden stören. (Wir haben sogar einen Kurs für »Doppelangebote«, der auf die Besitzer mehrerer Hunde zugeschnitten ist – es ist ein hervorragender Kurs, aber beide Hunde müssen bereits Grundkenntnisse haben.)

Obwohl zwei Hunde einander hervorragend Gesellschaft leisten können, können sie auch in doppelte Schwierigkeiten geraten, besonders wenn sie untereinander eine starke Bindung haben und Sie damit weniger brauchen. Gruppenverhalten (Rudelverhalten) kann auf unterschiedliche Art und Weise ein großes Problem darstellen. Beispielsweise haben manche Hunde großen Spaß dabei, an Zäunen zu bellen oder Autos hinterherzujagen. Fügen Sie einen zweiten Hund hinzu, und der Spaßfaktor kann riesig sein!

Zwei Hunde geben einander auch mehr Mut – falls ein Hund dazu neigt, Gäste oder Eindringlinge anzuknurren oder anzubellen, könnten zwei Hunde sogar noch weiter gehen. Selbst zum idealen Zeitpunkt kann es schwierig sein, zwei Hunde zu kontrollieren, und zu anderen Zeitpunkten kann es äußerst ärgerlich sein, wenn beide versuchen, gleichzeitig durch die Tür zu preschen oder ins oder aus dem Auto zu springen.

Der Schlüssel zur guten Verhaltenssteuerung

Der Schlüssel dazu, mit zwei Hunden fertig zu werden, liegt in der Kontrolle der Umgebung sowie in einem guten Führungsstil. Wie bereits gesagt, müssen Sie darauf achten, dass die Hunde Sie mehr brauchen als sich untereinander, damit sie Ihnen gefallen möchten (oder zumindest Missfallen vermeiden). Sie beide »Sitz« machen zu lassen, bevor sie etwas bekommen, das sie haben möchten, ist sehr hilfreich. Auch bevor sie ins Auto springen.

Ich rate Ihnen, sie an einen bestimmten Platz zu bringen, wenn jemand an die Tür kommt (das Schlafzimmer oder die Waschküche), um Probleme an der Tür-schwelle zu vermeiden. Der beste Zeitpunkt, dies beizubringen, ist nicht, wenn ein Freund oder ein Fremder an die Tür kommt! Und beide sofort zu sich zu rufen, wenn sie am Gartenzaun bellen, ist eine gute Methode, um dieses Problem zu handhaben. Vergessen Sie nicht, sie für das Kommen zu loben, auch wenn Sie nicht mit ihnen zufrieden sind. Die Hunde reagieren nicht auf das Bellen; sie reagieren auf Ihr Kommando, zu Ihnen zu kommen.

Falls ein Hund die Rolle des Hundeanführers zu übernehmen scheint, können Sie dies leicht verstärken, indem Sie ihn zuerst durch die Tür gehen lassen (falls er das möchte) und ihn möglicherweise auch zuerst streicheln. Aber im Großen und Ganzen sollten Sie sich so verhalten wie eine Mutter ihren zwei kleinen Kindern gegenüber. Sie sollten so weit über ihnen stehen, dass es Ihnen nicht wirklich wichtig ist, wer von beiden den größeren Nachtisch bekommt. Ich spiele sogar mit meinen Hunden immer ein Spiel, bei dem sie sich Leckerlis verdienen können. Ich rufe »Leckerlis« und natürlich kommen sie alle angerannt. Der, der sich am schnellsten setzt, bekommt zuerst das Leckerli. Falls es einen eindeutigen Anführer gibt, der ein bisschen unsicher ist (unsichere Anführer scheinen zu glauben, sie müssten ihre Führung behaupten, indem sie posieren oder ihre eigenen Dinge vorsichtig bewachen), können Sie ihm sowohl zuerst als auch zuletzt ein Leckerli geben, damit er sich nicht benachteiligt fühlt.

Unser Rottweiler, Barney, war sehr unsicher. Er beharrte darauf, zuerst durch Türen zu laufen, und hatte so viel Würde, dass er sich selbst nicht erlaubte, Ball zu spielen, wenn ein anderer Hund dabei war. Er lief zwar in Richtung Ball, schien dann aber zu merken, was er tat, und hielt an. Die anderen Hunde, Rottweiler Jobear und Ariel, blieben respektvoll zurück bis Barney sich entschieden hatte, was er tun wollte. Nachdem Barney wieder zu mir zurück stolziert war, rasten sie dem Ball hinterher. Wenn er zu irgendeinem Zeitpunkt den Ball haben wollte, ließen sie ihn höflich fallen. Wenn wir spazieren gingen, stolzierte er auf entgegenkommende Hunde zu und wollte sie besteigen, damit sie Mitglieder seines königlichen Gefolges wurden. Leider ließ der endgültige Anführer (ich) dieses Verhalten nie zu. Barney war ein sehr gütiger Anführerhund, und es kam niemals zu Streitereien mit den anderen Hunden. Manchmal machte ich mir schon Sorgen, besonders hinsichtlich meines Autos. Als Anführer befand Barney, er solle zuerst einsteigen. Doch wenn er das tat, stieg Jobear nicht ein (denn es war ja nun Barneys Territorium). Das Ergebnis war, dass er lernen musste, nach Jobear einzusteigen. Dann mussten sie sich beide rumdrehen, sich hinlegen und wurden dafür bestärkt, dass sie so »brav« waren. Diesen Prozess vollziehe ich sogar mit anderen Hunden, denn meist werden dadurch alle Probleme behoben, bevor sie überhaupt entstehen.

14

Aktivitäten für den erwachsenen Hund

Menschen, die ihr Leben lang Sport treiben oder sich anderweitig engagieren, haben meist bessere Aussichten, glücklich und gesund zu bleiben, als Menschen, die dies nicht tun. Obwohl Ihr Hund kein Fitnessstudio besuchen wird, können Sie ihn gesund halten und verhindern, dass er in Schwierigkeiten gerät, indem Sie ihn mit verschiedenen Aktivitäten und Sportarten beschäftigen. Diese sind eine wunderbare Möglichkeit, Ihre Bindung zu ihm zu festigen, da Sie sie gemeinsam machen müssen. Außerdem bieten sie hervorragendes Training und Stimulierung. Sie können aus vielen kurzweiligen Hundeaktivitäten und -sportarten auswählen. Alle sind für Ihren erwachsenen Hund unterhaltsam, und die meisten bieten die Möglichkeit, Gleichgesinnte kennenzulernen. Apportierspiele, Joggen mit Hund, Agility, Flyball, Fährtenarbeit, Hütearbeit und Coursing sind nur ein paar Beispiele. Manche Hunde sind für die eine oder andere Aktivität oder Sportart besser geeignet als für andere, genau wie auch ihre Besitzer.

Apportierspiele

Apportieren ist nicht nur ein Spiel: Es ist ein Mittel, um die Bindung zu stärken, und ihn zu trainieren und zu erziehen. Die meisten Hunde können das Apportieren lernen, weil es für sie eine natürliche Tätigkeit darstellt. Doch wir möchten natürlich, dass unsere Hunde lernen, nur die Gegenstände zu apportieren, die sie bringen sollen. Deshalb bestrafen wir sie oft dafür, dass sie »nicht-hundgerechte« Gegenstände aufnehmen und damit spielen.

Leider kann eine solche Verhaltensänderungsmethode den Apportierinstinkt Ihres Hundes unterdrücken oder sogar vollständig eliminieren. Oder es kann sein, dass Ihr Hund lernt, mit Ihnen »Nicht abgeben« zu spielen – er lernt also, dass Sie ihm Ihre Aufmerksamkeit schenken, wenn er Dinge im Haus herumträgt, oder dass es regelrecht gefährlich sein kann, wenn er diese zu Ihnen bringt, damit Sie sie bewundern können! Außerdem lernt er möglicherweise, dass sein eigenes Spielzeug langweilig ist (weil Sie nicht damit spielen möchten), Ihr Spielzeug hingegen wertvoll ist (weil Sie nicht wollen, dass er damit spielt).

Um Ihrem Hund das Apportieren beizubringen, müssen Sie ihn zuerst dafür loben, dass er Dinge ins Maul nimmt, selbst wenn das gegen Ihre Instinkte geht. Wenn Sie ihn enthusiastisch loben, wird er den Gegenstand eher zu Ihnen bringen, als damit vor Ihnen wegzurennen. Handelt es sich um einen Gegenstand, der Ihnen nicht wichtig ist oder den er haben darf, sagen Sie ihm, dass er ein Genie ist. Ist es ein verbotener Gegenstand (und ist er nicht gefährlich oder zu zerbrechlich), loben Sie ihn trotzdem! Tauschen Sie dann das, was er im Maul trägt, gegen ein anderes Spielzeug oder ein Leckerli. Achten Sie darauf, dass er den Tauschgegenstand genauso interessant findet wie das Original – geben Sie ihm den Gegenstand nicht nur, sondern spielen Sie auch mit ihm. Binnen kurzem wird Ihr Hund Ihnen alle möglichen Gegenstände bringen und Sie werden ihm überhaupt nicht hinterherjagen müssen.

Nun können wir das »Tragen« so ausbauen, dass er Ihnen die gewünschten Gegenstände »apportiert«! Befolgen Sie untenstehende Schritte: Sie machen Spaß und für gewöhnlich ist diese Vorgehensweise erfolgreich.

1. Beginnen Sie mit einem Zerrspielzeug. Das kann jeglicher Gegenstand sein, bei dem Sie das eine und der Hund das andere Ende festhalten können. Eine weiche Frisbee®-Scheibe oder ein Seil geht. Falls Ihr Hund nicht mit Ihnen Tauziehen spielen möchte, werden Sie dieses Verhalten hervorrufen müssen, was nicht allzu schwer sein dürfte, da die meisten Hunde das Spiel genießen. (Das können Sie dadurch erreichen, dass Sie ihm das Spielzeug hinhalten und er es Ihnen immer wieder entreißen darf. Nur sehr wenige Hunde können da widerstehen.)
2. Spielen Sie ein paar Minuten lang energisch Tauziehen – aber gewinnen Sie nicht! Das bedeutet, dass Sie niemals erfolgreich Ihrem Hund das Spielzeug

entreißen. Der Hund muss jedes Mal gewinnen. Wenn er sich mit dem Spiel richtig beschäftigt und es genießt, hören Sie zu spielen auf und lassen Sie das Zerrspielzeug auf den Boden fallen. Hebt er es auf und hält es Ihnen hin, beginnen Sie wieder mit dem Spiel. Falls nicht, heben Sie das Spielzeug für ihn auf. Sie müssen ihm zeigen, dass das Spiel ohne Sie keinen Spaß macht. Denken Sie daran, dass Sie nicht wirklich mit ihm um das Spielzeug kämpfen. Stattdessen lassen Sie es fallen, falls der Hund richtig stark zu zerren beginnt, und warten Sie, bis er zu Ihnen zurückkommt, weil er mehr möchte.

3. Setzen Sie das Spiel fort. Nun sollten Sie das Spielzeug, falls er es fallen oder loslässt, aufheben und ungefähr einen halben Meter weit werfen. Holt der Hund es und bringt es zu Ihnen zurück, damit Sie weiterspielen, dann ist das super! Spielen Sie wieder mit ihm Tauziehen. Falls der Hund das Spielzeug nicht holt, gehen Sie mit ihm dorthin, heben Sie es auf und beginnen Sie wieder mit dem Spiel. Dann heißt es zerren, zerren, zerren, werfen, apportieren.

4. Spielen Sie weiter. Jedes Mal, wenn Sie das Spielzeug haben oder es auf den Boden fällt, sollten Sie es aufheben und werfen. Sie sollten es jedes Mal ein Stückchen weiter weg werfen können. In vielen Fällen können Sie es schon nach wenigen Minuten weiter weg werfen. Der Hund sollte es jedes Mal zu Ihnen zurückbringen. Tut er es nicht, gehen Sie dorthin und spielen Sie mit dem Spielzeug und dem Hund. Öffnen Sie niemals das Maul des Hundes, damit er es ausgibt; dies muss vollkommen freiwillig geschehen. Greifen Sie auch niemals nach dem Spielzeug in seinem Maul. Er sollte es Ihnen von selbst anbieten. Falls er Sie danach greifen lässt und es dann schütteln und »töten« möchte, lassen Sie ihn und warten Sie bis er damit fertig ist. Höchstwahrscheinlich wird er Ihnen das Spielzeug geben, und Sie können wieder mit dem Spiel beginnen. Schon nach wenigen Trainingseinheiten wird er verstehen, dass Apportieren genauso viel Spaß macht wie Tauziehen, und er wird Ihnen das Zerrspielzeug geben, anstatt zu versuchen, es Ihnen abzunehmen.

5. Nach einer Weile sollten Sie unterschiedliche Zerrspielzeuge verwenden, um das Verhalten zu generalisieren. Vielleicht fangen Sie mit einem Seil an und gehen dann zu einem Hunde-Bumerang oder einer Frisbee® über. Falls Sie letztlich mit einem Ball arbeiten wollen, sollten Sie es zuerst mit einem Knotenball versuchen. Sobald er mit mehr Enthusiasmus spielt, sollten Sie zu einem normalen Ball wechseln.

6. Werfen Sie den Gegenstand jedes Mal etwas weiter weg. Beenden Sie das Spiel immer, wenn er noch weiterspielen möchte.

Hier ist ein Tipp, falls nicht alles perfekt läuft. Benutzen Sie zwei Zerrspielzeuge; sobald er mit dem einen Spielzeug wegrennt, nehmen Sie das andere Spielzeug und spielen Sie damit. Laufen Sie viel herum! Verbrennen Sie all die Kalorien! Wenn Sie nicht aufgeregt sind, warum sollte er es dann sein? Wenn er wegtrabt, locken Sie ihn, sodass er mit *Ihrem* Zerrspielzeug spielen will. Wahrscheinlich wird er sein Spielzeug fallen lassen (welches nicht mehr interessant ist) und mit Ihrem spielen.

Manche Hunde lernen das Spiel bereits beim ersten Mal – andere Hunde brauchen länger, aber den meisten kann man es innerhalb einer Woche beibringen. Das ist eine sehr kurze Zeit, um eine so komplizierte Verhaltenskette zu erlernen.

Joggen mit Hund

Viele Menschen wandern, joggen oder rennen gerne mit ihrem Hund. Das ist eine wunderbare Sache, damit Sie und Ihr Hund in Form bleiben. Es gibt nur ein paar Dinge, die Sie wissen sollten, bevor Sie ernsthaft damit beginnen. Als Erstes sollte Ihr junger Hund nicht lange rennen. Das ist nicht gut für seine Gelenke, die sich immer noch im Wachstum befinden. Die Empfehlungen sind unterschiedlich, aber im Großen und Ganzen sollten Sie mit einem Hund einer leicht gebauten Rasse nicht joggen gehen bis er neun Monate alt ist und mit einem schwerer gebauten nicht, bis er ein Jahr alt ist. Ihr Tierarzt kann Ihnen dazu genauere Angaben machen. Das andere, was Sie bedenken sollten, ist das Verhalten Ihres Hundes und das anderer Menschen. Manche Hunde – besonders bestimmte Rassen wie beispielsweise Hütehunde – kehren zu instinktivem Verhalten zurück, wenn jemand an ihnen vorbeiläuft oder sie eine Person passieren. Das bedeutet, dass sie zuschnappen könnten, bevor sie überhaupt nachdenken. Unter Beachtung dessen sollten Sie darauf achten, dass Sie anderen Menschen aus dem Weg gehen, egal ob Sie joggen oder die entgegenkommende Person joggt. Außerdem ist es sehr hilfreich, das Tempo zu drosseln, wenn Sie vorbeilaufen. Jogger und Radfahrer scheinen Hunde nicht als empfindsame Wesen anzusehen, die sich erschrecken könnten, weswegen sie manchmal vorbeiflitzen, ohne auch nur zu gucken. Ich finde es hilfreich, immer Leckerlis dabeizuhaben, wenn ich mit meinen Hunden in einem Gebiet bin, in dem nicht zu viele Menschen sind. Wenn ich dann an einer Person mit Hund, einem Radfahrer, Reiter oder Jogger vorbeikomme, verteile ich sofort danach Leckerlis. Dadurch zollt Ihr Hund Ihnen mehr Aufmerksamkeit als der Attraktion. (Nebenbei denken die Leute, Sie wären ein spitzenmäßiger Hundetrainer, weil Ihre Hunde Ihnen so viel Beachtung schenken!) Aber der beste Rat, falls Sie ein bisschen besorgt über das Verhalten Ihres Hundes auf der Straße sind, *ist das Tempo zu drosseln und genug Abstand zu halten.*

Agility

Agility ist ein Wettbewerb, bei dem es um Genauigkeit und Zeit geht. Es wird die Zeit gestoppt, wenn Hunde durch Tunnel laufen, über Hindernisse springen und Rampen erklimmen. Die meisten Hunde scheinen diesen Sport zu lieben, genau wie ihre Besitzer. (Der Sport hat seinen Ursprung eigentlich in England und diente als Unterhaltung während der Pausenzeit bei Reitturnieren.) Hütehunde, wie beispielsweise Border Collies, Australian Shepherds und Shelties, sind bei diesem Sport meistens hervorragend, aber nahezu alle Hunde können ihn betreiben. Sie müssen nur gesund und gut in Form sein. Auch die Besitzer werden meist fit, da man den Parcours zusammen mit dem Hund durchlaufen muss. Agility muss übrigens nicht als Wettbewerb betrieben werden, viele Leuten machen es einfach nur zum Spaß.

Flyball

Flyball ist ein aufregender, stark wettbewerbsorientierter Sport. Im Wesentlichen ist es ein Stafettenlauf, bei dem Hunde über Hürden fliegen, sich einen Ball aus der sogenannten Flybox schnappen und anschließend wieder schnell über die Hürden zurückrasen müssen. Im Gegensatz zu Agility, welches Hunde recht schnell meistern können, braucht Flyball eine lange Vorbereitungszeit und sehr engagierte Besitzer.

Fährtenarbeit

Bei der Fährtenarbeit kommt der außergewöhnliche Geruchssinn des Hundes zum Einsatz. Hundebesitzer und -führer legen eine Strecke oder Fährte, welcher der Hund folgen muss, um an deren Ende einen Gegenstand zu finden. Auch dieser Sport braucht viel Einsatz von menschlicher Seite, aber viele Leute finden, das sei er wert.

Hütearbeit

Hütearbeit ist ein fantastischer Sport, bei dem eine der grundlegenden Funktionen des Hundes im Rampenlicht steht: das Hüten von Schafen, Kühen oder sogar Gänsen! Hütehunde kommen auf Bauernhöfen noch immer viel zum Einsatz, und dieser Sport zeigt einfach, wie dies gemacht wird. Viele Hütehunde haben eine natürliche Begabung für diese Aufgabe, und sie mit diesem Sport zu beschäftigen bedeutet einfach nur, ihnen die richtige Richtung zu weisen und zu verhindern, dass sie zu enthusiastisch vorgehen. Als meine Tervueren-Hündin Ariel jung war, habe ich mit ihr die Hütearbeit ausprobiert. Voller Begeisterung wollte ich ihre Instinkte korrekt nutzen und ihr eine ganze Menge neuer Verhaltensweisen beibringen. Doch Ariel hatte leider andere Vorstellungen. Die Schafe machten ihr Angst und sie ging ihnen geschickt aus dem Weg. Andererseits genoss sie deren Abfallprodukte sehr. Ich probierte dann die Hütearbeit mit Jobear, den ich einfach nur zur Begleitung mitgenommen hatte. Er fand die ganze Sache interessant, wollte den Schafen aber scheinbar zu nahe kommen. Ich spürte, dass er an saftiges Hammelfleisch dachte, weshalb ich ihn aus dem Ring nehmen musste.

Coursing

Beim Coursing kommt ein anderer Instinkt zum Tragen – nämlich der, Beute zu jagen. Windhunde sind darin besonders gut, obwohl auch andere Hunde gut abschneiden können. Die »Beute« wird mit hoher Geschwindigkeit über den Boden gezogen und die Hunde jagen sie. Sie bekommen Punkte für Enthusiasmus, Geschwindigkeit und Gewandtheit.

Falls Sie einen Hundesport betreiben möchten, aber nicht wissen, welcher für Sie und Ihr Tier der richtige ist, können Sie sich für ein »Sportcamp« anmelden, in dem die meisten Sportarten unterrichtet werden. Dadurch können Sie beide auch neue Freunde kennenlernen!

15

—— Probleme mit dem Älterwerden ——

Wenn Ihr Hund altert, wird er langsamer und ruhiger. Er braucht dann nicht mehr so viel Kontrolle und Bewegung und wird sogar noch mehr schlafen als im Erwachsenenalter. Den meisten älteren Hunden reicht ein Spaziergang am Tag, um die nötige Anregung zu bekommen. Häufig sind sie noch anhänglicher als vorher, und sich um einen älteren Hund zu kümmern, kann für Sie beide erfüllend sein. Auf jeden Fall sollten Sie darauf vorbereitet sein, dass Ihr Hund von altersbedingten Problemen betroffen sein kann.

Gesundheitliche Probleme

Genau wie Menschen können Hunde unter gesundheitlichen Problemen leiden, wenn sie älter werden. Ich werde nicht versuchen, Ihnen die Unzahl an Gesundheitsproblemen aufzuzählen, an denen Hunde leiden können, aber Arthritis und andere Gelenkerkrankungen gehören zu den häufigsten, so wie auch bei uns. Manchmal werden ältere Hunde sogar inkontinent, wodurch Sie viel stärker auf ihn Acht geben müssen. Ihr tierärztlicher Ratgeber, der direkt neben dem Handbuch »Die gesunde Familie« in Ihrem Regal steht, sollte Ihnen genauere Informationen liefern. Aber was das Verhalten unserer Hunde betrifft, übersehen wir oftmals gesundheitliche Probleme. Das ist meist deswegen so, weil Hunde stoisch sind – im Gegensatz zu Kindern, die nur allzu gerne ihre Schmerzen mitteilen. Ihr Hund mag hinken oder jaulen, wenn Sie einen bestimmten Punkt berühren, aber normalerweise ist er immer noch gewillt, dem Ball hinterherzurennen, obwohl er

Schmerzinduzierte Aggression

Mit einem bandagierten Arm kam Jeff in mein Büro. Seinen Hund hatte er nicht mitgebracht – er wollte mir nur erklären, was passiert war. Seinen Golden Retriever, Max, besaß er seit dieser ein Welpe war. Der Hund war ein normaler Golden Retriever: fröhlich, folgsam und ein unermüdlicher Apportierer. Im Allgemeinen schlief Max sehr gut – sogar so gut, dass Jeff mir sagte, dass er ihn jeden Abend am Halsband nehmen musste, um ihn für dessen letztes Geschäft nach draußen zu zerren.

»Immer wenn ich ihn am Halsband nahm, knurrte Max mich an«, sagte Jeff. »Das hatte er seit Jahren getan, und ich wusste, dass er mich niemals beißen würde.«

Rund zwölf Jahre lang dauerte diese Routine an. Greifen – knurren – zerren. Eines Abends griff Jeff nach Max, Max knurrte, Jeff zog und Max biss ihn. Fest genug, dass Jeff in die Notaufnahme des Krankenhauses musste und mit mehreren Stichen genäht wurde. »Natürlich ließ ich ihn sofort einschläfern«, erklärte Jeff. »Man kann keinen Hund halten, der einen anfallen will. Ich würde nur gerne wissen, warum er das getan hat.«

Erstens war Max sehr geduldig mit Jeff gewesen. Er hatte ihn sogar zwölf Jahre lang darauf hingewiesen, dass er damit aufhören solle! Zweitens hatte Jeff nicht realisiert, dass Max alt wurde. Das ständige Ballspielen hatte seinen Tribut von Max' Gelenken gefordert und er litt unter starker Arthritis. Anstatt dass er sich nur ein wenig unwohl fühlte, wenn er am Halsband gezogen wurde, tat dies Max nun im Alter weh. Er *wollte* Jeff nicht beißen – er hatte das Gefühl, er *müsse* das tun.

verletzt ist. Wenn er hinkt, ist das zu sehen. Aber innere Gesundheitsprobleme sind es nicht, und Ihr Hund ist nicht in der Lage, Ihnen zu verraten, wo genau es ihm weh tut. Daher dürfen Sie nicht vergessen, dass Unbehagen und Schmerzen zu Verhaltensänderungen führen können. Es kann sein, dass der Hund gereizt oder launisch wird. Manchmal werden Hunde, die sich unwohl fühlen, aggressiv, vor allem, wenn sie unter schneidenden oder intensiven Schmerzen leiden. Mit zwölf Jahren hat Ariel Probleme, aus ihrem Körbchen aufzustehen – sie brummt mich an, wenn ich beharrlich bleibe, daher helfe ich ihr langsam und vorsichtig beim Aufstehen.

Im Übrigen können auch wir Menschen schmerzbedingte Aggressionen haben. Vor nicht allzu langer Zeit fiel ich beim Aussteigen aus dem Auto hin, verstauchte mir den Knöchel und schürfte mir das Knie auf. Ich hatte nicht nur Schmerzen, es war mir auch noch peinlich – mein Mann und sein Angestellter standen daneben und schauten mich an. Als mein Mann mir helfen wollte, reagierte ich damit, dass ich ihn anbrüllte und die Schlüssel in seine Richtung warf. Diese Aggressionen wurden durch Schmerzen hervorgerufen, obwohl es einige Zeit und reichlich Entschuldigungen benötigte, bis mein Mann mir das glaubte.

Körperliches Unwohlsein kann auch zu anderem Problemverhalten führen, was aber durch ein wenig Menschenverstand vermindert werden kann. Einer meiner Kunden hatten einen Basset, der plötzlich nicht mehr die Treppe hinunter in den Garten gehen wollte und seine Notdurft nun auf dem Treppenabsatz erledigte. Seine Besitzer waren aufgebracht und sahen dies als eine Art Trotz an. Als ich ihnen erläuterte, dass ihr Hund fünfzehn Jahre alt war und wahrscheinlich nicht mehr die Treppe hinuntergehen *konnte*, war ihnen ihr mangelndes Feingefühl peinlich. Sie machten sich sofort an die Arbeit und bauten eine Rampe für den alten Kerl, der wieder zu seinen früheren Gewohnheiten überging und sein normales Badezimmer benutzte.

Der König ist alt, lang lebe sein Nachfolger!

Falls Sie nicht nur einen Hund besitzen, kann sich das Alter erheblich auf das Verhältnis der Hunde untereinander auswirken, besonders wenn der ältere Hund der dominante war. Manche älteren Hunde überlassen einem anderen Hund gütig den Platz an der Spitze, viele tun das allerdings nicht. Sie sind es gewohnt, Entscheidungen zu treffen, beispielsweise wer zuerst durch die Tür läuft, wer zuerst frisst und wer das gemütlichste Körbchen bekommt. Sofern Sie ein guter Anführer sind, haben Sie den Hunden dabei geholfen, diese Dinge untereinander auszumachen, aber manchmal finden Statusänderungen innerhalb der Familie ohne Ihr Zutun statt.

Fangen die jüngeren Hunde an, Entscheidungen zu fällen, kann es zu manch unangenehmer Situation kommen. Früher habe ich den Leuten geraten, die Hunde »es austragen« zu lassen. Das mache ich nicht mehr, weil nicht garantiert ist, dass die Hunde zu einer gütlichen Einigung gelangen. Heutzutage rate ich den Menschen, sich aktiv einzumischen – natürlich auf nette Art und Weise. Dieses Problem habe ich auch bei mir zuhause. Jetzt, wo ich dieses Buch schreibe, ist Ariel, mein Tervueren, zwölf Jahre alt. Sophie, mein Cairn Terrier, ist neun Jahre alt. Sophie hatte von sich selbst schon immer eine recht hohe Meinung, doch im Laufe der Jahre hat sie versucht, Ariel als Rudelführer abzulösen. Bei uns zuhause gibt es nicht viele statusgebundene Plätze, weshalb Sophie sich anstrengen musste, um Plätze zu finden, an denen sie Ariel konfrontieren kann. Aus diesem Grund folgt Sophie Ariel, wenn der ältere Hund zum Urinieren nach draußen geht, und sie achtet darauf, dass sie sofort darüberpinkelt. Bisweilen starren sie sich an, wenn beide unter meinem Schreibtisch in ihren Körbchen liegen. (Ich habe deren Anordnung verändert, sodass sie das nicht mehr tun können.) Aber die Probleme treten auf, wenn Ariel sich untypisch verhält und sich in meinem Büro auf den Boden legt. (Normalerweise rollt sie sich in ihrem Körbchen zusammen.) Dann tritt Sophie in Aktion. Sie starrt in Ariels Augen und Ariel knurrt. Sophie knurrt zurück. Die Anspannung steigt. Einmal sprang die zehn Kilo schwere Sophie sogar auf die zwanzig Kilo schwere Ariel und knurrte martialisch von oben herab. Leider scheine ich das Ganze nicht ernst nehmen zu können und breche meist in Gelächter aus, wenn sich dieses Szenario ergibt. Das nimmt Sophie allen Wind aus den Segeln, und sie stapft empört raus. Das ist genau das, was ich will. Zorn verschlimmert solche Situationen nur, während Humor meist hilft.

Den Schwarzen Peter zuschieben

Jeannette und John hatten zwei Pudelhündinnen, Amy und Jessie. Als ich sie kennenlernte war Amy zehn Jahre alt und hatte erste Anzeichen von Arthrose. Jessie war eine lebhafte Achtjährige. Jeanette liebte sie beide, aber Amy liebte sie mehr, weil sie seit dem Welpenalter bei ihr war. Jessie war als erwachsener Hund zur Familie gekommen. Amy war die Privilegierte: Sie durfte bei Herrchen und Frauchen im Bett schlafen und saß im Wohnzimmer zwischen den beiden. Jessie war beim Spielen aufdringlich und grob, aber im Grunde kamen die beiden Hunde gut miteinander aus, und es kam nur gelegentlich zu Raufereien. Eines Tages spielten sie im Wohnzimmer und das Spiel geriet außer Kontrolle. Jeannette schimpfte mit Jessie, weil sie zu stürmisch spielte, woraufhin Jessie prompt Amy attackierte. Nach mehreren Minuten konnte Jeannette die beiden auseinander bringen, aber Jessie hatte Amy ins Ohr gebissen. Jeannette brachte Jessie zur »Strafe« in die Garage und fuhr mit Amy zum Tierarzt. Ein paar Wochen lang lief alles gut, bis Jessie eines Tages Amys Platz auf dem Sofa beschlagnahmte. Jeannette schimpfte mit Jessie und zerrte sie vom Sofa. Und wiederum attackierte Jessie Amy. Dieses Mal waren die Verletzungen größer – bei beiden Hunden. Jeannette machte mit mir einen Termin aus. Ich stellte fest, dass beide Hunde süße, liebenswerte Tiere waren, und in

Wahrheit Jeannette das Problem war! Amys Arthrose war schlimmer geworden, und Jessie hatte das Gefühl, es sei Zeit, den Platz an der Spitze einzunehmen. Das war für Amy sogar in Ordnung – sie ließ sie zuerst durch die Tür gehen, und es schien ihr nichts auszumachen, wenn Jessie an »ihrem« Platz saß. Aber Jeannette machte das etwas aus – sie sagte mir, sie würde Jessie nicht die Privilegien gewähren, die Amys Recht waren. Ich traf sie ungefähr sechs Mal und erteilte alle mir möglichen Ratschläge. Aber die Kämpfe fanden weiterhin statt – und eskalierten. Letztendlich mussten beide Hunde die ganze Zeit voneinander getrennt gehalten werden, und die Anspannung war fast unerträglich. Es schien offensichtlich, dass für einen der beiden Hunde ein neues Zuhause gefunden werden musste, aber Jeannette wollte keinen weggeben.

Das letzte Mal als ich Jeannette besuchte, sah das Haus wie ein Waffenlager aus. Jeder Hund hatte seinen eigenen Anbinder, im Wohnzimmer standen Boxen, neben den Leinen hingen Maulkörbe und in jedem Zimmer befanden sich Utensilien, um Kämpfe zu beenden. Amy schlief noch immer auf dem Bett. Das Tragische an dieser Geschichte ist, dass all dies niemals hätte passieren müssen – wenn Jeannette eine gute Mutter gewesen wäre, hätte sie Amy erlaubt, ihre Stellung innerhalb der Familie in Ruhe aufzugeben, und Jessie hätte ihren Platz eingenommen. Ein Großteil der Anspannung zwischen den beiden Hunden sowie zwischen Jessie und Jeannette hätte vermieden werden können.

Bewältigung von Rivalität unter Geschwistern

Es gibt andere Möglichkeiten, wie Sie Ihrem älteren und jüngeren Hund helfen können, in Frieden zu leben. Bewegung ist natürlich sehr wichtig (soviel wie der ältere Hund bewältigen kann), und für den jüngeren Hund sollte sie erschöpfend sein. Ermuntern Sie sie, dass sie ihre Aufmerksamkeit auf Sie richten und nicht aufeinander, indem Sie Apportieren oder ein anderes Spiel spielen. Verlangen Sie, dass sich beide höflich hinsetzen, bevor sie Aufmerksamkeit oder Fressen bekommen. Benutzen Sie Anbinder, wenn sie Kaugegenstände oder Knochen bekommen, damit sie nicht darum konkurrieren. Und entfernen Sie die Gegenstände, bevor Sie die Hunde losbinden. Das Wichtigste ist, dass Sie sich nicht auf die Seite eines der Hunde schlagen. Das fällt uns äußerst schwer, aber es ist ein entscheidender Grundsatz. Wenn Kinder sich streiten, schlagen gute Eltern sich nicht auf die Seite eines der Kinder, sondern sagen den Kindern einfach nur, dass sie zu streiten aufhören sollen, und geben ihnen etwas anderes zu tun. Es bringt nichts, einem von beiden die Schuld zuzuweisen. Schuldzuweisungen führen zu Neid und verschlimmern andere Probleme nur noch. Dadurch kann ein lösbares Problem sogar böse eskalieren.

Wenn es Zeit ist

Hunde leben nicht sehr lange – circa 12 bis 14 Jahre, wenn Sie Glück haben. Es ist unsere Aufgabe, körperliche und geistige Veränderungen zu bemerken und unseren Hunden dabei zu helfen, dass sie sich so wohl wie möglich fühlen. Eines der Dinge, die wir für unsere Hunde tun können, ist, zu merken, wenn sie das Leben nicht mehr genießen und ihnen beim Entschlafen zu helfen. Wenn Ihr Hund bis an sein Lebensende gesund und glücklich ist, können Sie sich glücklich schätzen – und er auch. Aber das ist nicht oft der Fall. Ich wurde von vielen meiner Kunden gebeten, ihnen bei der Bestimmung des richtigen Zeitpunkts zu helfen. Wir wissen, dass wir als Menschen die Verantwortung haben, eine Entscheidung zu treffen, die der Hund nicht fällen kann. Doch das kann sehr schwer sein. Sie müssen sowohl objektiv als auch subjektiv bleiben: Sie müssen sowohl Elternteil als auch höheres Wesen sein. Wenn Sie nur an den Hund denken und nicht daran, wie sehr Sie ihn vermissen werden, wird es Ihnen leichter fallen. Manche Menschen warten bis der Hund nicht mehr fressen kann. Andere warten bis er scheinbar keine Energie zum Spielen mehr aufbringen kann. Manche Menschen warten zu lange – vielleicht merken sie nicht, dass ihr Tier verfällt, oder sie hoffen einfach, dass sein Zustand sich wieder verbessern wird.

Seit fünfzehn Jahren bin ich als Beraterin tätig und immer wieder erstaunt und voller Ehrfurcht, wie viel Hingabe viele Besitzer hinsichtlich ihrer Hunde zeigen – selbst bei denen mit gravierenden Problemen. Sie sehen ihre Hunde wirklich als ihre Kinder an. Leider können Hunde vom Welpenalter bis ins hohe Alter vielerlei Problemverhaltensweisen zeigen. Manche leiden nur unter wenigen, andere unter vielen. Manche sind unbedeutend und manche ernst. Der nächste Teil behandelt mehrere Problemverhaltensweisen und zeigt Ihnen einige Techniken zur Verhaltensänderung. Wenn Ihr Hund ernsthafte Probleme hat, sollten Sie einen fachkundigen und vertrauensvollen Berater oder Trainer zu Rate ziehen, der Ihnen ein speziell auf Ihren Hund und Ihr Verhältnis zu ihm zugeschnittenes Verhaltensänderungsprogramm erstellen wird.

Teil Vier

Problemverhalten

16

——————— Bellen ———————

Es ist eine Tatsache, dass Hunde bellen. Darin sind auch wir schuld, wenn auch nur versehentlich. Bevor die Hunde domestiziert wurden, waren sie Wölfe, und Wölfe bellen nur selten. Sie verfügen über ein paar spezielle Bellsignale, aber sie bellen nicht Stunde um Stunde um Stunde wie der Hund Ihres Nachbarn. Es gibt eine Vielzahl von Gründen, aus denen dieser Hund bellen könnte, von denen wir uns auf den nächsten Seiten ein paar gründlich anschauen werden.

Bellen ist eigentlich ein Welpenverhalten, das bis ins Erwachsenenalter fortgeführt wurde. Welpen bellen, um ihrer Mutter zu sagen, wo sie sind, weil sie Spaß haben, weil sie einsam sind und weil sie gerne bellen.

Für erwachsene Hunde in der Wildnis ist das Überleben schwer, und es hat keinen Sinn, seinen Aufenthaltsort bekannt zu geben, sofern man nichts ziemlich Wichtiges mitzuteilen hat.

Trotzdem mögen die meisten Menschen, insbesondere Nachbarn, keine bellenden Hunde, und es liegt an uns Besitzern, etwas dagegen zu tun. Zuerst müssen wir herausfinden, warum der Hund bellt. Ist er einsam, ängstlich, gelangweilt, beunruhigt, frustriert, fordernd oder überglücklich? Hören Sie genau auf die Art des Bellens und Sie werden es wissen.

Einsame oder ängstliche Hunde bellen konstant. Fordernde Hunde starren Sie an und sagen Ihnen mit rhythmischem Bellen, was sie wollen. (»Ich will rein!«) Glückliche Hunde bellen, während sie etwas tun, beispielsweise einem anderen Hund hinterherrennen oder Ball spielen. Alarmierendes Bellen ist wie folgt: Ihr Hund sagt jemandem oder irgendetwas, dass er bzw. es weggehen soll, oder er versucht Ihnen zu sagen, dass irgendetwas vor sich geht (sie aber nicht entsprechend reagieren). Oftmals handelt es sich um ein »Wuff-wuff-wuff«-Geräusch.

Methode zur Verhaltensänderung

Sobald Sie herausgefunden haben, warum Ihr Hund bellt, können Sie das Problem angehen. Einer der besten Wege, um mit einem gelangweilten oder einsamen Hund klarzukommen, ist, ihn und seine Umgebung zu kontrollieren. Verschaffen Sie ihm sehr viel Bewegung. Und wenn Sie ihn allein lassen, bringen Sie ihn an einen Platz, an dem er nicht übermäßig stimuliert wird. Versuchen Sie, ihn morgens und abends, wenn Sie zuhause sind und mit ihm trainieren können, zu ermüden, sodass er am Tag schläft. Lassen Sie ihn im Haus, wenn er nichts zerstört, oder in einem ruhigen Teil des Gartens, falls er Dinge zerstört. Wenn Sie ihn in der Garage lassen müssen, versuchen Sie, ihm diese so gemütlich wie möglich herzurichten. Die meisten Garagen sind für gewöhnlich nicht der beste Platz für einen Hund – häufig sind sie voller unangenehmer Gerüche und Chemikalien.

Falls Ihr Hund alarmierend bellt, können Sie Ihren »Anführer«-Hut aufsetzen. Die ersten paar Male, die Ihr Hund im Garten bellt, während Sie zuhause sind, gehen Sie hinaus, untersuchen Sie alles, wie ein guter Elternteil es tun sollte, sagen Sie ihm, dass alles in Ordnung ist und bringen Sie ihn dann zurück ins Haus. Belohnen Sie ihn, wenn Sie drinnen sind; Sie möchten ja, dass Ihr Hund gerne hineinkommt. Nachdem Sie dies mehrere Male gemacht und nichts Schlimmes gefunden haben, sollten Sie nicht mehr hinausgehen, sondern ihn einfach nur hereinrufen.

Falls er sehr beharrlich bellt, können Sie die folgende Methode anwenden. Sie ist ziemlich drastisch und funktioniert meistens. Sie müssen ganz nah bei Ihrem Hund sein, wenn er bellt, und Leckerlis dabeihaben. Wenn er bellt, drücken Sie sich schnell mit dem unteren Teil Ihres Körpers gegen ihn und sagen Sie gleichzeitig »Schhhhh«. Wenn er aufhört, loben Sie ihn, warten Sie ein paar Sekunden und geben Sie ihm dann ein Leckerli. Hierbei ist es wichtig, dass Sie ihn nicht sofort wenn er aufhört belohnen, denn das könnte er als Bestärkung seines Bellens interpretieren! Dass Sie gegen ihn stoßen, sollte das Bellen unterbrechen, sodass Sie Ihr Kommando geben können.

Wenn Ihr Hund fordernd bellt – dasteht und Sie erwartungsvoll anschaut, während er rhythmisch bellt –, versuchen Sie es mit der bereits erwähnten »Dumme-

Mami-Masche«. Sobald er anfängt, fragen Sie ihn, ob er nach draußen gehen möchte (Sie können ihn auch fragen, ob er in die Waschküche oder an einen anderen unbeliebten Ort gehen möchte), bringen Sie ihn dorthin, warten Sie fünf Sekunden und lassen Sie ihn dann wieder rein. Wiederholen Sie dies, falls nötig.

Wenn Sie Ihren Hund alleine lassen, geben Sie ihm ein hartes, mit Futter gefülltes Kauspielzeug aus Gummi, das ihm die Zeit vertreibt und seinen Geist anregt. Selbst wenn Sie das ganze Kauspielzeug mit trockenen Leckerlis oder Trockenfutter füllen, wird Ihr Hund schnell mit dem Spielzeug fertig sein und seine Aufmerksamkeit auf andere Dinge richten (zum Beispiel zu einem köstlichen Teppich). Sofern Sie ein wenig kreativer sind, werden Sie ihn für längere Zeit beschäftigen können, indem Sie ihm eine Aufgabe geben. Hier sind ein paar Ideen für den Anfang; je kreativer Sie sind, desto glücklicher wird Ihr Hund sein.

Halsbänder und Stimmbandoperation

Viele Menschen möchten ein Elektro-(Schock-)Halsband oder ein Citronella-Halsband benutzen, um das Bellen zu verhindern. (Das Citronella-Halsband versprüht einen Duftnebel, wenn der Hund bellt.) Andere denken über eine operative Stimmbandentfernung nach, nach der der Hund zwar noch bellt, aber kaum Geräusche von sich gibt. Elektrohalsbänder funktionieren zwar häufig, aber meistens kommt es zu unerwünschten Nebenwirkungen. Der Hund wird möglicherweise depressiv oder kaut vor lauter Qual an sich selbst herum. Manchmal lecken Hunde, die ein solches Halsband tragen müssen, sich die Pfoten wund. Citronella-Halsbänder funktionieren manchmal, aber viele Hunde lernen, dass sich der Behälter leert, wenn sie nur lange genug bellen. Außerdem bemerkt ein Hund, der sehr erregt ist – sehr ängstlich oder aufgeregt – das Spray oftmals kaum. Was die Stimmbandentfernung anbelangt, so führen die meisten Tierärzte sie nicht durch, weil sie sie als äußerst unmenschlich ansehen.

Tipps für das Befüllen eines Kaufspielzeugs

Zuerst sollten Sie herausfinden, ob Ihr Hund gerne für sein Fressen arbeitet oder schnell aufgibt. Sie können das Spielzeug mit kleinen Futterstücken befüllen, die schon durch ein wenig Arbeit hinausfallen, und ihn damit anfangen lassen.

Befüllen Sie anschließend ein Kauspielzeug nach den folgenden Tipps, und schauen Sie, ob er weiterarbeitet, bis er das ganze Futter herausgeholt hat. Natürlich sollten Sie ihm die Arbeit schwer machen, da er dann weitaus mehr Zeit braucht, um auszuklügeln, wie er das Futter herausholen kann!

Man kann Erdnussbutter, Streichkäse, Frischkäse, Kartoffelpüree, Dosenhundefutter, Naturjoghurt, Hüttenkäse, Tofu oder Babybrei nehmen, damit kleinere Futterstückchen aneinander haften. Sie können auch weiche Käsewürfel verwenden. Geben Sie die Würfel in das Innere, legen Sie das Spielzeug in die Mikrowelle bis der Käse geschmolzen ist und stopfen Sie dann ein paar Leckerlis in die Mischung. Kühlen Sie das Spielzeug gut ab, bevor Sie es Ihrem Hund geben. Im Folgenden finden Sie ein paar Tipps, wie Sie ein befülltes Kauspielzeug für Ihren Hund schwieriger und spannender machen können.

- Wickeln Sie das befüllte Kauspielzeug in eine alte, saubere Windel, ein Geschirrtuch, Handtuch oder T-Shirt und verknoten Sie die Enden, und schon haben Sie ein Geduldsspiel für Ihren Hund. (Steigern Sie den Schwierigkeitsgrad, wenn Ihr Hund Fortschritte macht.)
- Legen Sie das Spielzeug in eine alte Müslipackung, Butterdose, einen Schuhkarton oder ein anderes Behältnis, das er auseinander nehmen darf. Dadurch wird das Geduldsspiel erschwert.
- Indem Sie das befüllte Kauspielzeug im Haus oder Garten verstecken, wird der Instinkt des Hundes, Jagd auf sein Fressen zu machen, angeregt. Verstecken Sie das Spielzeug zuerst an einem eher offensichtlichen Platz und erschweren Sie ihm dann das Finden allmählich immer mehr.
- Um Ihrem kreativen Jäger das Kauspielzeug komplizierter zu befüllen, verstopfen Sie zuerst die kleine Öffnung mit Erdnussbutter. Fügen Sie dann Leckerlis, in Würfel geschnittenes Fleisch, kaltes Hühnchen oder Rinderbrühe hinzu und frieren Sie das Spielzeug zu einem Eis-Leckerli ein. Sie sollten es Ihrem Hund draußen oder in einem Zimmer geben, das leicht zu putzen ist, da dieses Spielzeug eine ziemlich schmutzige Angelegenheit sein kann!

Für einen richtig klugen Hund kann es eine Herausforderung sein, wenn Sie das Spielzeug schichtweise befüllen und die große Öffnung verstopfen. Dann kann er stundenlang seiner Hundeleidenschaft frönen. Stopfen Sie die Schichten so fest wie möglich. Das letzte Stück sollte wie ein Siegel funktionieren, beispielsweise eine getrocknete Aprikose oder Käseravioli oder Tortellini.

- Schicht eins ist die unterste und kann alles enthalten, was wirklich wertvoll ist, beispielsweise gefriergetrocknete Leberstücke.
- Für Schicht zwei können Sie alles nehmen, was Sie wollen – vielleicht Trockenfutter, Leckerlis, Leberstückchen, Erdnussbutter oder getrocknete Bananenchips.
- Für Schicht drei empfehle ich beispielsweise Babykarotten-Stücke (schneiden Sie sie auf die richtige Größe zurecht, damit Ihr Hund nicht zu würgen anfängt), Sellerie, Pute, Hühnchen, Fleischreste, getrocknete Äpfel oder Aprikosen.
- Bei Hunden, die Diät halten müssen, können Sie die oben genannten Zutaten durch folgende ersetzen: zerbröselter Reiskuchen, Weißbrot-Croutons, salzfreier oder fettfreier Streichkäse bzw. Erdnussbutter, Tofu oder Joghurt.

17

Angst

Genau wie Menschen sind Hunde gesellige Wesen. Ich weiß, dass ich das bereits gesagt habe, aber man kann es nicht oft genug erwähnen, da Problemverhalten häufig daraus resultiert, dass der Hund in den Monaten, in denen es am nötigsten war (im Alter von zwei bis vier Monaten), nicht ausreichend sozialisiert wurde. Allerdings haben manche Hunde generell ein ängstliches Naturell und reagieren übermäßig auf Reize, die sie erschrecken – häufig indem sie sich erschrecken, bellen oder hecheln und manchmal sogar hervorspringen und das, wovor sie Angst haben, beißen oder danach schnappen. Es gibt viele körperliche Anzeichen von Stress oder Angst. Im Folgenden finden Sie nur ein paar Beispiele:

• Hecheln
• Haarausfall
• erweiterte Pupillen
• von einer Seite zur anderen schauen
• angelegte oder zuckende Ohren
• schwitzende Pfoten
• steife Körperhaltung
• Umherwandern
• herunterhängende Rute
• unter Körper getragene Rute
• ausgefahrener Penis
• Gähnen
• sich strecken

Zusätzlich zu allgemeiner Angst leiden manche Hunde unter Angst vor bestimmten Ereignissen. Viele Hunde sind beispielsweise sehr ängstlich, wenn ein Gewitter oder Unwetter im Anmarsch ist. Diese Angst kann so schlimm werden, dass der Hund eine Phobie entwickelt und umfangreiche Verhaltensarbeit nötig ist, um seine Ängste zu überwinden. Eine weitere Form der Angst hat mit der Trennung von der menschlichen Familie zu tun. Solche Hunde kleben meistens wie eine Klette an ihren Besitzern, wenn sie zuhause sind. Diese Angst werden wir zuerst besprechen.

Trennungsangst

Als Ihr Kind klein war, haben Sie es wahrscheinlich in seinem Kinderbettchen gelassen. Oder zumindest *versucht*, es dort zu lassen. Babys möchten genauso wenig wie Hunde alleine sein. Aber früher oder später muss das sein. Ich kann mich noch daran erinnern, wie ich vor dem Zimmer meiner Tochter saß und hörte, wie sie weinte. Manchmal sprach ich sogar von der Türschwelle mit ihr, damit sie wusste, dass ich nicht weit weg war. Doch sie musste lernen, sich zu beruhigen, zu entspannen und einzuschlafen. Auch Hunde müssen dies lernen.

Trennungsangst ist ziemlich leicht zu diagnostizieren, aber sehr schwer zu kurieren. Oftmals versucht ein Hund mit Trennungsangst wie verrückt, nach draußen zu gelangen, wenn er allein gelassen wurde. Er scharrt an der Tür, weil er seine Familie finden möchte. Es ist gut möglich, dass er sein Fressen ignoriert, während das Herrchen außer Haus ist. Häufig speicheln Hunde mit Trennungsangst stundenlang oder sie lecken ihre Pfoten, sodass ihr Fell vor Speichel ganz steif wird. Wenn sie richtig in Panik geraten, urinieren oder koten sie möglicherweise im Haus. Sie können stundenlang bellen oder jaulen, und manche fügen sogar sich selbst Verletzungen zu, wenn sie versuchen, nach draußen zu gelangen, um ihre »Mami« oder ihren »Papi« zu finden. Sie sind von Panik erfasst.

Besitzer, die dieses Verhalten nicht verstehen können, denken oft, der Hund würde sich deshalb destruktiv verhalten, weil er es ihnen heimzahlen möchte, dass sie ihn allein gelassen haben. Das führt dazu, dass sie den Hund bestrafen, wodurch das Verhalten nur noch verschlimmert wird.

Wird der Hund in einen Zwinger oder eine Box gesperrt, wird es häufig noch schlimmer, auch wenn der Hund sich dann nicht mehr zerstörerisch verhalten kann. Aber diese Hunde können sich selbst verletzen, wenn sie versuchen, sich durch die Stäbe zu beißen oder hindurch zu buddeln, oder sie können sogar sich selbst beißen.

Die Fallstricke bei der Bestrafung von angstbedingtem Verhalten

Stellen Sie sich einen Moment lang vor, Ihre Tochter hätte Angst vor Aufzügen. Immer wenn sie einen Aufzug betritt, kaut sie auf ihren Nägeln, was Sie enorm reizt. Jedes Mal, wenn sie auf den Nägeln kaut, geben Sie ihr einen Klaps auf die Hand. (Ich weiß, dass Sie das nicht tun würden!) Sie bestrafen ein Verhalten, das Sie nicht mögen, aber Sie gehen nicht den Grund dieses Verhaltens an – die Angst vor Aufzügen. Möglicherweise kaut sie dann nicht mehr auf den Nägeln (zumindest wenn Sie mit im Aufzug sind), aber sie hat noch immer Angst vor Aufzügen, und jetzt fürchtet sie sich zusätzlich auch noch vor dem, was Sie tun werden. Das Gleiche gilt für Hunde: Falls Ihr Hund Angst hat, alleine gelassen zu werden, und die Tür zerstört, führt es zu keinen positiven Ergebnissen, wenn Sie ihn dafür bestrafen. Dies schadet sogar dem Verhältnis zwischen Ihnen und Ihrem Hund, da Ihr Hund weiterhin ängstlich sein wird und nun auch noch befürchtet, dass Sie ihm einen Fußtritt versetzen könnten.

Methode zur Verhaltensänderung

Das Verhalten zu ändern, bedingt, dass Sie an den Emotionen des Hundes arbeiten. Er muss lernen, dass Sie zurückkommen *werden*. Und er muss in kurzen, ruhigen Abschnitten lernen, wobei Sie damit beginnen, dass er nur ein paar Sekunden von Ihnen getrennt ist, und auf längere Zeiträume hinarbeiten. Hunde können nicht gut lernen, wenn sie hysterisch sind; sie müssen in der Lage sein zu denken. Das bedeutet, dass die Besitzer lernen müssen, mit dem Hund innerhalb seiner jeweiligen Grenzen zu arbeiten, wenn sie versuchen, ruhiges Verhalten zu fördern.

Ebenso wie nicht alle Hunde gleich sind, gibt es nicht »die eine Methode«, Trennungsangst zu kurieren. Manche Menschen finden es hilfreich, ihren Hund in einem Raum zu lassen, von dem aus er sie nicht kommen und gehen sehen kann. Sie können sogar manche Hunde davon überzeugen, dass Sie nicht für immer weggehen, indem Sie direkt draußen vor der Tür Kleidungsstücke platzieren. Andere empfinden es als große Hilfe, wenn der Hund ihnen tatsächlich dabei zusieht, wie sie weggehen und anschließend wiederkommen. Wiederum andere meinen, der Angstpegel wäre niedriger, wenn sie den Hund rund zwanzig Minuten vor dem Weggehen ignorieren. Viele Menschen benutzen sogar ein »Abschiedsgeschenk«. Das könnte ein willkürlicher Futterspender oder etwas anderes sein, das Ihr Hund nur bekommt, wenn Sie weggehen.

Ganz gleich, für welche Methode Sie sich entscheiden, jede Ankunft und jeder Abschied sollte ruhig und gefasst vonstatten gehen. Wenn Sie weggehen, sollten Sie ihm ein verbales Kommando geben, das Ihrem Hund verrät, was geschieht. »Ich bin gleich wieder zurück« oder »Ich bin bald wieder zuhause« sind eine gute Wahl. Die ersten Male sollte die Trennungsphase nicht länger als 30 Sekunden andauern. Anschließend sollte die Zeit langsam gesteigert werden, wobei die Angstschwelle Ihres Hundes niemals überschritten werden darf. Wenn Sie feststellen, dass er den bevorstehenden Abschied entspannter sieht, fangen Sie an, ihn über längere Zeiträume alleine zu lassen. Falls Sie ein »Abschiedsgeschenk« verwenden, denken Sie daran, es aufzuheben, sobald Sie durch die Tür gekommen sind. Geben Sie sich während dieses Umschulungsprogramm größte Mühe, lange Trennungen zu vermeiden, weil es ansonsten nicht funktioniert. Falls Sie Ihren Hund für länger alleine lassen müssen, könnte während dieses Programms eine Hundetagesstätte eine gute Idee sein. Das ist zwar teuer, aber nicht so teuer wie neue Türen oder Teppiche.

Während Sie die Abschieds-/Ankunfts-Routine üben, können Sie Ihrem Hund gleichzeitig beibringen, unterschiedlich lange in seiner Box zu bleiben. Sollte Ihr Hund in Panik geraten, ist die Box nicht zu empfehlen. Wie ich vorher bereits gesagt habe, steigern Boxen die Panik eher – manche Hunde kratzen so stark an der Box, dass ihr Maul und ihre Pfoten bluten. Doch falls er seine Box lieben lernt, können Sie sie benutzen, wenn es Zeit zu gehen ist.

Gegen extreme Trennungsangst helfen häufig Anti-Angst-Medikamente. Falls Sie der Meinung sind, dass Ihr Hund sehr stark unter diesem Problem leidet, bitten Sie Ihren Tierarzt um Informationen. Falls Ihr Tierarzt diese Medikamente nicht verschreiben möchte, wird er Sie wahrscheinlich an jemand anderes verweisen.

Um das Verhalten eines Hundes mit Trennungsangst zu ändern, müssen Sie immer daran denken, dass Sie seinen Angstpegel reduzieren und ihm beibringen müssen, über einen längeren Zeitraum alleine zu bleiben. Unser aus dem Tierheim stammender Deutscher Schäferhund, Strider, ist von dieser Angststörung befallen – oder besser sollte ich sagen: Unsere Familie ist davon befallen! Wir arbeiten an diesem Problem seit wir ihn haben. Vermutlich wird er niemals »kuriert« sein, aber wir können mit dem Problem nun besser umgehen.

Striders Trennungsangst

Es könnte für Sie interessant sein, wie meine Familie unserem Deutschen Schäferhund, Strider, bei der Bearbeitung seiner Angstprobleme geholfen hat. Er war ein harter Fall, ein streunender Hund, der in ein Auto sprang, als ein Vorbeifahrender anhielt und ihn rief. Zu dem Zeitpunkt, an dem er mich mit seinem Blick und seiner Persönlichkeit überwältigte, wurde er als nicht zu handhaben angesehen. Er hatte bereits rund vier Besitzer gehabt, die ihn alle liebten, aber nicht mit seiner Angst umgehen konnten. Er konnte die meisten Türen öffnen und hatte mehrere Häuser und Autos zerstört, während seine Besitzer ihn alleine ließen. Ich fand, meine Familie sei in der Lage, Strider zu helfen, weil ich ihn mit zur Arbeit nehmen konnte.

Leider musste ich Strider häufig alleine lassen, sogar bei der Arbeit, weshalb ich es zuerst mit einer Box ausprobierte. Während des Boxentrainings verlief alles gut, aber er jaulte und kratzte an der Box, als ich tatsächlich den Raum verließ und er in der Box war. Ich fing an, ihn aus der Box in mein Büro zu lassen, und ich begann auch mit ein paar der in diesem Kapitel beschriebenen Desensibilisierungsmethoden, allerdings mit ein paar Änderungen. Die größte Änderung war unser Kompromiss hinsichtlich der Möbel. Keiner unserer Hunde darf auf Möbel steigen, aber Strider wurde von dieser Regel befreit. Wenn ich mein Büro verlasse, sage ich ihm, dass ich bald zurückkomme. Dann steigt er auf einen der Stühle und schaut aus dem Fenster, um zu sehen, wohin ich gehe. Zu Beginn blieb Strider auf dem Stuhl und hielt Wache. Im Laufe der nächsten Monate lernte er, dass ich immer zurückkam, sodass er sich langsam entspannte. Jetzt beobachtet er noch immer, wie ich weggehe, aber sobald ich fort bin, legt er sich neben die Tür. Bis vor kurzem war er ununterbrochen wachsam, wenn ich weg war. Neuerdings ist er entspannt genug, um Essen von meinem Schreibtisch zu stibitzen – eine große Leistung für einen gestressten Hund! Er lebt übrigens mit zwei anderen Hunden zusammen. Ihre An- oder Abwesenheit scheint ihn in keiner Weise zu beeinträchtigen. Jetzt, über ein Jahr später, kann Strider problemlos bis zu sechs Stunden lang (vielleicht sogar noch länger, aber ich habe es einfach noch nicht ausprobiert) alleine gelassen werden.

Abschiedsangst

Manche Hunde können mit dem Abschiedsvorgang nicht umgehen. Kleine Kinder haben häufig das gleiche Problem. Sie bringen beispielsweise Ihr Kind in die Kindertagesstätte oder den Kindergarten und es klammert, weint und bekommt einen Wutanfall. Doch sobald Sie außer Sicht sind, beruhigt es sich sofort. Das ist natürlich der Grund, warum die Erzieher in Tagesstätten wollen, dass Sie schnell weggehen! Auch manche Hunde bekommen einen Wutanfall, wenn Sie sie alleine lassen. Sie weinen, jaulen und versuchen manchmal, Sie von hinten anzugreifen, wenn Sie das Haus verlassen wollen. Sobald Sie weg sind, beruhigen sie sich und legen sich schlafen. Sie können herausfinden, ob Ihr Hund unter dieser Art von Angst leidet, wenn Sie sich nach einer Stunde oder so zurückschleichen und durch das Fenster gucken. Hunde, die unter Abschiedsangst leiden, schlafen dann meist oder machen Unsinn. Sie stehen nicht heulend vor der Tür.

Methode zur Verhaltensänderung

Dieses Problem kann weitaus leichter gelöst werden als die Trennungsangst, und Hunde reagieren meist schon nach kurzem Training. Einer meiner Kunden hatte einen Parson Russell Terrier, der dem Ruf seiner Rasse absolut gerecht wurde. Er war »adoptiert« worden, und die Familie – Eltern und eine zwölfjährige Tochter – waren drauf und dran, ihn ins Tierheim zurückzubringen. Wenn sie das Haus verlassen wollten, sprang er sie an und verbiss sich in ihrer Kleidung. Nachdem dieses Verhalten einige Wochen angehalten hatte, begann er schon bei früheren Anzeichen dafür, dass sie daran *dachten*, das Haus zu verlassen, unruhig zu werden. Tatsächlich fing er zu bellen und zu jaulen an, wenn jemand sein Portemonnaie, seine Aktenmappe oder seinen Ranzen nahm oder mit den Schlüsseln klimperte. Es wurde so schlimm, dass er sie ansprang, wenn sie den Müll hinausbringen wollten und morgens die Zähne putzten (das brachte das Fass zum Überlaufen). Die Familie liebte den kleinen Kerl, aber ihre gesamte Kleidung hatte Risse und seine Zähne hatten schon ein paar Mal einen Hintern erwischt. Nachdem sie all diese Symptome der Abschiedsangst beobachten mussten, war es so, dass er sich beruhigte und schlief, wenn sie letztlich aus dem Haus waren!

Wir versuchten den Status des Hundes anzupassen, indem er nicht mehr auf das Sofa durfte (auf dem er praktisch lebte) und nur dann Aufmerksamkeit erhielt, wenn er aufgefordert wurde, etwas zu tun. Leider hatte das keine großen Auswirkungen. Dann versuchten wir, die Hinweise zu vertauschen. Die Familie zog abends ihre Arbeitssachen an oder brachte den Müll durch die Hintertür nach draußen. Nichts funktionierte – der Kerl war clever. Letztlich versuchten wir es noch einmal mit dem Türschwellen-Training, obwohl die Familie vorher mit dem Training an der Tür keinen Erfolg gehabt hatte. Dieses Mal probierten wir es gemeinsam. Jedes Familienmitglied übte mit ihm »Sitz-Bleib« in einer Entfernung von rund drei Metern von der Tür. Die Belohnung war, dass ein Leckerli hinter den Hund geworfen wurde, sodass er zurückgehen musste, wenn er entlassen wurde. Zuerst übten wir dies ohne die Tür zu öffnen, dann indem wir die Tür öffneten und auf der Schwelle stehen blieben. Anschließend indem wir direkt hinter der Türschwelle standen, dann rund einen Meter von der Tür entfernt und später schlossen wir die Tür und gingen zum Auto. Diese Methode funktionierte, und innerhalb nur einer halben Stunde konnten wir alle sechs Schritte durchlaufen. Die Familie beschloss, den Hund zu behalten (und ein paar Unterrichtsstunden zu nehmen), und soweit ich weiß, hat sie ihn noch immer. Das Training an Türeingängen ist ziemlich effektiv bei Hunden, die nicht möchten, dass Sie weggehen, und es kann sehr erfolgreich sein, wenn Sie sich daran halten.

Generalisierte Angst

Manche Hunde sind vom Temperament sensibel, überreaktiv und schreckhaft. Der Anblick oder Klang von etwas vollkommen Normalem kann sie zusammenzucken und vor Angst zittern lassen. Meine Tervueren-Hündin Ariel hat zum Beispiel Angst vor schnappenden Geräuschen. Das Geräusch eines Messers auf einem Schneidebrett lässt sie sofort in ihr Körbchen hasten. Seit dem Welpenalter ist sie geräuschempfindlich – es ist sogar ein Rassecharakteristikum. Wären ständig schnappende Geräusche zu hören, hätte ich sie daran gewöhnen können. Aber da das nicht der Fall ist, blieb das Verhalten bestehen.

Im Allgemeinen erschrecken sich überreaktive Hunde eher, wenn es zu plötzlichen Veränderungen in der Umgebung kommt, vor allem, wenn es drinnen, wo sie sich befinden, sehr ruhig ist, und plötzlich ein schneidendes Geräusch ertönt. Befindet Ihr Hund sich in einer geschäftigen, lauten Umgebung ist es weniger wahrscheinlich, dass er sich aus dem Staub macht oder versteckt. Falls Ihr Hund geräuschempfindlich ist, müssen Sie darauf achten, dass entweder die Umgebung oder er unter Kontrolle ist (angeleint oder möglicherweise in einer Box).

Methode zur Verhaltensänderung

Um diesen übersensiblen Hunden zu helfen, empfehle ich, ein erfreuliches Verhalten mit dem angsteinflößenden Geräusch zu verbinden. Immer wenn ich in der Nähe bin, wenn ein »Schnapp« zu hören ist, rufe ich Ariel zu mir und lobe und belohne sie. Manchmal ist das nicht möglich und dann flitzt sie meist in ihren Korb, ihren »sicheren« Ort.

Abergläubisches Verhalten

Ja, auch Hunde können abergläubisch sein, wenn auch nicht auf dieselbe Art wie wir Menschen. Während ein Mensch die Daumen drückt oder sich etwas wünscht, wenn er eine Sternschnuppe sieht, denkt ein Hund anscheinend, eine Sache sei unweigerlich mit einer anderen verknüpft. Beispielsweise scheinen manche Hunde zu denken, dass wenn Sie »Sitz!« sagen, sie auch bellen sollen! Das liegt daran, dass ihre Besitzer versehentlich »Bell!« verstärkt haben, obwohl sie gedacht hatten, sie würden »Sitz!« verstärken. Dies zu modifizieren wäre zwar nicht sonderlich schwer, aber manchmal macht uns das Verhalten der Hunde einfach baff!

Die meisten abergläubischen Verhaltensweisen sind amüsant oder allenfalls frustrierend, aber sie können auch mehr als das sein. Nehmen wir beispielsweise an, Ihr Hund glaubt jedes Mal, wenn Sie Ihre Schlüssel nehmen, dass er alleine gelassen wird. Weil er nicht alleine sein möchte, fängt er zu bellen an. Das ist ein Problem! Was er getan hat, ist, das Geräusch (Schlüssel) mit einer Handlung (Weggehen) zu verknüpfen, und obwohl Sie nicht weggehen, reagiert er so als ob Sie es täten.

Andere abergläubische Verhaltensweisen können Orte betreffen. Genau wie ein Mensch, der ein traumatisches Erlebnis hatte, den Ort mit dem Ereignis selbst in Verbindung bringen kann, können das auch Hunde. Meine eigene Hündin, Ariel, entwickelte abergläubisches Verhalten auf einem Abschnitt des Weges, auf dem wir immer spazieren gehen. Sie war von ein paar Wespen gestochen worden, und es hatte lange gedauert bis ich sie aus ihrem üppigen Fell entfernt hatte. Nach diesem Vorfall geriet sie auf diesem Abschnitt des Weges immer in Panik, drehte sich im Kreis und biss sich ins Fell. Es dauerte einige Jahre, bis sie dieses Verhalten nicht mehr an den Tag legte.

Methode zur Verhaltensänderung

Um abergläubisches Verhalten zu ändern, dürfen Sie nur das Verhalten bestärken, das er wirklich zeigen soll. Zum Beispiel: Jedes Mal, wenn Sie Ihre Schlüssel aufnehmen, geben Sie ihm ein Leckerli. Dann lautet die Assoziation Schlüssel = Leckerlis und nicht Schlüssel = allein. Wenn Sie versuchen, ein Sitz-Bellen-Szenario zu verändern, müssen Sie geduldig darauf warten, dass er sitzt ohne zu bellen, und dann dieses Verhalten bestärken. Nach einer Weile können Sie ihm das Kommando »Sitz!« geben, es aber nur dann bestärken, wenn es nicht mit Bellen verbunden ist.

Phobien

Manche abergläubischen Verhaltensweisen können zu richtiggehenden Phobien aufgebläht werden, die beinhalten, dass der Hund sich so sehr vor einem Ereignis oder Geräusch ängstigt, dass er nicht damit zurecht kommt. Das kann zu erheblicher Zerstörung sowie Selbstverstümmelung führen, da manche Hunde auf ihren Pfoten und Läufen kauen, um ihre Angst abzubauen.

Phobien manifestieren sich bei Hunden genauso wie bei Menschen: Übermäßige Angst, die mit einem Ereignis oder einer Erfahrung verknüpft ist. Wie Sie wissen, haben viele Menschen Höhenangst oder Angst vor Spinnen. Hunde mit Phobien (die ansonsten vollkommen normal sind), neigen hingegen dazu, extreme Angst vor Geräuschen zu haben, besonders vor denen, die laut oder prasselnd sind. Die Angst beginnt mit einem Ereignis und artet sehr schnell in Terror aus.

Gewitterphobie kommt ziemlich häufig in manchen Teilen des Landes vor, in denen häufig Stürme wüten. Viele Hunde reagieren genauso auf Feuerwerk (mit dem Ergebnis, dass die Tierheime im ganzen Land an Silvester und Neujahr weitaus mehr herrenlose Hunde aufnehmen). Ein Hund, der in Panik ist, tut alles, um dem Geräusch zu entkommen. Falls er drinnen ist, versucht er nach draußen zu gelangen, manchmal auch indem er durch ein Fenster springt. Ist er draußen, versucht er nach drinnen zu kommen, oder er springt über den Zaun, um aus dem Garten zu flüchten. Ein Hund mit Gewitterphobie ist ein bemitleidenswerter Anblick, denn er rennt im Haus von einer Stelle zur anderen auf der Suche nach einem Platz, an dem das Geräusch *nicht* zu hören ist. Viele dieser Hunde verstecken sich in der Badewanne oder neben Rohren im Keller. Manche Menschen vertreten die Theorie, Hunde täten dies wegen der »Erdung« oder eines anderen physischen Grundes.

Oftmals entwickeln sich Phobien später im Leben. Es ist sogar eines der wenigen Probleme, das sich im Laufe der Zeit entwickelt. Ich hatte einige Kunden, deren Hunde in den ersten paar Jahren jegliche Art von Geräuschen hinnahmen, aber dann in mittlerem Alter (sechs Jahre und älter) große Probleme entwickelten.

Methode zur Verhaltensänderung

Was auch immer der Grund für die Phobie des Hundes ist, ist es äußerst schwierig, sein Verhalten zu verändern, und umfangreiche Desensibilisierung ist notwendig. Ich rate Ihnen, sich an einen erfahrenen, angesehenen Verhaltensexperten oder Tierarzt zu wenden, um diese Probleme zu behandeln. Diese empfehlen möglicherweise Beruhigungsmittel während des Prozesses zur Verhaltensänderung.

Obsessiv-kompulsive Störungen (Zwangsstörungen)

Personen mit obsessiv-kompulsiven Störungen neigen zu zwanghaften Wiederholungen eines Verhaltens. Ein Mensch mit einer obsessiv-kompulsiven Störung (OKS) fühlt sich beispielsweise gezwungen, immer wieder seine Hände zu waschen oder sich die Haare auszureißen. Sobald es einmal begonnen hat, fällt es der Person wahnsinnig schwer, mit dem Verhalten wieder aufzuhören. Man weiß nicht, ob Hunde genau wie Menschen obsessiv-kompulsive Störungen entwickeln können, aber sie können definitiv kompulsive Verhaltensweisen zeigen, beispielsweise sich ständig im Kreis zu drehen oder ein und dieselbe Stelle wieder und wieder zu lecken. Manchmal ist solches zwanghaftes Verhalten unsere Schuld! Nehmen Sie zum Beispiel das Schnappen nach Fliegen. Ein Hund fängt an, nach Fliegen zu schnappen und fängt ab und zu mal eine. Wenn der Hund eine Fliege erwischt, lachen seine Besitzer und ermuntern ihn dazu. Dadurch schenken sie ihm viel Aufmerksamkeit, und manche Hunde fangen an, in die Luft zu schnappen, selbst wenn es keine Fliegen gibt, die sie fangen könnten. Dann bekommen sie von ihren Besitzern sogar noch *mehr* Aufmerksamkeit. Und nach ein paar Wiederholungen: Voilà – Sie haben einen Hund, der nicht aufhören kann, nach Fliegen zu schnappen! Das offensichtliche Heilmittel für diese Art von Situationen ist, dem Hund keinerlei Aufmerksamkeit zu zollen, wenn er nach Fliegen schnappt. Stattdessen sollen Sie ihm Beachtung schenken, wenn er ein Verhalten zeigt, dass er Ihrer Meinung nach wiederholen sollte.

Methode zur Verhaltensänderung

Falls Ihr Hund Anzeichen einer obsessiv-kompulsiven Störung zeigt, rate ich Ihnen, einen Experten aufzusuchen. Es kann sehr schwierig sein, solches Verhalten in den Griff zu bekommen. Allgemein kann es hilfreich sein, den Hund von dem Zwang abzulenken, indem Sie ein anderes Verhalten trainieren und bestärken. Falls Ihr Hund zum Beispiel zwanghaft seine Flanken leckt (ein Verhalten, das man häufig bei Dobermännern sieht), können Sie ihn stattdessen auf einem Knochen kauen oder einem Ball hinterherjagen lassen. Erschöpfung hilft fast immer, also versuchen Sie, ihn mehrmals am Tag zu bewegen.

Allgemeine Empfehlungen zur Verhaltensänderung

Die Versuchung ist groß, einen ängstlichen Hund zu trösten – ihn zu knuddeln, zu streicheln und zu murmeln: »Es ist alles okay, Liebling.« Ich weiß das, weil ich es selbst getan habe. Aber damit tut man ihm nicht wirklich etwas Gutes und es kann die Sache sogar noch verschlimmern.

Nehmen wir mal an, Ihre Tochter fällt hin und schürft sich das Knie auf. Was Mamis und Papis meistens tun, ist, zu dem Kind zu rennen, es ganz fest in den Arm zu nehmen und, je nach Alter des Kindes, das Wehwehchen wegzuküssen. Anschließend wird das Kind angespornt, weiterzuspielen und den Schmerz zu vergessen. Das ist genau das, was Sie mit kleineren Ängsten oder Unfällen, die Ihrem Hund Angst einjagen, machen sollten. Heben Sie Ihren Hund kurz hoch oder halten Sie ihn fest. Falls ein Vorfall ihm Angst eingejagt hat, schauen Sie, ob er verletzt ist. Und spielen Sie dann mit ihm ein Spiel. Dadurch überwindet er das Trauma schnell. Wenn Sie zu viel Zeit damit verbringen, ihn zu trösten, assoziiert Ihr Hund den angsteinflößenden Vorfall mit jeder Menge Aufmerksamkeit Ihrerseits. Das kann die offensichtliche Angst oder zumindest die Nachwirkungen noch verschlimmern. Manche Kinder suchen aus dem gleichen Grund nach Trost.

Die Dinge werden kniffeliger bei schwerwiegenderen Ängsten oder Phobien.

Alle Methoden zur Behebung dieser Probleme beinhalten, dass der Reiz (z. B. Geräusch) nicht mehr mit Angst, sondern mit Freude assoziiert wird. Dazu sollten Sie ein Desensibilisierungs- und/oder Gegenkonditionierungsprogramm beginnen. Ich rate Ihnen dringend, vorher zu einem Tierarzt zu gehen, um zu schauen, ob der Hund gesund ist. Falls mit ihm körperlich etwas nicht in Ordnung ist, könnte ihm keine Verhaltensänderungsmethode der Welt helfen.

Desensibilisierungs- und Gegenkonditionierungstechniken

Desensibilisierung bedeutet, dass der Hund einer bestimmten Sache, vor der er Angst hat, bis zu einem gewissen Grad, mit dem er umgehen kann, ausgesetzt wird. Gegenkonditionierung schafft eine Verknüpfung zwischen einem Ereignis und etwas Köstlichem oder sonst wie Angenehmem. Häufig arbeite ich nur mit der Gegenkonditionierung, da es eine ziemlich einfache Methode ist, mit der meine Kunden ihren Hunden helfen können, ein Verhalten zu ändern. Desensibilisierung dauert länger und wird meist zusammen mit der Gegenkonditionierung durchgeführt, da die kombinierte Methode zur Verhaltensänderung schneller Erfolg verspricht. Es ist leichter, ein konkretes Verhalten zu erklären, weswegen ich als Beispiel für ein Verhalten, an dem wir arbeiten werden, die Geräuschempfindlichkeit benutzen werde. Doch Desensibilisierung und Gegenkonditionierung können für eine Vielzahl von Problemverhaltensweisen angewandt werden, einschließlich Angst vor Menschen und anderen Hunden.

Hier ist ein Beispiel dafür, wie Sie die Gegenkonditionierung allein anwenden können (eine Verknüpfung zwischen etwas Furchterregendem und etwas Schönem schaffen). Sophie saß auf dem Vordersitz des Autos als ich einen kleinen Unfall hatte – mein Außenspiegel streifte den Spiegel eines anderen Autos. Das resultierende »Knack«-Geräusch war laut genug, um jeden zu traumatisieren, und sicherlich Sophie. Nach diesem Vorfall stieg Sophie zwar glücklich ins Auto, versteckte sich dann aber unter dem Armaturenbrett. Jedes Mal wenn auch nur das kleinste »Knack« zu hören war (ein Stein, der das Auto traf, zum Beispiel) warf ich ihr einen Leckerbissen zu. Nach einer Weile schien Sophie den Leckerbissen zu erwarten, und nach einigen Monaten hatte sie wieder Spaß am Autofahren. Es war sogar so, dass das Geräusch an sich zu einem Hinweis auf den Leckerbissen wurde. Ich kann mir gut vorstellen, dass sie sich auf knackende Geräusche freute!

Verhaltensänderung wird um einiges schwieriger und zeitraubender, wenn die emotionalen Reaktionen stark sind, beispielsweise bei Gewitterphobie. In solchen Fällen müssen Sie Desensibilisierung mit Gegenkonditionierung paaren, damit der Hund wirklich darauf anspricht.[5] Jetzt erkläre ich Ihnen, wie es funktioniert. Sie setzen Ihren Hund eine ziemlich lange Zeit dem Geräusch in sehr niedriger Lautstärke aus. (Sie können CDs kaufen mit den Geräuschen, die Hunden meist Angst machen, einschließlich dem Geräusch von Donner, Feuerwerk, knallenden LKW-Auspuffen und Motorrädern.) Wenn der Hund sich an das Geräusch gewöhnt hat, sollten Sie es immer lauter stellen bis es schließlich ziemlich laut ist. Indem Sie Ihrem Hund, während Sie ihm das Geräusch vorspielen, auch noch ein mit Futter befülltes Kauspielzeug oder eine andere angenehme Erfahrung bieten, fügen Sie die Gegenkonditionierung hinzu, wodurch die Technik verbessert wird. Manche Hunde können nicht fressen, während sie ein Geräusch hören, das ihnen Angst macht. Wenn Sie ihm aber trotzdem Fressen geben, werden Sie wissen, dass die Behandlung Wirkung zeigt, wenn er zu fressen anfängt.

---

[5] *Selbst dann sprechen manche phobischen Redaktionen kaum auf die Methoden zur Verhaltensänderung allein an, und manche Hunde brauchen Anti-Angst-Medikamente.*

18

Aggression

Oh nein! Habe ich etwa einen Jugendstraftäter?

Was die Beschwerden hinsichtlich des Verhaltens von Hunden anbelangt, so steht »Aggression« an erster Stelle. Man hört »Der Hund ist aggressiv!« als ob dieses eine Wort alles erklären würde. Was natürlich nicht der Fall ist.

Stellen Sie sich vor, Ihre Teenager-Tochter kommt von der Schule nach Hause und regt sich über eine Klassenkameradin auf, die sie lautstark vor ihren Freunden kritisiert hat. Ihre Tochter ist sowohl aufgebracht als auch verletzt – sie würde dem Mädchen gerne eine scheuern oder ihr zumindest gehörig den Marsch blasen! Die Klassenkameradin hat sich aggressiv verhalten, und nun verspürt auch Ihre Tochter Aggressionen. Tatsächlich war Ihre Tochter nicht aggressiv; sie hat sich gegenüber der Klassenkameradin, die ihr drohte, sogar defensiv benommen. Die Klassenkameradin hatte sich beleidigend verhalten, was sogar noch aggressiver ist (auch wenn es sich in diesem Fall um verbale Aggression handelt).

Während es zwar verständlich ist, dass Menschen manchmal einen Grund haben, aggressiv zu werden, scheint unsere Gesellschaft jedoch jegliche Form von Aggression bei Hunden als falsch anzusehen, selbst wenn der Hund sich schlicht und einfach verteidigt. Um Aggression zu verstehen, müssen Sie zuerst begreifen, dass es sich dabei um ein sehr komplexes Verhalten handelt: Es gibt unterschiedliche Varianten, und manchmal ist das, was wie Aggression aussieht, gar keine. Außerdem gibt es unterschiedliche Wege, aggressiven Hunden dabei zu helfen, für die Gesellschaft akzeptabler zu werden.

Angstbasierende Aggression

Angst ist in mindestens neunzig Prozent der Fälle der Grund für Aggressionen bei Hunden. Sogar Hunde, die selbstsicher wirken, können das Verhalten aufgrund von Angst entwickelt haben. Manchmal hatte der Hund schlechte Erfahrungen mit einer ganz bestimmten Art Mensch oder Hund gemacht. Wenn zum Beispiel ein schwarzer Hund Ihren Hund angegriffen hat, kann es sein, dass dieser seine Angst generalisiert, sodass sie alle schwarzen Hunde betrifft. Falls sich dann ein schwarzer Hund nähert, brummt oder knurrt er möglicherweise. Kommt der Hund immer näher, stürzt Ihr Hund sich vielleicht auf ihn. Der arme schwarze Hund hat rein gar nichts getan, um diesen Angriff zu provozieren, außer dass er sich näherte, aber Ihr Hund vertraut schwarzen Hunden einfach nicht, weshalb er einen Präventivschlag startete, um ihn fernzuhalten.

Die meisten Hunde, die angstbasierte Aggressionen zeigen, haben nicht vor, dieses Verhalten bis zu Ende durchzuführen – sie hoffen, dass Knurren und Zähnezeigen ausreicht. Und meistens reicht es aus. Aber es gibt Hunde, die das Verhalten mit der Zeit ausweiten und schließlich ihr Ziel wirklich beißen.

Die Rolle der Sozialisierung

In Teil Eins haben wir über die Sozialisierung gesprochen und darüber, wie wichtig sie ist. Manche jugendlichen und erwachsenen Hunde verpassen diese Sozialisierungsphase, entweder in Bezug auf Hunde oder auf Menschen. Einzelne Welpen mögen sich sehr an Menschen binden, während Hunde, die im Garten aufwachsen, ohne Besuch zu bekommen, eher nur zu anderen Hunden eine Bindung aufbauen. In jedem Fall ist der erwachsene Hund misstrauisch gegenüber anderen Hunden und Menschen, fühlt sich in deren Gegenwart nicht wohl, und es könnte sehr gut sein, dass er ihnen gegenüber aggressiv wird.

Stellen Sie sich ein Kind vor, dass zwölf Jahre lang im Haus gehalten und dann in die große, weite Welt hinausgelassen wird. Alles käme ihm fremd und möglicherweise furchterregend vor. Doch das Kind könnte ziemlich schnell lernen sich anzupassen, weil es der Sprache mächtig ist – durch Erklärung könnte es die Dinge verstehen.

Doch Hunde müssen allein durch Erfahrungen lernen. Weil ein Hund ängstlich ist, knurrt er oder springt jemanden oder etwas an, den bzw. das er als eine Bedrohung ansieht.

Jack

Diese Geschichte über angstbasierte Aggression könnte Sie interessieren. Vor kurzem kam ein Kunde zu mir, dessen jugendlicher Chesapeake-Bay-Retriever sich neuerdings auf Menschen stürzte. Er hatte sogar eine Person leicht gebissen.

Das Herrchen, Kirk, war ein sorgsamer und verantwortungsbewusster Besitzer. Nachdem er Jack gekauft hatte, hatte er mit ihm an drei unserer Kurse teilgenommen: Welpentraining, Familienhund 1 und Familienhund 2. Der Hund machte sich großartig und war ein hervorragender, wenn auch energiegeladener, Begleiter. Jack war sogar noch beeindruckender, weil er als Welpe an einer Krankheit gelitten hatte, durch die er bis lange nach der ersten Sozialisierungsphase zuhause bleiben musste.

Als Jack ungefähr ein Jahr und neun Monate alt war, führten Kirk und seine Frau einen ziemlich unschönen Scheidungskrieg und stritten viel – manchmal sogar lautstark. Jack wurde viel nervöser, schien aber recht gut zurecht zu kommen. Kirk nahm Jack mit zur Arbeit, was wahrscheinlich sehr half.

Eines Tages auf der Arbeit schlief Jack neben Kirks Schreibtisch, als ein großer, kräftiger Mann durch die Tür preschte und sie beide damit erschreckte.

Die Tür knallte gegen Jacks Körbchen, weckte ihn auf und Jack stürzte vor. Jacks Zähne trafen die Hand des Mannes. Nach diesem Vorfall herrschte große Verwirrung und Jack wurde mehrere Stunden in dem Zimmer gelassen und ignoriert.

Der Fremde erhob Klage, und Jack kam in »Beiß-Quarantäne«. Er musste zehn Tage lang eingesperrt bleiben. Dann entschied Kirk, dass seine derzeitige Umgebung für Jack nicht gut sei und er mehr Erziehung benötigte, weshalb er ihn nach Südkalifornien zu seinen Eltern brachte, die den Hund innig liebten. Im Laufe der nächsten Monate ging Kirks Mutter zu drei prominenten Hundetrainern, die alle sagten, Jack sei dominant-aggressiv und bräuchte hartes Training mit Erziehungshalsbändern und Bestrafung. Alle drei nannten Einschläfern als eindeutige Möglichkeit. Kirks Mutter behagten diese Empfehlungen nicht und sie weigerte sich, manche davon zu befolgen. Jack besserte sich nicht, sondern wurde sogar noch schlimmer und fing an, sich auf Gäste zu stürzen. Kirk brachte ihn wieder nach Hause.

Zu der Zeit, als ich Kirk und Jack kennenlernte, war der Hund sehr schreckhaft und unberechenbar, und Kirk war äußerst besorgt. In unserer ersten Trainingsstunde stürzte sich Jack auf meine Assistentin und mich als wir in das Büro kamen. Sobald wir uns richtig mit ihm bekannt gemacht hatten, wurde er wieder zu dem süßen jugendlichen Hund von früher. Ich merkte, dass sein Verhalten rein angstbasiert war und dass das zusätzliche Training sein aggressives Verhalten sogar verstärkt hatte. Wir empfahlen unter anderem, dass auf jedermanns Sicherheit geachtet werden sollte; niemand außer seinem Herrchen durfte ihm Leckerlis geben und jedes Mal wenn er beim Gassigehen an einem Fremden vorbeikam, sollte der Hund etwas Köstliches bekommen. Doch unser hauptsächlicher Rat bestand darin, sich Jacks Tennisball-Leidenschaft zu Nutze zu machen. Kirk platzierte einen Vorrat an Tennisbällen neben die Tür und führte jeden Tag mehrere Trainingseinheiten durch. Ein Freund klopfte an der Tür, ging hinein und warf sofort einen Ball hinter Jack, der sich dann umdrehte, eifrig den Ball holte und zum Fremden zurückbrachte, damit dieser das beste Spiel der Welt weiterspielen konnte. Mit dieser Technik wurden mehrere Dinge erreicht: Jack wurde weniger ängstlich, er wurde von der Türschwelle weggelockt und Kirk konnte sicher sein, dass er nicht mit einem Fremden Blickkontakt aufbauen würde – genau das, was in dieser Situation die Aggression auslösen würde. Es wird einige Zeit dauern, aber ich denke, dass Jack durch diese Technik seine Angst überwinden und wieder gesellschaftsfähig sein wird. Während ich dieses Buch schreibe, war bislang die einzige Nebenwirkung dieser Methode zur Verhaltensänderung, dass vor dem Haus jede Menge nasse Tennisbälle liegen.

In diesem Einzelfall besteht Jacks Programm zur Veränderung seiner angstbasierten Aggression aus einer Kombination aus Desensibilisierungs- und Gegenkonditionierungstechniken, wie sie vorher beschrieben wurden. Jack musste sich wieder an Menschen gewöhnen, also ging Kirk mit ihm an Personen vorbei und hielt sich dabei an den Pegel, den Jack ertragen konnte. Er gab Jack Leckerlis, was ein Beispiel für Gegenkonditionierung ist. Auch das Ballwerfen ist eine Form der Gegenkonditionierung, weil Jack wirklich gerne Tennisbällen hinterherjagt. Außerdem ist es eine Methode, um Jack ein gegensätzliches (oder anderes) Verhalten anzutrainieren, damit er mit der Situation besser zurechtkommt.

Methode zur Verhaltensänderung

Was soll man also mit einem Hund machen, der merkwürdige Erscheinungen anknurrt oder anspringt? Solche Erscheinungen können Menschen mit Hüten, Kinder mit Rucksäcken oder Männer mit Bärten sein. Es ist verlockend – sehr verlockend – das Knurren zu bestrafen. Aber lassen Sie uns zum Kind zurückkehren. Vielleicht hat Ihre Tochter Angst davor, zum Arzt zu gehen, und jedes

Mal, wenn sie dort hinmuss, schreit und schlägt sie um sich. Für ihre Eltern ist das frustrierend und peinlich, und die Versuchung, es zu bestrafen, kann unermesslich sein. Doch auch wenn körperliche Bestrafung des Kindes das Geschrei beenden *kann*, wird die zu Grunde liegende Angst an sich nicht angegangen. Es kann sogar sein, dass ihre Angst vor Ärzten noch stärker wird und sie anfängt, ihre Eltern nicht mehr zu mögen! Damit das Kind Arztbesuche besser erträgt, müssen wir uns etwas überlegen, wie wir gute Dinge mit »bösen« Ärzten assoziieren können. Das ist natürlich der Grund, warum viele Ärzte Süßigkeiten in der Praxis haben.

Der Hund, der vor einer bestimmten Art Mensch Angst hat, knurrt, damit die Bedrohung weggeht. Ihn zu bestrafen würde nicht dabei helfen, seine Angst zu beseitigen. Die beste Vorgehensweise ist, ihn den angsteinflößenden Dingen vorsichtig auszusetzen und dies gleichzeitig mit angenehmen Erfahrungen zu kombinieren. Sie müssen die Emotionen des Hundes ändern, damit er die schaurigen Erfahrungen verarbeiten kann. Außerdem müssen Sie ihn vor furchterregenden Fremden schützen. Also muss jede Methode zur Verhaltensänderung beide Bereiche umfassen.

Anwendung von Gegenkonditionierungs- und Kontrolltechniken

Häufig bitten Menschen, die einen ängstlichen Hund besitzen, ihre Gäste, diesem ein Leckerli zu geben, wenn sie an die Tür kommen. Sie hoffen, dass ihr Hund die Menschen mit dem Leckerli assoziiert, was eine begründete Annahme ist. (Das ist Gegenkonditionierung.) Aber manchmal nimmt der Hund das Leckerli nicht, oder das Leckerli wird gegeben, nachdem der Hund bereits geknurrt oder dem Gast anderweitig gedroht hat, wodurch dem Hund versehentlich mitgeteilt wird, dass das Knurren angebracht war.

Im Allgemeinen empfehle ich eine Kombination aus Kontrolle und Gegenkonditionierung. Falls also ein Hund Angst vor Fremden hat und daher bellt, hervorstürzt oder knurrt, wenn jemand an die Tür kommt, ist es ein guter Plan, seine Umgebung zu kontrollieren – entweder, indem Sie ihn für ein paar Minuten in einen anderen Raum bringen oder ihn anbinden. Sobald die Gäste es sich bequem gemacht haben, darf er ihnen »Hallo« sagen.

Den Hund allmählich an Fremde heranführen

Hunde, vor allem ängstliche Hunde, brauchen viel Zeit, um sich davon zu überzeugen, dass ein Fremder keine Gefahr darstellt. Für Kinder gilt das Gleiche. Erwachsene sind groß! Wenn sie auf ein Kind herabstarren und ihre Hand ausstrecken, können sie furchterregend sein. Ein Hund sieht die Welt ungefähr aus der gleichen Perspektive wie ein Kind. Ihnen beiden ausreichend Zeit zu lassen, ist der erste große Schritt zur Akzeptanz. Der Fremde muss dem Hund kein Fressen geben. Ich rate von dieser Praxis sogar ab, außer wenn der Fremde ein Mitglied der Familie werden wird. In dem Fall ist es absolut in Ordnung. Wenn Fremde Ihren Hund füttern, können mehrere Dinge passieren. Erstens könnte der Hund das Leckerli nehmen, aber, weil er nicht genügend Zeit hatte, sich von selbst zu nähern, dann nach dem Fremden schnappen. Das ist mir passiert, als ich mit einem ängstlichen Hund »Freundschaft schließen« wollte. Das mache ich nie wieder! Jetzt lasse ich den Hund auf mich zukommen, um mit mir Freundschaft zu schließen. Das zweite, was passieren könnte, ist genauso untragbar. Der Hund könnte denken, Menschen seien lebende Bonbonspender und sich allen Fremden nähern, um diese um Futter anzubetteln. Manche Menschen mögen keine Hunde und könnten ängstlich oder gewalttätig reagieren, wodurch der Hund lernt, dass er die ganze Zeit über Recht gehabt hatte – Fremde benehmen sich eigenartig und sind furchteinflößend. Wir bringen unseren Kindern bei, niemals von Fremden Süßigkeiten anzunehmen. Es ist einfach zu gefährlich. Das Gleiche gilt für Hunde.

Lassen Sie ihm seinen Raum

Alle Hunde brauchen ihren persönlichen Raum. Und ängstliche Hunde brauchen noch mehr Raum als die meisten anderen. Bei uns Menschen ist das genauso. Wie nah darf ein Fremder oder ein Freund Ihnen kommen, bevor Sie sich unwohl fühlen? Mein bevorzugter persönlicher Raum ist ziemlich groß – wahrscheinlich weil ich elf Geschwister habe. Andere Menschen können mit sehr großer Nähe umgehen. Freundliche, aufgeschlossene Hunde brauchen meist weniger persönlichen Raum; sie liegen und schlafen sogar oftmals übereinander. Schüchterne und ängstliche Hunde können jedoch mit Gedränge nicht umgehen und könnten aggressiv reagieren. Was ist die Lösung? Lassen Sie ihnen sowohl Raum als auch Zeit.

Das Rüpel-Syndrom

Im Gegensatz zu angstbasierter Aggression ist das »Rüpel-Syndrom« eine ganz andere Geschichte. Rüpel haben für gewöhnlich falsche Vorstellungen über das Spielen. Sie finden heraus, dass sie stärker als andere Hund sind und prallen gegen sie oder überrollen sie. Meistens hacken sie auf schwächeren Hunden herum und lassen die Selbstsichereren links liegen, denn die Schwächeren machen viel mehr Spaß! Denken Sie an das Kind in der Schule, das die kleineren, schwächeren Kinder hänselt. Leider benehmen sich tyrannisierende Hunde genauso. Zuerst ist es nur Show, aber je erfahrener sie im Schikanieren werden, desto eher wird sich das Verhalten in brutalere Aggression wandeln. Meist passiert das, wenn der Rüpel den falschen Hund ärgert und dieser es ihm richtig heimzahlt. Es gibt bestimmte Rassetypen, die eher für das Tyrannisieren anfällig sind – diese haben meist eine hohe Schmerzgrenze und lieben es, grob und rüpelhaft zu spielen. Labradore, Boxer, Rottweiler und Pit Bulls können dazu neigen, andere zu schikanieren, sofern sie nicht davon abgeschreckt werden, genauso wie manche Terrier.

Manche Hunde, die Rüpel zu sein scheinen, sind in Wahrheit unsicher und verängstigt, weshalb sie dies überkompensieren wollen. Manchmal ist ein anderer Hund in sie hineingeprallt oder sie haben ein Trauma erlitten, als sie Welpen waren. Häufig sind sie selbstbewussteren Hunden gegenüber devot, dominieren aber schwächere, weniger selbstsichere Hunde körperlich.

Rüpel und Pseudo-Rüpel beschränken sich nicht unbedingt darauf, auf anderen Hunden herumzuhacken. Ihr Ziel können auch Familienmitglieder, die schwach wirken, oder Fremde sein, die schwache oder ängstliche »Schwingungen« aussenden. Oftmals versteht das stärkste menschliche Familienmitglied nicht, warum die anderen Mitglieder dem Hund nicht einfach »die Meinung sagen«, und begreifen gar nicht, dass sie es einfach nicht können. Das entspricht nicht ihrer Persönlichkeit, und der Hund weiß dies.

Methode zur Verhaltensänderung

Damit ein tyrannisierender Hund lernt, sich zivilisiert zu benehmen, besteht die beste Methode aus der folgenden Kombination:
- Kontrollieren Sie seine Umgebung, damit er nicht mehr auf anderen Hunden herumhacken kann. Gehen Sie nicht mit ihm in Hundeparks, es sei denn, Sie kennen die anderen Hunde dort.

- Trainieren Sie ihn alleine oder mit anderen Hunden, die seiner Rauflust gewachsen sind. Falls sie untereinander zu grob sind, brechen Sie das Spiel ab (mit Körpereinsatz, falls nötig) und warten Sie bis sie sich abgekühlt haben, bevor sie wieder spielen dürfen.
- Lassen Sie ihn mit Bällen oder anderen Gegenständen spielen. Dadurch kann überschüssige Energie wunderbar abgebaut werden.
- Bringen Sie ihm durch ausgiebiges Gehorsamstraining gute Manieren bei.

Trainingstipps gegen Leinenaggression

Wenn Sie der Ansicht sind, Ihr Hund sei leinenaggressiv, finden Sie hier ein paar Trainingstipps.

- Arbeiten Sie hart am leinenlosen Gassigehen. Ihr Hund muss lernen, mit Ihnen zu laufen und Sie nicht hinter sich her zu zerren. Laufen ohne Leine ist, zusammen mit dem Kommen auf Abrufen, eine der am schwersten beizubringenden Übungen. Aber das ist zweifellos zu schaffen, wenn Sie ausdauernd sind und daran denken, das Verhalten zu bestärken, das Sie sich wünschen.
- Sobald Ihr Hund ordentlich an der Leine läuft, können Sie mit der Gegenkonditionierung beginnen, wenn er einen anderen Hund sieht. Überschreiten Sie dabei niemals die Schwelle Ihres Hundes – mit anderen Worten, bevor er zu bellen und loszustürzen beginnt.
- Sobald Ihr Hund den anderen Hund sieht, sollten Sie ihn mit Leckerlis füttern, die er sonst nie bekommt. Das Futter sollte ihn auf Wolke Sieben schweben lassen (Pute, Hühnchen, Frikadellen, Leber etc.)! Wenn Sie den anderen Hund passiert haben, sollte das Füttern eingestellt und der Spaziergang fortgeführt werden.

Leinenaggression

Leinenaggression wird meistens durch Frustration verursacht. Sie tritt auf, wenn ein Hund kräftig an der Leine zieht, weil er zu einem anderen Hund möchte. Er kann diesen nicht erreichen, weshalb er einen Wutanfall bekommt. Bei diesem Wutanfall bekommt man alle Zeichen von Aggression zu sehen: Zähnefletschen, sich nach dem anderen Hund recken, erweiterte Pupillen, Bellen oder Knurren. Doch in den meisten Fällen ist es so, dass wenn das Herrchen die Leine loslässt, der Hund zu dem anderen hinläuft und sich ihm vorstellt. Leinenaggressive Hunde sind oftmals Rüpel, weshalb ihr Annäherungsversuch recht unzivilisiert sein kann (wodurch es natürlich zu einem Kampf kommen kann).

Leinenaggression ist ein häufiges Phänomen und bei den meisten Fällen von Aggression, die ich zu sehen bekomme, einer der Gründe. Die meisten leinenaggressiven Hunde sind unangeleint nicht aggressiv, können aber an der Leine ein wahrer Alptraum sein. Sie jagen dem anderen Hund, dessen Besitzer, dem eigenen Herrchen und auch sich selbst Angst ein. Wie soll man einen solchen Hund also kontrollieren? Jedes Mal wenn Sie an der Leine ziehen, *steigern* Sie seine Frustration; wenn Sie brüllen, bellen Sie mit ihm. Die beste Technik zur Verhaltensänderung ist eine Kombination daraus, dass er lernt, brav an der Leine zu laufen, und Ihren Hund darauf zu konditionieren, dass er andere Hund als nicht so interessant wie Sie ansieht.

Methode zur Verhaltensänderung

Die Ausstattung, die Sie zur Änderung seines aggressiven Verhaltens benutzen, sollte human und absolut zuverlässig sein. Achten Sie darauf, dass die Leine bequem zu handhaben ist und Sie sich nicht daran schneiden können. Das Halsband Ihres Hundes sollte sicher sein – es sollte nicht abgehen. Ich finde, dass einige moderne Geschirre, bei denen die Leine vorne angebracht wird, bei der Arbeit an der Leinenaggression äußerst hilfreich sind. Wenn Sie ihn an einem normalen Halsband zurückziehen, neigt der Hund dazu, nach vorne zu zerren und seinen Hals in Richtung des entgegenkommenden Hundes zu recken. Dies steigert Frustration und manchmal Aggression. Die Benutzung eines solchen Geschirrs minimiert das Zerren an der Leine, und manchmal verschwindet das Verhalten dadurch sogar ganz. Außerdem wird die Position des Hundes verlagert, da er wie bei einer Kehrtwende nach hinten gezogen wird. Dadurch ziehen Sie seine Aufmerksamkeit leichter wieder auf sich. Als ich Strider bekam, war er leinenaggressiv (und auch ängstlich!); einen Großteil des Erfolges, den ich bei ihm erzielte, messe ich dem Geschirr bei – und natürlich auch meiner fantastischen Erziehung.

Viele Menschen wissen nicht, ob ihr Hund wirklich aggressiv oder einfach nur leinenaggressiv ist. Ein guter Hundetrainer kann das herausfinden, indem er Ihren

Hund unter kontrollierten Gegebenheiten testet. Es ist sehr erfreulich, zu sehen, wie erleichtert ein Besitzer ist, wenn er erkennt, dass sein Hund nicht alle anderen Hunde umbringen möchte. Leider benötigen diese Hunde noch sehr viel Arbeit, um dieses Verhalten zu ändern. Nur weil Sie wissen, worin das Problem liegt, heißt das noch nicht, dass es leicht zu lösen ist.

Um Leinenaggression zu beheben, müssen Sie Ihrem Hund beibringen, ordentlich an der Leine zu laufen, und ihm zeigen, dass er nicht das Recht hat, jeden einzelnen Hund zu begrüßen, den er sieht. Das ist natürlich leicht zu sagen, aber für den armen Besitzer schwer durchzuführen! Üben Sie zuerst solche Dinge wie Sitz, Abrufen (Komm!) und Suchen zu Hause (an einem ruhigen Ort) bis Ihr Hund sehr zuverlässig ist. Es ist unmöglich, ihm eine Übung beizubringen, wenn er übermäßig aufgeregt ist, was er sein wird, wenn er einen anderen Hund sieht.

Es gibt andere Methoden, um an der Leinenaggression zu arbeiten, und für die meisten ist die Hilfe eines guten Hundetrainers nötig. Ich rate Ihnen dringend davon ab, einen Hund körperlich zu bestrafen, der jegliche Art von Aggression zeigt, einschließlich Leinenaggression. Die Wahrscheinlichkeit ist groß, dass er zurückschlägt.

Gassigehen

Gehen Sie mit dem Hund Gassi, wenn er hungrig ist, und nehmen Sie ein paar köstliche Leckerlis mit. Er sollte an einer rund 1,80 Meter langen, locker durchhängenden Leine sein. Halten Sie den Großteil der Leine in der Hand, aber achten Sie darauf, dass er nicht zieht, da durch eine straff gezogene Leine die Frustration gesteigert und die Aggression gefördert wird. Wenn Ihr Hund einen anderen Hund sieht, sagen Sie seinen Namen, ziehen Sie seine Aufmerksamkeit auf sich und entfernen Sie sich soweit wie nötig von dem anderen Hund (Desensibilisierung). Nun stehen Ihnen mehrere Dinge zur Wahl. Sie können weiterhin an dem anderen Hund vorbeispazieren und Ihrem Hund währenddessen Leckerlis geben. Oder Sie können ihm das Kommando »Sitz!« geben und ihn belohnen. Sie können sich auch von dem anderen Hund abwenden und Ihre »Such«-Übung durchführen, wodurch ein anderes Verhalten bestärkt wird (das des Futterfindens). Sie sollten die Aufmerksamkeit Ihres Hundes auf sich oder auf die Leckerlis auf dem Boden richten, während der andere Hund an Ihnen oder Sie an ihm vorbeigehen. Falls der andere Hund zu nahe kommt, greifen Sie nach dem Halsband Ihres Hundes und gehen Sie in einem Bogen von dem Hund weg. Dabei sollten Sie auf Ihren Hund achten und auch darauf, dass Sie zwischen ihm und dem anderen Hund gehen. Wenn Sie zwischendurch anhalten, wird die Angst gesteigert, doch wenn Sie schneller laufen, kann bei einem entgegenkommenden Hund ein Jagdverhalten ausgelöst werden.

Wiederholen Sie dies mehrmals, wobei Sie Ihren Hund immer näher an den fremden Hund heranlassen sollten, wenn er dabei entspannter ist. Er sollte ein köstliches Leckerli bekommen, wenn er einen anderen Hund sieht, und wenn er an dem anderen Hund vorbeiläuft. Vergessen Sie nicht, sich nicht unruhig oder übermäßig besorgt anzuhören, wenn Sie dies mit Ihrem Hund üben. Es ist nur eine Übung, und je besorgter Sie sind, desto ängstlicher wird Ihr Hund.

Unser allgemeines Ziel ist, die Aufmerksamkeit Ihres Hundes vorrangig auf Sie zu richten, während Sie an einem anderen Hund vorbeigehen. Er sollte vorher,

Die Umgebung kontrollieren

Eine meiner Kundinnen, Sally, hatte einen Deutsch Kurzhaar namens Oscar, der ein Verhaltensproblem hatte, das Sally beheben wollte. Sie besaß ein wenig Ackerland, das sie bestellte. Oscar war hervorragend darin, Vögel zu vertreiben, die die Ernte stahlen. Darum ließ sie ihn tagsüber draußen, wenn sie zur Arbeit ging. Der Zaun bestand aus leichtem Draht und ihr Land grenzte an einen Feldweg, auf dem ziemliche viele Leute spazieren gingen. Kamen sie dort vorbei, flitzte Oscar an den Zaun, bellte wild und lief am Zaun auf und ab.

Sally war zu mir gekommen, weil sie eines Tages den Zaun offen gelassen hatte. Oscar war durch das Tor gerannt und bekam die Kleidung eines Spaziergängers zu fassen, der verständlicherweise aufgebracht war. Sie wollte, dass ich Oscar beibrachte, dass er nicht an den Zaun rennen oder sich in der Kleidung von Personen verbeißen sollte. Andererseits wollte sie ihn draußen lassen, weil er die Vögel so gut vertrieb.

Ich konnte Sally nicht davon überzeugen, dass die beiden Verhaltensweisen miteinander verknüpft waren – in den Gedanken des Hundes waren Vögeljagen und Menschenjagen miteinander verbunden, allerdings nicht in ihren Gedanken. Um das unerwünschte Verhalten abzustellen, musste sie die Umgebung kontrollieren und Oscar drinnen oder innerhalb eines geschlossenen Geheges halten. Das war nicht das, was Sally hören wollte, und enttäuscht ging sie weg und war wahrscheinlich der Meinung, ich sei eine unfähige Beraterin. Ich hoffe nur, dass ihr Hund niemanden gebissen hat.

währenddessen und danach belohnt werden. Sobald er sich aggressiv zeigt, sollten Sie schnell weggehen, ihn aber nicht anschreien – seine Toleranzschwelle könnte bereits überschritten worden sein.

Wenn sein Verhalten zuverlässiger wird (nach mindestens drei Wochen stetiger Belohnung), können Sie anfangen, die Häufigkeit und Zeit der Belohnung seines guten Verhaltens zu variieren. Ihr Hund sollte Sie als ein gottähnliches Wesen ansehen, das unterschiedliche Arten von Lob und Leckerlis in unterschiedlicher Menge austeilt.

SEHR WICHTIGER HINWEIS: Desensibilisierungs- und Gegenkonditionierungsmethoden brauchen Zeit, bis sie funktionieren. Wir Menschen neigen dazu, ungeduldig zu werden und aufzugeben bevor wir Ergebnisse sehen, oder wir hören auf, wenn wir ein paar Ergebnisse sehen, die aber nicht von Dauer zu sein scheinen. Wiederholung ist der Schlüssel zum Erfolg – denken Sie an 1.000 Wiederholungen als Arbeitsgrundlage. Ich habe mit einem Hund Monate oder sogar Jahre lang gearbeitet, wobei ich eine ständige, langsame Verbesserung beobachten konnte.

Territoriale Aggression

Wir alle denken territorial – wir alle. Wenn Sie in der Küche sind und sehen, dass jemand die Auffahrt hochkommt, halten Sie inne, schauen aus dem Fenster – ein wenig misstrauisch – und warten drauf, dass die Person entweder weggeht oder an die Tür klopft.

Viele Menschen möchten, dass ihr Hund bellt, wenn ein Fremder an der Tür oder auf dem Gelände ist. Häufig erwarten dieselben Menschen von ihrem Hund, dass er erkennt, dass manche Fremden in Ordnung sind, beispielsweise Gärtner oder Lieferanten. Da erwartet man zu viel von einem Hund! Sie können nicht einschätzen, wer gut und wer böse ist. Manche Hunde bellen alle Personen oder Hunde an, die am Haus vorbeikommen, egal um wen es sich handelt. Andere Hunde lassen Menschen in das Haus hinein, aber nicht wieder hinaus. Manche beißen Gäste auf ihrem Weg nach draußen. Manche laufen am Zaun auf und ab und gebärden sich ziemlich wild.

Methode zur Verhaltensänderung

Um zu verhindern, dass solche Probleme überhaupt entstehen, müssen Sie zuerst darauf achten, dass die Umgebung unter Kontrolle ist. Hunde, die an der Vordertür oder einem Fenster einen Beobachtungsposten errichten, müssen einen anderen Platz zum Verweilen finden. Weil sie das nicht freiwillig tun würden, müssen wir das für sie erledigen. Verhindern Sie ihm den Zugang zu diesen Orten, blockieren Sie sie oder machen Sie sie anderweitig unzugänglich. Finden Sie einen Weg, damit Ihre Hunde auch in anderen Teilen des Hauses glücklich sind. Sie versuchen, Ihren Hund davon abzuhalten, sich im Wacheschieben zu üben, denn wie wir alle wissen, macht Übung den Meister. Falls Ihr Hund am Zaun auf und ab läuft, müssen Sie dieses Verhalten unterbinden, entweder indem Sie ihn ins Haus rufen sobald er das tut, oder indem Sie ihn nicht in den Teil des Gartens lassen.

Es kann ziemlich schwierig sein, einen Weg zu finden, damit Ihr Hund auch an einem anderen Ort glücklich ist. Ich finde, die beste Methode ist, Ihrem Hund beizubringen, dass sein »Raum« ein Platz Ihrer Wahl ist, weit weg von den Attraktionen der Außenwelt. Das können Sie dadurch erreichen, dass Sie ihn dort schlafen lassen, dort füttern oder dort mit ihm Zeit verbringen. Fängt er an der Tür oder am Fenster zu bellen an, bringen Sie ihn ruhig von seinem Aussichtspunkt zu dem für ihn bestimmten Platz. Ihn anzuschreien würde nicht funktionieren, auch wenn wir Menschen das anscheinend als geniale Lösung erachten, sonst würden wir das ja nicht so oft tun!

Ein anderer Schritt, den Sie unternehmen können, um sein Territorialgehabe zu kontrollieren, ist, Ihrem Hund seine »Türprivilegien« abzusprechen. Die meisten Hunde preschen zur Tür, wenn jemand ankommt, und viele bellen überschwänglich. Es ist äußerst schwierig, Ihren Hund zu erziehen zu versuchen und gleichzeitig die Tür zu öffnen. Das ist für gewöhnlich sogar unmöglich und führt dazu, dass Sie brüllen, nach dem Hund greifen und sich bei den Gästen entschuldigen (die sich plötzlich überlegen könnten, dass sie lieber woanders als bei Ihnen zuhause sein wollen). Eine hervorragende Methode, dies zu verhindern, ist, an der Tür für Ihren Besucher einen Hinweis anzubringen, dass Sie den Hund wegbringen, oder ihn im Voraus darüber zu informieren. Nachdem Ihr Hund an der Tür gebellt hat, können Sie ihn fröhlich an seinen Ort bringen und dort lassen bis Sie Ihre Dinge erledigt haben oder die Situation sich soweit beruhigt hat, dass er Ihnen Gesellschaft leisten kann.

Bewachen von Futter oder Spielzeug

Manche Hunde tun sich schwer damit, das zu teilen, was sie als wertvolle Ressource ansehen, wie beispielsweise Futter oder Spielzeug. Es gibt unterschiedliche Grade dieses besitzergreifenden Verhaltens, angefangen damit, dass er einen Gegenstand wegnimmt, bis dahin, dass er diesen mit seinem Körper abschirmt, und sogar bis hin zu Knurren und Beißen. Es gibt außerdem zwei unterschiedliche Arten von besitzergreifendem Verhalten: Manche Hunde scheinen genau zu wissen, was sie tun, wenn sie Gegenstände oder Futter bewachen, während andere sich jedoch in einem Zustand nahe der Hysterie zu befinden scheinen. Den meisten Hunden können Sie im Laufe der Zeit das Teilen beibringen. Doch wenn Sie fürchten, Ihr Hund könne jemanden beißen, sollten Sie sich professionelle Hilfe suchen. Manche Hunde sind regelrecht gefährlich, und Sie verfügen möglicherweise nicht über die Kompetenz oder Zeit, die erforderliche Arbeit selbst zu erledigen.

Methode zur Verhaltensänderung

Meine Lieblingsmethode, um dem Hund das Teilen beizubringen, ist, ihm zu zeigen, dass er nicht an dem Gegenstand festhalten muss. Es ist sogar in seinem besten Interesse, ihn loszulassen. Dazu müssen Sie seine Aufmerksamkeit erhaschen. Ich fange meistens mit einem Napf mit ein paar Stücken Trockenfutter oder einem nicht sonderlich wertvollen Spielzeug an. Genau dann, wenn er gerade dabei ist, den letzten Brocken Trockenfutter aufzufressen, sollten Sie sich ihm mit einem köstlichen Leckerli nähern – einem überirdisch guten Leckerli. Halten Sie Ihre Hand in die Nähe seiner Nase und locken Sie ihn ins Sitz. Wenn er sitzt, geben Sie ihm das Leckerli. *Es ist sehr wichtig, dass er sich hinsetzt!* Wiederholen Sie dies mehrmals, und steigern Sie dann den Wert des Futters (oder Spielzeugs). Ich entferne mich gerne ein paar Schritte vom Hund, wenn er zu fressen beginnt, und nähere mich, wenn er damit aufhört, denn ich möchte, dass er sich nähernde Füße und Beine nicht als Bedrohung ansieht. Wenn er sich hinsetzt, ohne dass Sie ihm das Kommando dazu geben müssen, gehen Sie zum nächsten Schritt über, der so aussieht, dass Sie den Napf wegstellen (leeren Sie ihn zuerst) bzw. das Spielzeug wegnehmen. Arbeiten Sie für diesen Schritt wieder mit den weniger wertvollen Gegenständen. Wenn Sie sich nähern, sollte er sitzen. Geben Sie ihm das Leckerli genau dann, wenn Sie den Gegenstand wegnehmen. Geben

Sie ihm den Gegenstand zurück und gehen Sie weg. Er lernt dabei mehrere Dinge: Erstens: Sie sind keine Bedrohung. Zweitens: Sie können ihm gute Dinge zum Tausch anbieten. Und drittens: Er sollte sitzen, wenn Sie sich ihm nähern, während er etwas Gutes hat.

Diese Methode ist nicht nur reine Theorie. Sophie, mein geretteter Cairn Terrier, war extrem besitzergreifend und hatte mehrere Personen gebissen, auch mich. Ich probierte mehrere Verhaltensänderungstechniken aus, und diese war die einzige, die dauerhaft Wirkung zeigte. Die meisten Menschen glauben gar nicht, dass sie jemals besitzergreifend gewesen ist.

Beuteaggression

Beuteaggression ist keine wahre Aggression, obwohl sie definitiv danach aussieht. Es handelt sich dabei um Instinktverhalten: Den Instinkt, Beute zu jagen und zu fangen. Im Gegensatz zu den meisten Aggressionen, die von erheblichem Bellen und Knurren begleitet werden, attackiert ein räuberischer Hund schweigend – er macht keine Geräusche und warnt auch nicht. Natürlich würde man seine Beute nicht warnen, bevor man zuschlägt. Diese Hunde geben dann Laute von sich, wenn sie durch eine Leine oder einen Zaun zurückgehalten werden. Dann bellen oder jaulen sie in einer hohen Tonlage und sehr intensiv. Häufig werden kleine Hunde deshalb auf Spaziergängen attackiert, weil der angreifende Hund sie mit Beute verwechselt hat. Räuberische Hunde halten häufig an ihrer Beute fest und hechten nicht vor und zurück. Beuteverhalten wird häufig durch schnelle Bewegungen ausgelöst, beispielsweise eine rennende Katze oder ein vorbeiflitzendes Skateboard oder Fahrrad.

Methode zur Verhaltensänderung

Beuteverhalten ist nur von sehr wenigen Emotionen begleitet, mit Ausnahme von Frustration, wenn der Hund nicht zu seiner Beute gelangen kann. Daher sind Gegenkonditionierung und Desensibilisierung nicht so nützlich wie bei anderen Formen von Aggression, auch wenn sie helfen. Wie auch bei anderen Problemverhaltensweisen sollten Sie andere, bessere Dinge mit der Beute, die er bekommen möchte, assoziieren. Falls Ihr Hund beispielsweise Fahrrädern hinterherjagt, sollten Sie sich in sicherer Entfernung von einer Straße hinstellen und einen

Freund bitten, auf einem Rad an Ihnen vorbeizufahren. Wenn er Sie passiert, sollten Sie Ihrem Hund etwas wahnsinnig Köstliches zu fressen geben und damit aufhören, sobald das Fahrrad außer Sichtweite ist. Das müssen Sie immer wieder an unterschiedlichen Orten machen, damit Ihr Hund wirklich versteht, was Sie wollen. Und natürlich werden Hunderte von Wiederholungen nötig sein! Falls Ihr Hund erfolgreich kleine Tiere gejagt hat, rate ich Ihnen dringend, einen sehr erfahrenen Hundetrainer oder Berater aufzusuchen, und dass Sie sich darauf einstellen, ihn draußen immer an der Leine zu halten. Dieses Verhalten kann sehr schwer zu verändern sein.

Kämpfereien zuhause

Wenn es zwischen Ihren mehreren Hunden zu Problemen kommt, lautet mein bester Rat, dass Sie mit allen Kräften zu verhindern versuchen, dass diese überhaupt entstehen. Möglicherweise ist es unmöglich, sie zu kurieren, und wie bei zwei in Fehde liegenden Geschwistern ist manchmal eine lebenslange Trennung die einzige Lösung. Das gilt vor allem für zwei Hunde, die sich bereits gegenseitig verletzt haben. Im Allgemeinen entstehen Probleme zwischen zwei Hunden gleichen Geschlechts. Kämpfe zwischen Hunden unterschiedlichen Geschlechts sind sehr ungewöhnlich, auch wenn sie gelegentlich stattfinden. Bei Rüden kann das Problem ziemlich schlimm sein, aber bei Hündinnen ist es sogar noch gravierender. Unter den Verhaltensforschern gibt es sogar ein Sprichwort: »Rüden kämpfen um die Ehre, Hündinnen um den Sieg.«

Methode zur Verhaltensänderung

Falls Ihre Hunde miteinander kämpfen, sollten Sie zuerst mögliche Gründe und Auslöser herausfinden.

Versuchen Sie, die folgenden Fragen zu beantworten:
- Kommen die Hunde die meiste Zeit über gut miteinander zurecht?
- Spielen sie miteinander oder tolerieren sie sich nur?
- Kommt es vorher zu Drohgebärden – starren und knurren die Hunde sich an oder fangen sie einfach zu kämpfen an?
- Haben sie einander verletzt?

- Müssen Sie oder ein anderes Familienmitglied anwesend sein, damit der Kampf ausbricht?
- Ist ein Hund viel größer als der andere?
- Gibt es einen eindeutigen Anstifter? (Das ist schwer zu sagen, weil wir meistens nicht sehen, was vor dem Kampf geschieht.)
- Zu welcher Tageszeit finden die meisten Kämpfe statt? (Finden sie morgens, mittags oder abends statt?)
- Wo finden sie statt? (Finden sie außerhalb des Hauses, im Haus, an der Tür oder im Flur, in der Nähe des Futters oder in Ihrer Nähe statt?)

Wenn nur ein oder zwei Kämpfe stattgefunden haben und es zu keinen Verletzungen gekommen ist, haben Sie eine ziemlich gute Chance, die Hunde wieder zusammenzubringen. Auch wenn sie keine Busenfreunde werden, können sie zumindest rücksichtsvolle Hausgenossen werden. Falls es zu zahlreichen Kämpfen gekommen ist, ist es um einiges schwieriger.

Die Auslöser bekämpfen

Sobald Sie die oben stehenden Fragen beantwortet haben, ist es Ihre Aufgabe, sie eine nach der anderen in Angriff zu nehmen. Falls die Hunde beispielsweise im Hausflur und am Abend (sehr häufig) kämpfen, wollen Sie sie vielleicht anbinden und ihnen etwas Köstliches zu kauen geben. (Wie Eltern von Kleinkindern wissen, kann es spätnachmittags und abends sehr anstrengend werden – sie sind ziemlich reizbar, um es mal milde auszudrücken.)

Falls Sie glauben, dass Kämpfe ausbrechen, wenn Sie anwesend sind, gehen Sie weg, wenn Sie merken, dass die Anspannung zunimmt, oder führen Sie das unten beschriebene »Hotdog«-Signal ein. Falls Futter der Auslöser ist, sollten Sie sie auf jeden Fall getrennt voneinander füttern und jegliche Futterreste entfernen, wenn sie fertig sind. Falls Spielzeuge der Auslöser sind, nehmen Sie jegliches Spielzeug weg, außer die Hunde sind angebunden. Wenn sie im Schlafzimmer kämpfen, verbannen Sie sie beide aus dem Schlafzimmer und lassen Sie sie getrennt schlafen (falls nötig in Boxen). Das Gleiche gilt, wenn es zu Kämpfen kommt, falls der eine im Körbchen liegt und der andere sich nähert, wie es ab und zu bei mir zuhause der Fall ist. Stellen Sie einfach ihre Körbchen weg, wenn sie nicht darin liegen.

Sorgen Sie für jede Menge Bewegung

Sorgen Sie dafür, dass die Hunde jede Menge Bewegung bekommen, wenn möglich gemeinsam. Besuchen Sie mit beiden eine Hundeschule oder machen Sie mit ihnen mehrmals am Tag Gehorsamsübungen. Sie können sie sich ihr Futter verdienen lassen, indem Sie sie Brocken für Brocken mit der Hand füttern, falls Sie dafür Zeit haben. Spielen Sie »Wer am schnellsten sitzt« (wer zuerst sitzt bekommt zuerst das Leckerli), und machen Sie das mit allem, was sie für wichtig erachten: durch Türen gehen, gestreichelt werden oder in ein Fahrzeug einsteigen. Übrigens, selbst Hunde, die um Fressen kämpfen, machen das nicht, wenn sie mit der Hand gefüttert werden.

Lachen als Entschärfung

Lachen ist eine der besten Methoden, um Spannung im Haus zu entschärfen. Falls Sie, der absolute Anführer, die Hunde nicht ernst nehmen, verpuffen viele statusgebundene Probleme einfach. Wir haben eine Übung namens »Hotdog«-Signal, um für eine ungestörte Beziehung zwischen Hunden zu sorgen. Eine ältere Dame mit drei Pit Bulls (die ihr alle liebevoll von ihren Kindern geschenkt wurden) hat dieses Signal einer guten Freundin von mir beigebracht. Diese Hunde schienen die meiste Zeit über gut miteinander auszukommen. Unter ihnen gab es einen anerkannten Anführer, der den Frieden bewahrte. Doch als der anführende Hund älter wurde, wurde die Sache brenzliger. Die wertvollste Ressource war die Dame selbst, und gelegentlich, wenn alle drei Hunde ihren Kopf auf ihren Schoß legten, starrte einer der jüngeren den Anführer an und plötzlich war die Hölle los. Es kam zu ein paar verheerenden Kämpfen, und die Frau konnte das nicht mehr ertragen. Daher entwickelte Sie ein Signal, um diese Situationen zu entschärfen. Sobald sie sah, dass ein Hund einen anderen angriff (mit »dem Blick«), rief sie mit fröhlicher Stimme »Hotdogs!«. Dann stand sie auf und hoppelte in die Küche, wo sie den Kühlschrank öffnete und drei ganze Hotdogs herausholte. Nachdem sie sich hingesetzt hatten, bekam jeder Hund einen. Zu dem Zeitpunkt fühlten sie sich schon wieder gut – Krise abgewandt!

Als ich analysierte, was geschehen war, hatte ich die Vermutung, diese Übung beinhalte drei wichtige Komponenten. Erstens: Die Frau benutzte ein einheitliches Signal, das für die Hunde etwas Tolles bedeutete, und ihr Timing war hervorragend. Das Signal erfolgte bevor das Problem entstand, nicht wenn der

Kampf bereits begonnen hatte, was viel zu spät gewesen wäre. Zweitens: Sie bewegte sich. Das ist bei allen Streitereien, die zwischen Hunden (oder auch Kindern) im Haus entstehen, wichtig. Sie müssen die Ziel-Ressource bewegen (in diesem Fall die Frau) und ihre Aufmerksamkeit auf eine andere lenken. Drittens: Sie ging an einen vorhersehbaren Ort, an dem ein bestimmtes Verhalten verlangt wurde (»Sitz«), worauf eine verlässliche Belohnung folgte und die Hunde einige Zeit brauchten, um diese zu fressen.

Seit sie mir diese Übung freundlicherweise gezeigt hat, habe ich sie bei vielen Hunden mit großem Erfolg angewandt.

19

Eine dauerhaft gute Beziehung schmieden

Gegenseitigen Respekt entwickeln

Einen Hund aufzuziehen, kann harte Arbeit sein. Wenn Sie einen Hund haben, kommunizieren Sie ihm unentwegt etwas, beispielsweise Aufmerksamkeit, Ängstlichkeit, Wut und Furcht. Manchmal zeigen Besitzer ihrem Hund unabsichtlich, dass sie sich nicht für ihn interessieren, indem sie ihn einen Großteil der Zeit alleine lassen und ihn ignorieren, wenn sie zuhause sind. Wir Erwachsenen denken, wir würden über die verbale Sprache kommunizieren, doch in Wahrheit kommunizieren wir durch unsere Körpersprache und unser Verhalten. Manchmal mangelt es uns an Einfühlungsvermögen, eine Eigenschaft, die unsere Kinder häufig besitzen. Wie ist es, wenn man neunzig Zentimeter groß ist und nur die Knie und Fußgelenke der Welt sieht? Kinder wissen das. Wenn Sie sich ein wenig Zeit nehmen, um sich in die Lage Ihres Hundes zu versetzen, ändern Sie Ihr Verhalten möglicherweise in mancher Hinsicht. Kinder mögen es nicht, angestarrt zu werden, genauso wenig wie Hunde. Und Kinder möchten nicht gerne bedrängt, geschubst, angefasst oder gezogen werden, auch wenn ihnen diese Dinge passieren. Hätten wir Erwachsenen gelernt, Kinder und Hunde zu respektieren, hätten wir mit beiden wahrscheinlich weniger Probleme! Jedes Jahr wird über mehrere Millionen Hundebisse berichtet. Schrecklich viele davon passieren, wenn eine Person ihre Hand in den persönlichen Raum des Hundes steckt und der Hund zu schnell darauf reagiert. Noch mehr Hundebisse passieren, wenn Menschen große Hunde umarmen – etwas, das die meisten Hunde hassen. Hunde müssen darauf konditioniert werden, unsere Umarmungen zu akzeptieren und sie nicht als Bedrohung anzusehen.

Die besten Familienhunde sind tolerant gegenüber allen merkwürdigen Verhaltensweisen, die wir an den Tag legen. Sie können lernen, es zu mögen, umarmt, gestreichelt und herumgeschleppt zu werden. Aber nicht alle Hunde, die bei Familien leben, sind wahre Familienhunde. Mehrere meiner Kunden behaupteten vehement, es sei nicht ihre Aufgabe, am Verhalten ihres Hundes zu arbeiten – der Hund solle gehorchen, er solle nicht bellen oder knurren, er solle in der Nähe des Hauses bleiben, er sollte nichts dagegen haben angefasst zu werden, er solle den Unterschied zwischen Fremdem und Freund kennen ohne die jeweilige Person schon mal gesehen zu haben. (Dieses Argument finde ich wirklich witzig!) Jeder Hund ist ein Individuum mit einer eigenen Persönlichkeit und individuellen Charaktereigenschaften. Jeder Hund braucht ein Elternteil, und das sollte die Person sein, bei der der Hund lebt – nicht ein Hundeausführer, Trainer oder jemand von einer Hundetagesstätte. Jeder Hund braucht eine Familie, selbst wenn die Familie nur aus einer Person und einem Hund besteht. Wenn die Familie stabil ist, ist der Hund es wahrscheinlich auch.

Gute Hundeerziehung führt zu einem guten Hund. Es *gibt* ein paar böse Hunde (heutzutage sogar noch mehr, da die falschen Personen zu den falschen Zwecken züchten) und viele Menschen sollten keine Hunde besitzen, genauso wie viele Menschen keine Kinder haben sollten. Manche Menschen holen sich den Hund »für die Kinder«, die sich nicht an ihren Teil der Abmachung halten. Das endet dann so, dass der Hund im Garten lebt, täglich gefüttert wird (häufig zu viel), aber keinerlei Anregung, Aufmerksamkeit und Liebe bekommt. Diese Hunde bekommen wir in den Tierheimen des ganzen Landes zu sehen: Sie sterben buchstäblich für Liebe. Manche haben ihren Hund auch wegen des damit verbundenen Machismo – harte Hunde für harte Kerle. Diese Hunde werden oft dazu ermutigt, sich schlecht zu benehmen. Eines der traurigsten Szenarien kann man täglich in Tierheimen sehen: Die Kinder sind erwachsen geworden und ausgezogen, die Eltern möchten reisen und ihr Hund (ein Tier, das mit ihnen gelebt, sie geliebt und sechs bis zehn Jahre lang Teil ihres Lebens war) ist nicht länger erwünscht. Manchmal wird ein solcher Hund zurückgelassen, wenn die Familie wegzieht und den Hund im Stich lässt.

Manchmal leben Hunde genauso lange wie Kinder bei uns und manchmal deutlich länger als ein Ehepartner, bei der derzeitigen Scheidungsrate. Es ist eine wirkliche Verpflichtung, einen Hund, unseren Begleiter, rund vierzehn Jahre lang zu lieben, zu schätzen und zu umsorgen. So häufig werden Hunde Teil unserer Erwartung an das Leben – Ehemann, Ehefrau, Kinder, Haus, Auto und ein Hund. Ich will damit nicht sagen, dass Hunde genauso wichtig sind wie Ihre Kinder oder Ihr Ehepartner (obwohl es für manche Menschen so ist). *Sie sind einfach um ihrer selbst willen wichtig.*

Falls es einfach nicht funktioniert

Es gibt Zeiten, zu denen wir unwissentlich einfach nicht zueinander passen. Die Persönlichkeit unseres Hundes passt einfach nicht zu unserer, so sehr wir uns auch bemühen. Vielleicht haben Sie einen Border Collie, aber nicht bemerkt, dass er den unstillbaren Wunsch hat, Dinge zu hüten und jeden Tag rund acht bis sechzehn Kilometer am Tag laufen muss. Oder vielleicht müssen Sie wirklich ins Ausland umziehen, oder ein Elternteil stirbt, sodass der Hund kein Zuhause mehr hat. Was soll man dann also tun?

Das erste, was ich vorschlage, ist, dass Sie selbst ein neues Zuhause für Ihren Hund suchen und ein Tierheim als letzter Ausweg in Frage kommt. Manche Tierheime sind wirklich schön, aber die meisten sind noch immer Gefängnisse. Sie sind unterfinanziert und verfügen nicht über genügend Arbeitskräfte. Sie wurden gebaut, um überzählige Tiere aufzunehmen und das ist auch das Einzige, was die meisten tun. Hunde in Tierheimen machen oft den sogenannten »Zwingerstress« durch, was bedeutet, dass sie langsam vor mangelnder Stimulierung verrückt werden. Auch die sogenannten Nicht-Tötungstierheime sind oftmals einfach nur Orte, an welche die Hunde zum Sterben kommen.

Es gibt viele andere Auswege für gute Hunde, und Vereine für Tiere in Not sind einer der besten. Die meisten sind für Rassehunde (die meisten wurden von verantwortungsbewussten Züchtern und Anhängern einer bestimmten Rasse gegründet), aber es gibt auch viele für Mischlingshunde. Einer der besten Aspekte eines solchen Vereins für Rassehunde ist, dass man dort die Rasseinstinkte und -veranlagungen kennt, und man weiß, wie man für diese Rasse den passenden Menschen findet. Manche Rassen sind notorisch schwer zu vermitteln, viele aus gutem Grund. Beispielsweise kann nicht jede Familie einem Chow-Chow oder

Shiba Inu ein gutes Heim bieten, denn diese Rassen haben bestimmte Bedürfnisse, was gute Züchter wissen.

Das Internet zu nutzen, ist auch eine Möglichkeit. Viele Menschen würden Hunderte von Kilometern fahren, um einen Hund abzuholen, den sie online gesehen haben. Ich bin mir nicht sicher, ob das Internet wirklich eine nützliche Quelle ist. Ich erteile nicht gerne einen gezielten Rat über das Internet, per E-Mail oder Telefon, weil ich den Hund und seine Eltern in der Realität kennenlernen muss, um das Problem vollständig zu begreifen. Ich selbst kann mir nicht vorstellen, einen Hund zu erwerben, von dem ich nur ein Foto gesehen und ein Profil gelesen habe. Sie können auch eine Anzeige in die Zeitung setzen, um für Ihren Hund ein neues Zuhause zu finden, aber Sie sollten vorsichtig sein, denn man hat schon von skrupellosen Menschen gehört, die einen kostenlosen Hund abgeholt und dann an ein Labor verkauft haben. Es ist dabei also wichtig, dass Sie die Bewerber genauestens unter die Lupe nehmen.

Wenn Sie alle Quellen, die Sie sich vorstellen können, ausgeschöpft haben, und ein Tierheim als einziges in Frage kommt, sollten Sie realistisch sein. In den meisten Teilen des Landes gibt es weitaus mehr Haustiere als potenzielle Besitzer. Je älter ein Hund ist, desto schlechter stehen seine Chancen, dass man für ihn ein neues Zuhause findet. Und Hunde, die Problemverhalten zeigen – sogar Hunde, die Probleme mit der Stubenreinheit haben –, sind praktisch gar nicht vermittelbar. Würden *Sie* einen Hund haben wollen, der aggressiv ist, ins Haus pinkelt oder aus jeder Umzäunung ausbricht? Es ist verlockend, dem Tierheim die Schuld dafür zu geben, dass es nicht in der Lage ist, den Hund zu vermitteln, doch der Grund, warum es Tierheime überhaupt gibt, liegt darin, dass so viele Tiere unerwünscht sind. Glauben Sie mir, wir hätten lieber leere Gehege, weil die Menschen verantwortungsbewusst züchten und ihre Hunde behalten! Einem Tierheim die Schuld zu geben ist so, als ob man einem Gefängnis die Schuld dafür geben würde, dass es Gefangene unterbringt. Alles in allem ist es weitaus besser, eine weise Wahl zu treffen, Ihren Hund gut aufzuziehen und ihn sein ganzes Leben lang zu behalten.

Zu guter Letzt

Ich glaube, ich mag Hunde, weil sie im spirituellen Sinne des Worte *mit uns sind*. Wenn ich mit meinen Hunden spazieren gehe, brauche ich niemand anderes. Ich höre ihnen zu, spiele mit ihnen und beobachte sie (das mache ich am liebsten!). Ich genieße es, ihnen vom Welpenalter beim Heranwachsen zu helfen, wenn sie anfangen, unsere Menschenwelt kennenzulernen, bis ins hohe Alter, wenn sie langsamer und ruhiger werden und so viel brauchen. Wenn wir Kinder haben, denken wir oft an die Jahre, die vor uns liegen. Wenn sie klein sind, denken wir an die Vorschule. Später, wenn sie ein wenig älter sind, denken wir an die Grundschule, die weiterführende Schule, die Universität und an ihre möglichen Karrieren. Manchmal vergessen wir leicht, unsere Kinder so zu genießen, *wie sie jetzt im Moment sind*. Sich die Zeit zu nehmen, sie nicht nur zu unterrichten, sondern auch zu genießen, ist ungeheuer wichtig.

Zu lernen, auf welche Art und Weise Ihr Hund kommuniziert, bereitet großen Spaß. Ich kann mich noch daran erinnern wie ich herausfand, dass ein Hund, wenn er etwas interessiert beobachtet, seine Rute nach oben stellt und wild hin und her wackelt, und wenn er herausfindet, um was es sich handelt, sie wieder in ihre normale Position herabsinkt. (Ich denke, das ist ein Signal, das noch aus den Jagdtagen übrig ist – ein Hinweis für das Rudel, dass er nahe bei der Beute ist.) Ich liebe es, Ariel dabei zuzuschauen, wie sie sich an Strider heranschleicht, nur um plötzlich vor ihm aufzutauchen. Ich bin mir sicher, sie sagt dabei das hündische Äquivalent zu »Buh!«. Hunde sind so sehr wie Kinder, aber doch auch so anders. Die Erziehung von beiden ist mit so großer Verantwortung verbunden, aber sie ist es auf jeden Fall wert!

Während ich dies schreibe, habe ich die drei Hunde meiner Familie, plus drei weitere, die ich beobachte. Sechs Hunde sind mir zwar zu viel, aber es ist unterhaltsam, ihre Ähnlichkeiten und Unterschiede zu beobachten. Zwei der Hunde sind Cavalier King Charles Spaniel, die meiner Schwiegermutter gehören. Sie sind anhänglich und sehr süß. Ihre Hauptunterhaltung im Leben besteht darin, mir zu folgen und hinter fliegenden Objekten herzujagen, beispielsweise Käfern und Vögeln. Der andere Hund ist ein Corgi-Mischling. Sie ist ein geretteter Hund, der einmal attackiert wurde, während ihr Besitzer mit ihr Gassi ging. Jetzt hat sie Angst vor anderen Hunden. Auf unseren Spaziergängen kann man sehen, wie sie ihren Mut zusammennimmt, um an ihnen vorbeizulaufen. Für ihren Mut hat sie sich immer ein Leckerli verdient. Die Cavalier King Charles Spaniel und Ariel, mein Tervueren, wurden seit dem Welpenalter so aufgezogen, wie ich es im ersten Abschnitt beschrieben habe. Die anderen Hunde – Sophie, der Cairn Terrier, Strider, der Deutsche Schäferhund, und Ruby, der Corgi-Mischling – wurden alle aus dem Tierheim übernommen und werden den Rest ihres Lebens mit ihren

Problemen zu kämpfen haben. Trotzdem habe ich viele der in diesem Buch beschriebenen Techniken angewandt, um ihnen zu helfen, und ich glaube, dass ich damit Erfolg hatte.

Einen Hund zu haben, ist eine wunderbare, erfüllende Erfahrung. Das meiste hängt von uns ab und wie wir mit der Erziehung unseres Hundes, seinen Wachstumsphasen und seinem Problemverhalten umgehen. (Hoffen wir, dass letzteres immer unbedeutend ist!) Hunde erfordern zwar viel Arbeit, aber genau wie Kinder sind sie es wert!

Danksagung

Es ist unmöglich, all den Menschen und Tieren zu danken, die mich persönlich oder durch ihre Bücher beim Lernprozess unterstützt haben. Ich danke den Mitarbeitern und Freiwilligen der Marin Humane Society, besonders Suzanne Gollin, die einfach alles tut; Dawn Kovell, der den ganzen Rest tut; Mandy Kennedy, die eine der besten Trainerinnen ist, die mir je begegnet sind; Tricia Breen, die mich daran erinnert, wer in unserer Welt wirklich wichtig ist (die Tiere natürlich), und Diane Allevato, unsere Geschäftsführerin, die mich zu manchen meiner esoterischen Ideen ermutigt hat. Es gibt noch viel mehr Menschen, aber deren Namen und Beiträge würden wahrscheinlich ein ganzes Buch füllen.

Außerdem möchte ich meinen Freunden und Trainerkollegen außerhalb des Tierheims danken, unter anderem Sue Sternberg, Patricia McConnell, Kathleen Chin, John Fisher, John Rogerson, Pia Silvani, Pam Reid, Suzanne Hetts, Mary Lee Nitschke, Ian Dunbar, Suzanne Clothier und Terry Ryan – um nur ein paar zu nennen. Ich danke auch der Association of Pet Dog Trainers, einer wunderbaren (von Ian Dunbar gegründeten) Organisation, die sich für die Zusammenarbeit innerhalb der Welt des Hundetrainings einsetzt und Weiterbildungsmaßnahmen anbietet. Sie ist nicht nur eine hervorragende Quelle, sondern auch ein Forum für diejenigen, die es einfach nicht lassen können, »hündisch« zu sprechen.

Ich möchte auch meiner Lektorin Stephanie Fornino danken, die mich dabei unterstützte, dieses Manuskript in Angriff zu nehmen, und überhaupt erst ein Buch daraus gemacht hat, und dabei immer fröhlich und freundlich geblieben ist.

Und natürlich danke ich den Hunden – ihnen allen – dafür, dass sie so sind, wie sie sind. Einfach perfekt.

Literaturhinweise

Literaturempfehlungen der Autorin:

Clothier, Suzanne: *... es würde Knochen vom Himmel regnen.*
Animal Learn Verlag, Bernau, 2004.

Coppinger, Lorna und Coppinger, Ray: *Hunde: Neue Erkenntnisse über Herkunft, Verhalten und Evolution der Kaniden.* Animal Learn Verlag, Bernau, 2003.

McConnell, Patricia B.: *Das andere Ende der Leine. Was unseren Umgang mit Hunden bestimmt.* Kynos Verlag, Mürlenbach, 2004.

Pryor, Karen: *Positiv bestärken – sanft erziehen.* Kosmos Verlag, Stuttgart, 2. Aufl. 2006.

Yin, Sophia: *Wie der Mensch, so sein Hund. Erziehungsprogramm für Hundehalter.* Kynos Verlag, Mürlenbach, 2006.

Literaturempfehlungen des Verlags zu den in diesem Buch angesprochenen Themen:

Welpenauswahl:
Bailey, Gwen: *Hund gesucht. Welche Rasse passt zu mir?* Kynos Verlag, Mürlenbach, 2005.

Welpenerziehung:
Niewöhner, Imke: *Auf ins Leben! Grundschulplan für Welpen.* Kynos Verlag, Mürlenbach, 2007.

Stubenreinheit:
McConnell, Patricia B. und London, Karen: *Kleine Geschäftskunde. So wird Ihr Hund stubenrein.* Kynos Verlag, Nerdlen, 2008.

Patricia B. McConnell
Das andere Ende der Leine
Was unseren Umgang mit Hunden bestimmt

Dies ist kein Buch über Hunde- sondern über Menschenerziehung! Intelligent, wissenschaftlich, humorvoll und oft verblüffend erklärt die Autorin, welche typischen Missverständnisse zwischen dem »Affen« Mensch und dem »Wolf« Hund einer unge-trübten Beziehung oft im Wege stehen. Zahlreiche Aha-Erlebnisse und vergnügtes Schmunzeln sind beim Lesen garantiert.
256 Seiten, s/w-Fotos
ISBN 978-3-933228-93-2
19,90 € (D) 20,50 € (A) 34,90 CHF

Sophia Yin
Wie der Mensch, so sein Hund
Erziehungsprogramm für Hundehalter

Eigentlich ist es ganz einfach, das Beste aus seinem Hund herauszuholen: Man muss nur das Richtige tun! Diese so banal klingende Tatsache erweist sich im Alltag oft als tückenreich, wenn uns die klare Vorstellung davon fehlt, was wir erreichen wollen und wie. Dr. Sophia Yin erklärt fundiert und zugleich humorvoll-eingänglich, wie positive Bestärkung in der Praxis wirklich funktioniert. Tiertraining ist ein Handwerk, das man mit diesem Buch lernen kann.
256 Seiten, s/w-Zeichnungen
ISBN 978-3-938071-13-7
19,90 € (D) 20,50 € (A) 34,90 CHF

Unser kostenloses Gesamtverzeichnis mit über 250 Titeln können Sie anfordern unter:
Kynos Verlag Dr. Dieter Fleig GmbH
Konrad-Zuse-Straße 3 • D-54552 Nerdlen/Daun
Fon: +49 (0) 6592 957389-0 • Fax: +49 (0) 6592 957389-20
www.kynos-verlag.de